高职高专机电类专业系列教材

FX$_{3U}$系列 PLC 应用技术项目教程

主　编　王烈准
副主编　刘自清　孙吴松
参　编　江玉才　刘程　姚钢
主　审　洪应

机械工业出版社

本书以职业岗位能力需求为依据，从工程实际应用出发，系统地介绍了三菱 FX_{3U} 系列 PLC 的基本结构、工作原理、指令系统、模拟量控制、通信、程序设计及应用。本书共五个项目，内容包括 FX_{3U} 系列 PLC 基本指令的应用、FX_{3U} 系列 PLC 步进指令的应用、FX_{3U} 系列 PLC 常用功能指令的应用、FX_{3U} 系列 PLC 模拟量控制与通信功能的实现以及 PLC 控制系统的实现。

本书为理论与实践一体化教材，选择三菱 FX_{3U} 系列 PLC 为主要机型，将 PLC 应用中的典型工作任务提炼为教学项目，每一个项目又由若干个任务构成。全书共包含 16 个任务。

本书可作为高职高专电气自动化技术、机电一体化技术、工业过程自动化技术、工业机器人技术、智能控制技术等相关专业的教学用书，也可作为相关工程技术人员的 PLC 培训和自学的参考书。

为方便教学，本书配有电子课件（PPT）、复习与提高解答和模拟试卷及参考答案等，凡选用本书作为授课教材的老师，均可来电索取。咨询电话：010-88379375。

图书在版编目（CIP）数据

FX3U 系列 PLC 应用技术项目教程/王烈准主编. —北京：机械工业出版社，2021.1（2022.9 重印）
高职高专机电类专业系列教材
ISBN 978-7-111-67430-6

Ⅰ.①F… Ⅱ.①王… Ⅲ.①PLC 技术-高等职业教育-教材 Ⅳ.①TM571.61

中国版本图书馆 CIP 数据核字（2021）第 024399 号

机械工业出版社（北京市百万庄大街 22 号 邮政编码 100037）
策划编辑：王宗锋　责任编辑：王宗锋　杨晓花
责任校对：陈　越　封面设计：鞠　杨
责任印制：常天培
固安县铭成印刷有限公司印刷
2022 年 9 月第 1 版第 2 次印刷
184mm×260mm · 17 印张 · 476 千字
标准书号：ISBN 978-7-111-67430-6
定价：49.90 元

电话服务　　　　　　　　　网络服务
客服电话：010-88361066　　机 工 官 网：www.cmpbook.com
　　　　　010-88379833　　机 工 官 博：weibo.com/cmp1952
　　　　　010-68326294　　金 书 网：www.golden-book.com
封底无防伪标均为盗版　　　机工教育服务网：www.cmpedu.com

前　言

本书以三菱 FX_{3U} 系列 PLC 应用为主线，以浙江天煌科技实业有限公司 THPFSL-2 网络型可编程序控制器综合实训装置为平台，选择 16 个典型任务为载体，围绕每一个任务实施的需要编排知识点，使知识与技能融为一体。同时，编者与浙江天煌科技实业有限公司相关技术人员有针对性地共同开发了与教材内容配套的 16 个挂件，非常适合目前高职院校"教、学、做"一体化及混合式教学的需求。

本书的突出特点是以项目为导向、以任务为驱动设计内容，通过任务实施组织相关知识和技能训练。全书突出实践操作，以能力培养为主线，以完成每个任务为目标，使学生对相关知识的学习更具目标性和针对性。每一个任务内容均按"任务导入、知识链接、任务实施、任务考核、知识拓展、任务总结"设计。为更好地方便学生复习和巩固，每一个项目都安排了梳理与总结、复习与提高。

本书参考学时为 96 学时。课程教学建议采用"教、学、做"一体化授课形式，即上课时讲练结合，讲授和实践的安排可灵活掌握、交融渐进，以达到"学中做"和"做中学"的目标。

本书由六安职业技术学院王烈准主编，安徽职业技术学院洪应主审。姚钢编写了项目一中的任务一、任务二；江玉才编写了项目一中的任务三、任务四；刘程编写了项目二；孙吴松编写了项目三中的任务一、任务二；王烈准编写了项目三中的任务三、任务四，项目五和附录；刘自清编写了项目四。王烈准对全部书稿进行了统稿和定稿。本书在编写过程中得到了六安职业技术学院教务处和汽车与机电工程学院领导的大力支持，在此一并表示衷心的感谢！

由于编者水平有限，书中难免有错误和不妥之处，敬请读者批评指正。

编　者

目　　录

前言

项目一　FX$_{3U}$系列 PLC 基本指令的应用 ·· 1
任务一　三相异步电动机起停的 PLC 控制 ·· 1
任务二　水塔水位的 PLC 控制 ·· 40
任务三　三相异步电动机正反转循环运行的 PLC 控制 ···························· 53
任务四　三相异步电动机丫-△减压起停单按钮实现的 PLC 控制 ················ 64
梳理与总结 ··· 72
复习与提高 ··· 73

项目二　FX$_{3U}$系列 PLC 步进指令的应用 ·· 80
任务一　三种液体混合的 PLC 控制 ·· 80
任务二　四节传送带的 PLC 控制 ··· 93
任务三　十字路口交通信号灯的 PLC 控制 ·· 106
梳理与总结 ··· 114
复习与提高 ··· 115

项目三　FX$_{3U}$系列 PLC 常用功能指令的应用 ······································· 119
任务一　流水灯的 PLC 控制 ··· 119
任务二　8 站小车随机呼叫的 PLC 控制 ·· 130
任务三　抢答器的 PLC 控制 ··· 140
任务四　自动售货机的 PLC 控制 ··· 148
梳理与总结 ··· 156
复习与提高 ··· 157

项目四　FX$_{3U}$系列 PLC 模拟量控制与通信功能的实现 ··························· 161
任务一　三相异步电动机变频调速的 PLC 控制 ··································· 161
任务二　3 台三相异步电动机的 PLC N∶N 网络控制 ··························· 183
梳理与总结 ··· 203
复习与提高 ··· 203

项目五　PLC 控制系统的实现 ·· 206
任务一　Z3040 型摇臂钻床 PLC 控制系统的安装与调试 ······················· 206
任务二　机械手 PLC 控制系统的安装与调试 ······································ 218
任务三　运料小车 PLC 控制系统的安装与调试 ··································· 230
梳理与总结 ··· 246
复习与提高 ··· 246

附录　GX Work2 编程软件的使用 ··· 250

参考文献 ·· 268

项目一　FX$_{3U}$系列PLC基本指令的应用

教学目标	能力目标	1. 能分析简单控制系统的工作过程 2. 能正确安装PLC，并完成输入/输出的接线 3. 能合理分配I/O地址，运用基本指令编制控制程序 4. 会使用GX Developer编程软件编制梯形图 5. 能进行程序的离线和在线调试
	知识目标	1. 熟悉PLC的结构及工作过程 2. 掌握梯形图和指令表之间的相互转换 3. 掌握编程元件X、Y、M、D□.b、T、C的功能及使用方法 4. 掌握基本指令中触点类指令、线圈驱动类指令的编程
教学重点		GX Developer编程软件的使用；触点类指令、线圈驱动类指令的编程
教学难点		微分输出指令、栈指令和主控指令的编程
教学方法、手段建议		采用项目教学法、任务驱动法、理实一体化教学法等开展教学。在教学过程中，教师讲授与学生讨论相结合，传统教学与信息化技术相结合，充分利用翻转课堂、微课等教学手段，将理论学习与实践操作融为一体，引导学生做中学、学中做，教、学、做合一
参考学时		24学时

FX$_{3U}$系列PLC基本指令有29条。基本指令一般由助记符和目标元件组成，助记符是每一条基本指令的符号，表明操作功能；目标元件是被操作的对象。有些基本指令只有助记符，没有目标元件。下面将通过三相异步电动机起停的PLC控制、水塔水位的PLC控制、三相异步电动机正反转循环运行的PLC控制、三相异步电动机丫-△减压起停单按钮实现的PLC控制4个任务介绍FX$_{3U}$系列PLC基本指令的应用。

任务一　三相异步电动机起停的PLC控制

一、任务导入

在"电机与电气控制应用技术"课程中已经学习了电动机起停控制电路，本任务将学习利用PLC实现电动机起停控制的方法，学习时注意两者的异同之处。

当采用PLC控制电动机起停时，必须将按钮的控制信号送到PLC的输入端，经过程序运算，再将PLC的输出去驱动接触器KM线圈得电，电动机才能运行。那么，如何将输入、输出器件与PLC连接？如何编写PLC控制程序？这需要用到PLC内部的编程元件输入继电器X、输出继电器Y以及相关的基本指令。

二、知识链接

（一）认识PLC

1. PLC的产生与发展

（1）PLC的产生　在可编程序控制器出现之前，在工业电气控制领域中，继电器控制占主导地位，应用广泛。但是传统的继电器控制存在体积大、可靠性低、查找和排除故障困难等缺点，特别是其接线复杂、不易更改，对生产工艺变化的适应性差。

1968 年美国通用汽车公司（GM）为了适应汽车型号不断更新、生产工艺不断变化的需要，实现小批量、多品种生产，希望能有一种新型工业控制器，它能做到尽可能减少重新设计和更新电气控制系统及接线，以降低成本，缩短周期。于是就设想将计算机功能强大、灵活、通用性好等优点与继电器控制系统简单易懂、价格低廉等优点结合起来，制成一种通用控制装置，而且这种装置采用面向控制过程、面向问题的"自然语言"进行编程，使不熟悉计算机的电气控制人员也能很快掌握使用。

当时，GM 提出以下十项设计标准：

① 编程简单，可在现场修改程序。
② 维护方便，采用模块式结构。
③ 可靠性高于继电器控制柜。
④ 体积小于继电器控制柜。
⑤ 成本可与继电器控制柜竞争。
⑥ 可将数据直接送入计算机。
⑦ 输入可直接使用市电交流电压。
⑧ 输出采用市电交流电压，能直接驱动电磁阀、交流接触器等。
⑨ 通用性强，扩展方便。
⑩ 能存储程序，存储器容量可以扩展到 4KB。

1969 年，美国数字设备公司（DEC）研制出第一台 PLC PDP-14，并在美国通用汽车自动装配线上试用，获得成功。这种新型的电控装置由于优点多、缺点少，很快就在美国得到了推广应用。1971 年，日本从美国引进这项技术并研制出日本第一台 PLC；1973 年，德国西门子公司研制出欧洲第一台 PLC；我国于 1974 年开始研制 PLC，1977 年开始工业应用。

（2）PLC 的发展　经过了几十年的更新发展，PLC 越来越被工业控制领域的企业和专家所认识和接受。在美国、德国、日本等工业发达国家，PLC 已经成为重要的产业之一。PLC 生产厂家不断涌现、品牌不断翻新，产量产值大幅上升，而价格则不断下降，这使得 PLC 的应用范围持续扩大，从单机自动化到工厂自动化，从机器人、柔性制造系统到工业局部网络，PLC 正以迅猛的发展势头渗透到工业控制的各个领域。从 1969 年第一台 PLC 问世至今，它的发展大致可以分为以下几个阶段：

1970~1980 年：PLC 的结构定型阶段。在这一阶段，由于 PLC 刚诞生，各种类型的顺序控制器不断出现（如逻辑电路型、1 位机型、通用计算机型、单板机型等），但迅速被淘汰。最终以微处理器为核心的现有 PLC 结构型式，获得了市场的认可，并得以迅速发展推广。PLC 的原理、结构、软件、硬件趋向统一与成熟，PLC 的应用领域由最初的小范围、有选择使用，逐步向机床、生产线扩展。

1980~1990 年：PLC 的普及阶段。在这一阶段，PLC 的生产规模日益扩大，价格不断下降，PLC 被迅速普及。各 PLC 生产厂家产品的、品种开始系列化，并且形成了 I/O 点型、基本单元加扩展块型、模块化结构型这三种延续至今的基本结构型式。PLC 的应用范围开始向顺序控制的全部领域扩展。如三菱公司本阶段的主要产品有 F、F1、F2 系列小型 PLC 产品，K/A 系列中、大型 PLC 产品等。

1990~2000 年：PLC 的高性能与小型化阶段。在这一阶段，随着微电子技术的进步，PLC 的功能日益增强，PLC 的 CPU 运算速度大幅度上升、位数不断增加，使得适用于各种特殊控制的功能模块不断被开发，PLC 的应用范围由单一的顺序控制向现场控制拓展。此外，PLC 的体积大幅度缩小，出现了各类微型化PLC。三菱公司本阶段的主要产品有 FX 小型 PLC 系列产品，AIS/A2US/Q2A 系列中、大型 PLC 系列产品等。

2000 年至今：PLC 的高性能与网络化阶段。在本阶段，为了适应信息技术的发展与工厂自动化的需要，PLC 的各种功能不断进步。一方面，在继续提高 PLC CPU 运算速度、位数的同时，开发了适用于过程控制、运动控制的特殊功能模块，使 PLC 的应用范围开始涉及工业自动化的全部领域。与此同时，PLC 的网络与通信功能得到迅速发展，PLC 不仅可以连接传统的编程与输入/输出设备，还可以通过各种总线构成网络，为工厂自动化奠定了基础。

国内 PLC 应用市场仍然以国外产品为主，如西门子的 S7-200 系列、300 系列、400 系列，S7-200SMART 系列，S7-1200 系列，S7-1500 系列；三菱的 FX_{2N}、FX_{3S}、FX_{3G}、FX_{3U}、FX_{5U} 系列，Q 系列；欧姆龙的 CP1、CJ1、CJ2、CS1、C200H 系列等。

国产 PLC 主要为中小型，具有代表性的有：无锡信捷电气股份有限公司生产的 XC、XD、XG 及 XL 系列；深圳市矩形科技有限公司生产的 V80、PPC 及 CMPAC 系列；南大傲拓科技江苏股份有限公司生产的 NJ200 小型 PLC、NJ300 中型 PLC、NJ400 中大型 PLC、NA2000 智能型 PLC 等；深圳市汇川技术股份有限公司生产的 HU 系列小型 PLC（H2U 系列、H3U 系列）、AM600 系列中型 PLC 等。多种 PLC 产品已具备了一定的规模，并在工厂自动化中获得了应用。

目前，PLC 的发展趋势主要体现在规模化、高性能、多功能、模块智能化、网络化、标准化等几个方面。

1）产品规模向大、小两个方向发展。大型化是指大中型 PLC 向大容量、智能化和网络化发展，使之能与计算机组成集成控制系统，对大规模、复杂系统进行综合性的自动控制。现已有 I/O 点数达 14336 点的超级型 PLC，它使用 32 位微处理器、多 CPU 并行工作和大容量存储器，功能强。小型 PLC 由整体结构向小型模块化结构发展，使配置更加灵活，为了市场需要已经开发了各种简易、经济的超小型、微型 PLC，最小配置的 I/O 点数为 8~16 点，以适应单机或小型自动控制系统的需要。

2）向高性能、高速度、大容量方向发展。PLC 的扫描速度是衡量 PLC 性能的一个重要指标。为了提高 PLC 的处理能力，要求 PLC 具有更高的响应速度和更大的存储容量。目前，有的 PLC 的扫描速度可达每千步程序用时 0.1ms 左右。在存储容量方面，有的 PLC 最高可达几十兆字节。为了扩大 PLC 的存储容量，有的 PLC 生产厂家已使用了磁泡存储器或硬盘。

3）向模块智能化方向发展。分级控制、分布控制是增强 PLC 控制功能、提高处理速度的一个有效手段。智能模块是以为微处理器和存储器为基础的功能部件，可独立于主机 CPU 工作，分担主机 CPU 的处理任务，主机 CPU 可随时访问智能模块、修改控制参数，有利于提高 PLC 的控制速度和效率，简化设计、编程工作量，提高动作可靠性、实时性，满足复杂的控制要求。目前已开发出许多功能模块，如高速计数模块、模拟量调节（PID 控制）、运动控制（步进、伺服、凸轮控制等）、远程 I/O 模块、通信和人机接口模块等。

4）向网络化方向发展。加强 PLC 的联网能力是实现分布式控制、适应工业自动化控制和计算机集成控制系统发展的需要。PLC 的联网与通信主要包括 PLC 与 PLC 之间、PLC 与计算机之间以及 PLC 与远程 I/O 之间的信息交换。随着 PLC 和其他工业控制计算机组网构成大型控制系统以及现场总线的发展，PLC 将向网络化和通信的简便化方向发展。

5）向标准化方向发展。工业过程自动化要求在不断提高，PLC 的能力也在不断增强，过去那种不开放的、各品牌自成一体的结构显然不适合，为提高兼容性，在通信协议、总线结构、编程语言等方面需要一个统一的标准。国际电工委员会（IEC）为此制定了国际标准 IEC 61131-3。该标准由总则、设计性能和测试、编程语言、用户手册、通信、模拟量控制的编程、可编程序控制器的应用和实施指导等八部分和两个技术报告组成。几乎所有的 PLC 生产厂家都表示支持 IEC

61131-3 标准,并开始向该标准靠拢。

2. PLC 的定义

PLC 是一种工业控制装置。它是在电气控制技术和计算机技术的基础上开发出来的,并逐渐发展成为以微处理器为核心,将自动化技术、计算机技术、通信技术融为一体的新型工业控制装置。

1987 年,IEC 定义 PLC:

可编程序控制器是一种数字运算操作的电子系统,专为在工业环境下应用而设计。它采用可编程序的存储器,用来在其内部存储执行逻辑运算、顺序控制、定时、计数和算术运算等操作的指令,并通过数字式和模拟式的输入和输出,控制各种类型的机械或生产过程。可编程序控制器及其有关外围设备,都应按易于与工业系统连成一个整体、易于扩充其功能的原则设计。

3. PLC 的特点

PLC 技术之所以高速发展,除了工业自动化的客观需要外,主要是因为它具有许多独特的优点。PLC 技术较好地解决了工业领域中普遍关心的可靠性、安全、灵活、方便、经济等问题。

PLC 主要具有以下特点:

(1) 可靠性高、抗干扰能力强 可靠性高、抗干扰能力强是 PLC 最重要的特点之一。PLC 的平均无故障时间可达几十万个小时,之所以有这么高的可靠性,是由于它采用了一系列的硬件和软件的抗干扰措施:

1) 硬件方面。I/O 通道采用光电隔离,有效地抑制了外部干扰源对 PLC 的影响;对供电电源及线路采用多种形式的滤波,从而消除或抑制了高频干扰;对 CPU 等重要部件采用良好的导电、导磁材料进行屏蔽,以减少空间电磁干扰;对有些模块设置了联锁保护、自诊断电路等。

2) 软件方面。PLC 采用扫描工作方式,减少了由于外界环境干扰引起的故障;在 PLC 系统程序中设有故障检测和自诊断程序,能对系统硬件电路等的故障实现检测和判断;当外界干扰引起故障时,能立即将当前的重要信息加以封锁,禁止任何不稳定的读写操作,一旦外界环境正常后,便可恢复到故障发生前的状态,继续原来的工作。

(2) 编程简单、使用方便 目前,大多数 PLC 采用的编程语言是梯形图,它是一种面向生产、面向用户的编程语言。梯形图与继电器控制电路相似,形象、直观,不需要掌握计算机知识,很容易让广大工程技术人员掌握。当生产流程需要改变时,可以现场改变程序,使用方便、灵活。同时,PLC 的编程器操作和使用也很简单,这也是 PLC 获得普及和推广的主要原因之一。

许多 PLC 还针对具体问题,设计了各种专用编程指令及编程方法,进一步简化了编程。

(3) 功能完善、通用性强 现代 PLC 不仅具有逻辑运算、定时、计数、顺序控制等功能,还具有 A-D 和 D-A 转换、数值运算、数据处理、PID 控制、通信联网等许多功能。同时,由于 PLC 产品的系列化、模块化,有品种齐全的各种硬件装置供用户选用,可以组成满足各种要求的控制系统。

(4) 设计安装简单、维护方便 由于 PLC 用软件代替了传统电气控制系统的硬件,控制柜的设计、安装接线工作量大为减少。PLC 的用户程序大部分可在实验室模拟调试,缩短了应用设计和调试周期。在维修方面,由于 PLC 故障率极低,维修工作量很小,而且 PLC 具有很强的自诊断功能,如果出现故障,可根据 PLC 上的指示或编程器上提供的故障信息,迅速查明原因,维修极为方便。

(5) 体积小、重量轻、能耗低,易于实现机电一体化 由于 PLC 采用了集成电路,其结构紧凑、体积小、能耗低,是实现机电一体化的理想控制设备。

4. PLC 的应用领域

目前,在国内外 PLC 已广泛应用于冶金、石油、化工、建材、机械制造、电子、汽车、轻工、环保及文化娱乐等各种行业，且随着 PLC 性价比的不断提高，其应用领域不断扩大。从应用类型看，PLC 的应用大致可归纳为以下几个方面：

（1）开关量逻辑控制　利用 PLC 最基本的逻辑运算、定时、计数等功能实现逻辑控制，可以取代传统的继电器控制，应用于单机控制、多机群控制、自动化生产线控制等，如机床、注塑机、印刷机械、装配生产线、电镀流水线及电梯的控制等。这是 PLC 最基本的应用，也是 PLC 最广泛的应用领域。

（2）运动控制　大多数 PLC 都有拖动步进电动机或伺服电动机的单轴或多轴位置控制模块，这一功能使 PLC 广泛应用于各种机械设备，如对各种机床、装配机械、机器人等进行运动控制。

（3）模拟量过程控制　过程控制是指对温度、压力、流量等连续变化的模拟量的闭环控制。大、中型 PLC 都具有多路模拟量 I/O 模块和 PID 控制功能，有的小型 PLC 也有模拟量输入/输出。所以可实现模拟量控制且具有 PID 控制功能的 PLC 可构成闭环控制，用于过程控制。PLC 的这一功能已广泛应用于锅炉、反应堆、酿酒以及闭环位置控制和速度控制等方面。

（4）现场数据处理　现代 PLC 都具有数学运算、数据传输、转换、排序和查表等功能，可进行数据的采集、分析和处理，同时可通过通信接口将这些数据传输给其他智能装置，如计算机数值控制（Computerized Numerical Control，CNC）设备，进行处理。

（5）通信联网多级控制　PLC 的通信包括 PLC 与 PLC、PLC 与上位计算机、PLC 与其他智能设备（如变频器、触摸屏等）之间的通信，PLC 系统与通用计算机可直接或通过通信处理单元、通信转换单元相连构成网络，以实现信息的交换，并可构成"集中管理、分散控制"的多级分散式控制系统，满足工厂自动化（Factory Automation，FA）系统发展的需要。

5. PLC 的分类

（1）按结构形式分　可分为整体式 PLC、模块式 PLC、混合式 PLC。

1）整体式 PLC。整体式 PLC 是将电源、CPU、I/O 接口等部件都集中装在一个机箱内，具有结构紧凑、体积小、价格低的特点。小型 PLC 一般采用这种整体式结构。整体式 PLC 由不同 I/O 点数的基本单元（又称主机）和扩展单元组成。基本单元内有 CPU、I/O 接口、与 I/O 扩展单元相连的扩展口以及与编程器或 EPROM 写入器相连的接口等。扩展单元内只有 I/O 和电源等，没有 CPU。基本单元和扩展单元之间一般用扁平电缆连接。整体式 PLC 一般还可配备特殊功能模块，如模拟量输入/输出模块、位置控制模块等，使其功能得以扩展。

整体式 PLC 的基本单元如图 1-1 所示。

2）模块式（组合式）PLC。模块式 PLC 是将 PLC 各组成部分分别做成若干个单独的模块，如 CPU 模块、I/O 模块、电源模块（有的含在 CPU 模块中）以及各种功能模块。模块式 PLC 由框架或基板和各种模块组成。模块装在框架或基板的插座上。这种模块式 PLC 的特点是配置灵活，可根据需要选配不同规模的系统，而且装配方便，便于扩展和维修。大、中型 PLC 一般采用模块式（组合式）结构。

模块式 PLC 如图 1-2 所示。

图 1-1　整体式 PLC 的基本单元

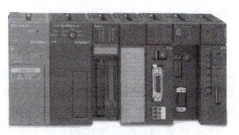

图 1-2　模块式 PLC

3）混合式PLC。混合式PLC吸收了上述两种PLC的优点，它既有整体式的基本单元，又有模块式的扩展单元和特殊功能模块（单元）。这些单元等高等宽，仅长度不同，各单元之间用扁平电缆连接，紧密拼装在导轨上，组成一个整齐的长方形，组合形式非常灵活，完全按需要而定。它是模块式的结构，整体式的价格。目前中、小型PLC均采用混合式结构。

混合式PLC如图1-3所示。

（2）按功能分。可分为低档PLC、中档PLC、高档PLC。

1）低档PLC。低档PLC具有逻辑运算、定时、计数、移位以及自诊断、监控等基本功能，还可有少量模拟量输入/输出、算术运算、数据传送和比较、通信等功能，主要用于逻辑控制、顺序控制或少量模拟量控制的单机控制系统。

图1-3　混合式PLC

2）中档PLC。中档PLC除具有低档PLC的功能外，还具有较强的模拟量输入/输出、算术运算、数据传送和比较、数制转换、远程I/O、子程序调用、通信联网等功能，有些还可增设中断控制、PID控制等功能，适用于复杂的控制系统。

3）高档PLC。高档PLC除具有中档PLC的功能外，还增加了带符号算术运算、矩阵运算、位逻辑运算、二次方根运算及其他特殊功能函数的运算、制表及表格传送等功能，高档PLC具有更强的通信联网功能，可用于大规模过程控制或构成分布式网络控制系统，实现工厂自动化。

（3）按I/O点数分　可分为微型PLC、小型PLC、中型PLC和大型PLC。

1）微型PLC。I/O点数小于64点的为超小型或微型PLC。

2）小型PLC。I/O点数为256点以下、存储器容量小于4KB的为小型PLC。

3）中型PLC。I/O点数为256～2048点之间、存储器容量为2～8KB的为中型PLC。

4）大型PLC。I/O点数为2048点以上、存储器容量为8～16KB的为大型PLC。其中I/O点数超过8192点的为超大型PLC。

实际应用中，PLC功能的强弱一般与其I/O点数的多少是相互关联的，即PLC的功能越强，其可配置的I/O点数越多。因此，通常所说的小型、中型、大型PLC，除指其I/O点数不同外，同时也表示其对应功能的低档、中档、高档。

（二）PLC的基本组成与工作原理

1. PLC的硬件组成

PLC的硬件主要由CPU、存储器、输入单元/输出单元、电源、通信接口和扩展接口等部分组成，如图1-4所示。其中，CPU是PLC的核心，输入单元和输出单元是连接现场输入/输出设备与CPU之间的接口电路，通信接口用于与编程器、上位计算机等外设连接。

对于整体式PLC，所有部件都装在同一机壳内，其组成框图如图1-5所示；对于模块式PLC，各部件

图1-4　PLC硬件组成实物图

独立封装成模块，各模块通过总线连接，安装在机架或导轨上，其组成框图如图1-6所示。无论哪种结构类型的PLC，都可根据用户需要进行配置和组合。

尽管整体式PLC与模块式PLC结构不太一样，但各部分的功能是相同的。下面对PLC主要

项目一 FX₃ᵤ系列PLC基本指令的应用

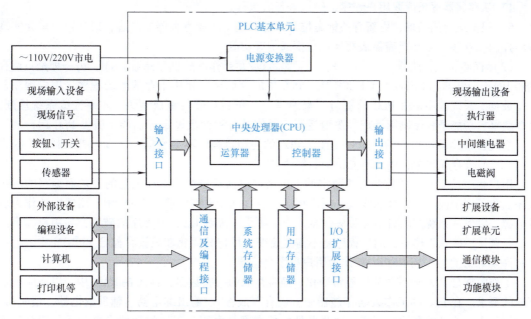

图 1-5 整体式 PLC 组成框图

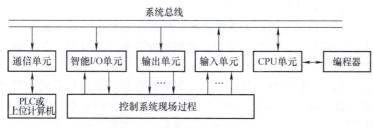

图 1-6 模块式 PLC 组成框图

部分进行简单介绍。

(1) 中央处理器（CPU） CPU 是 PLC 的核心，PLC 中所配置的 CPU 随机型不同而不同。常用 CPU 有三类：通用微处理器（8080、8086、80286、80386 等）、单片微处理器（如 8031、8096 等）和位片式微处理器（AM2900、AM2901、AM2903 等）。小型 PLC 大多采用 8 位通用微处理器和单片微处理器；中型 PLC 大多采用 16 位通用微处理器或单片微处理器；大型 PLC 大多采用高速位片式微处理器。

目前，小型 PLC 为单 CPU 系统；中、大型 PLC 大多为双 CPU 系统，其中一片为字处理器，一般采用 8 位或 16 位处理器，另一片为位处理器，采用由各厂家设计制造的专用芯片。字处理器为主处理器，用于执行编程器接口功能，监视内部定时器，监视扫描时间，处理字节指令以及对系统总线和位处理器进行控制等。位处理器为从处理器，主要用于处理位操作指令和实现 PLC 编程语言向机器语言的转换。位处理器的采用提高了 PLC 的速度，使 PLC 可以更好地满足实时控制要求。

CPU 按系统程序赋予的功能，指挥 PLC 有条不紊地进行工作，归纳起来主要有以下几个方面：

1) 接收并存储从编程器输入的用户程序和数据。
2) 诊断电源、PLC 内部电路的工作故障和编程中的语法错误等。
3) 通过输入接口接收现场的状态和数据，并存入输入映像寄存器或数据寄存器中。

4)从存储器逐条读取用户程序,经过解释后执行。

5)根据执行的结果,更新有关标志位的状态和输出映像寄存器的内容,通过输出单元实现输出控制。有些 PLC 还具有制表打印或数据通信等功能。

(2)存储器　存储器主要有两种:一种是可读/写操作的随机存储器 RAM;另一种是只读存储器 ROM、PROM、EPROM 和 EEPROM。PLC 中的存储器主要用于存放系统程序、用户程序及工作数据。系统程序是由 PLC 的制造厂家编写的,和 PLC 硬件组成有关,主要完成系统诊断、命令解释、功能子程序调用管理、逻辑运算、通信及各种参数设定等功能,提供 PLC 运行的平台。系统程序关系到 PLC 的性能,而且在 PLC 的使用过程中不会变动,所以它是由制造厂家直接固化在只读存储器中,用户不能访问和修改。

用户程序是随 PLC 的控制对象而定的,由用户根据被控对象生产工艺的要求而编写的应用程序。为了便于读出、检查和修改,用户程序一般存储于 CMOS 静态 RAM 中,用锂电池作为后备电源,以保证系统掉电时不会丢失信息。为了防止干扰对 RAM 中程序的破坏,当用户程序经过运行调试、确认正确后,用户程序将不需要改变,可将其固化在只读存储器 EPROM 中。现在也有许多 PLC 直接采用 EEPROM 作为用户程序存储器。

工作数据是 PLC 运行过程中经常变化、经常存取的一些数据,存放在 RAM 中,以适应随机存取的要求。在 PLC 的工作数据存储器中,设有存放输入/输出继电器、辅助继电器、定时器、计数器等逻辑器件状态的存储区,这些器件的状态都是由用户程序的初始设置和运行情况而确定的。根据需要,部分数据在系统掉电时用后备电池维持其现有的状态,这部分在系统掉电时可保存数据的存储区域称为保持数据区。

由于系统程序及工作数据与用户无直接联系,所以在 PLC 产品样本或使用手册中所列存储器的形式及容量是指用户程序存储器。当 PLC 提供的用户程序存储器容量不够用时,许多 PLC 还提供了存储器扩展功能。

(3)输入/输出接口　输入/输出接口是 PLC 与被控对象(机械设备或生产过程)联系的桥梁。现场信号经输入接口传送给 CPU,CPU 的运算结果、发出的命令经输出接口送到有关设备或现场。输入/输出信号分为开关量、模拟量,这里仅对开关量进行介绍。

1)开关量输入接口电路。开关量输入接口是连接外部开关量输入器件的接口。开关量输入器件包括按钮、选择开关、数字拨码开关、行程开关、接近开关、光电开关、继电器触点和传感器等。输入接口的作用是把现场开关量(高、低电平)信号变成 PLC 内部处理的标准信号。

开关量输入接口按其使用电源的不同,可分为直流输入接口、交流输入接口。一般整体式 PLC 的输入接口都采用直流输入,由基本单元提供输入电源,不再需要外接电源。直流输入型、交流输入型开关量输入接口电路分别如图 1-7、图 1-8 所示,图中 *1 为输入阻抗。

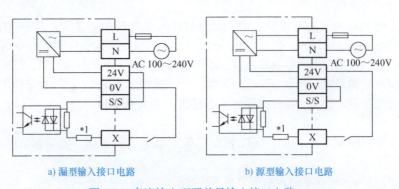

a)漏型输入接口电路　　　　b)源型输入接口电路

图 1-7　直流输入型开关量输入接口电路

2) 开关量输出接口电路。开关量输出接口是 PLC 控制执行机构动作的接口。开关量输出执行机构包括接触器线圈、气动控制阀、电磁铁、指示灯和智能装置等设备。开关量输出接口的作用是将 PLC 内部的标准状态信号转换为现场执行机构所需的开关量信号。

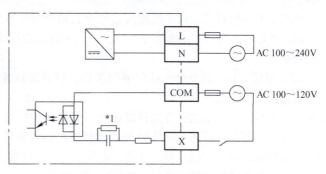

图 1-8　交流输入型开关量输入接口电路

开关量输出接口按输出开关器件的不同有三种类型：继电器输出、晶体管输出和双向晶闸管输出，其基本原理电路如图 1-9 所示。继电器输出接口可驱动交流或直流负载，但其响应时间长，动作频率低；晶体管输出和双向晶闸管输出接口的响应速度快，动作频率高，但前者只能用于驱动直流负载，后者只能用于驱动交流负载。

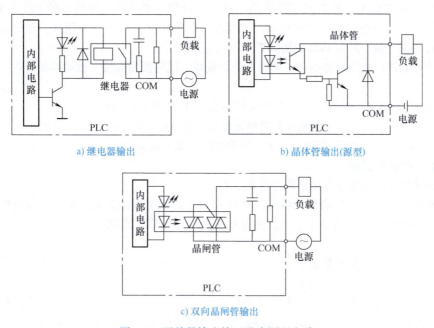

a) 继电器输出　　　　　　　　b) 晶体管输出(源型)

c) 双向晶闸管输出

图 1-9　开关量输出接口基本原理电路

对于 FX_{3U} 系列 PLC，晶体管输出又分为漏型输出和源型输出，漏型 COM 端接直流电源负极，源型 +V 端接直流电源正极，如图 1-10 所示，图中"COM□"和"+V□"的"□"中为公共端编号。

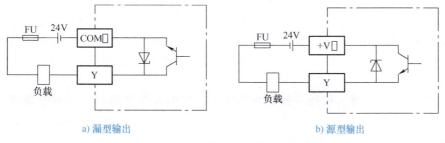

a) 漏型输出　　　　　　　　b) 源型输出

图 1-10　FX_{3U} 系列 PLC 晶体管输出接线

PLC 的 I/O 接口所能接受的输入信号个数和输出信号个数称为 PLC 的输入/输出（I/O）点数。I/O 点数是选择 PLC 的重要依据之一。当 I/O 点数不够时，可通过 PLC 的 I/O 扩展接口对系统进行扩展。

（4）通信接口　PLC 配有各种通信接口，这些通信接口一般都带有通信处理器。PLC 通过这些通信接口可与编程器、监视器、打印机、其他 PLC、计算机等设备实现通信。PLC 与编程器连接实现编制程序的下载；与监视器连接，可显示控制过程图像；与打印机连接，可将过程信息、系统参数等输出打印；与其他 PLC 连接，可组成多机系统或连成网络，实现更大规模的控制；与计算机连接，可组成多级分布式控制系统，实现控制与管理相结合。

远程 I/O 系统也必须配置相应的通信接口模块。

（5）扩展接口　扩展接口用于系统扩展输入/输出点数。这种扩展接口实际为总线形式，可配接开关量的 I/O 单元，也可配置如模拟量、高速脉冲等单元以及通信适配器等。如 I/O 点离主机较远，可配置一个 I/O 子系统将这些 I/O 点归纳到一起，通过远程 I/O 接口与主机相连。

（6）智能接口模块　智能接口模块是一独立的计算机系统，它有自己的 CPU、系统程序、存储器以及与 PLC 系统总线相连的接口。智能接口作为 PLC 系统的一个模块，通过总线与 PLC 相连，进行数据交换，并在 PLC 的协调管理下独立进行工作。

PLC 的智能接口模块种类很多，如高速计数模块、闭环控制模块、运动控制模块、中断控制模块等。

（7）电源　PLC 一般使用 220V 单相交流电源。小型整体式 PLC 内部有一个开关稳压电源，此电源一方面可为 CPU、I/O 单元及扩展单元提供直流 5V 工作电源，另一方面可为外部输入元件提供直流 24V 电源。模块式 PLC 通常采用单独的电源模块供电。

2. PLC 的软件组成

PLC 的软件由系统程序和用户程序组成。

系统程序由 PLC 制造厂商设计编写，并存入 PLC 的系统存储器中，用户不能直接读写与更改。系统程序相当于 PLC 的操作系统，主要功能是时序管理、存储空间分配、系统自检和用户程序编译等。

用户程序是用户根据控制要求，按系统程序允许的编程规则，用厂家提供的编程语言编写的程序。

PLC 编程语言多种多样，对于不同生产厂家、不同系列的 PLC 产品，采用的编程语言的表达方式也不相同，但基本上可归纳为两种类型：一是采用字符表达方式的编程语言，如指令表等；二是采用图形符号表达方式的编程语言，如梯形图等。

1994 年 5 月，IEC 公布了 PLC 的常用的五种语言：梯形图、指令表、顺序功能图、功能块图及结构化文本。其中，使用最多的编程语言是梯形图、指令表和顺序功能图。

（1）梯形图（LD）　梯形图是目前使用最多的 PLC 编程语言。梯形图是在继电器-接触器控制系统原理图的基础上发展而来的，它是借助类似于继电器的常开触点、常闭触点、线圈及串联、并联等术语和符号，根据控制要求连接而成的表示 PLC 输入/输出之间逻辑关系的图形，在简化的同时还增加了许多功能强大、使用灵活的基本指令和功能指令，同时结合计算机的特点，使编程更加容易，但实现的功能却大大超过传统继电器-接触器控制系统。

表 1-1 给出了继电器 - 接触器控制系统中低压继电器符号和 PLC 软继电器符号的对照关系。

项目一 FX₃ᵤ系列PLC基本指令的应用

表1-1 继电器-接触器控制系统中低压继电器符号和PLC软继电器符号对照表

序号	名称	低压继电器符号	PLC 软继电器符号
1	常开触点	/	⊣⊢
2	常闭触点	/	⊣/⊢
3	线圈	□	○

图1-11 所示为简单的梯形图示意。

（2）指令表（IL） 指令表也称为语句表，是PLC 的一种编程语言。它和计算机中的汇编语言有些类似，由语句表指令根据一定的顺序排列而成。一般一条指令可以分为助记符和目标元件（或称为操作数）两部分，也有只有助记符而没有目标元件的指令，称为<u>无操作数指令</u>。指令表程序和梯形图程序有严格的对应关系。对指令表不熟悉的可以先画出梯形图，再转换成指令表。有些简单的手持式编程设备只支持指令表编程，所以把梯形图转换为指令表是PLC 使用人员应掌握的技能。指令表与对应的梯形图如图1-12 所示。

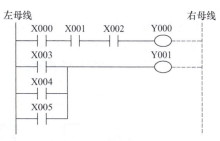

图1-11 简单的梯形图示意

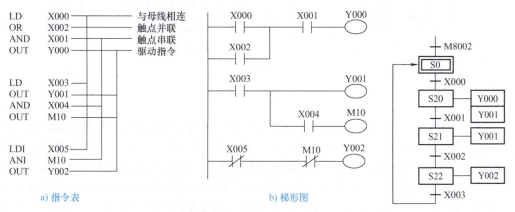

a) 指令表   b) 梯形图

图1-12 指令表与对应的梯形图   图1-13 顺序功能图

（3）顺序功能图（SFC） 顺序功能图是一种比较通用的流程图语言，主要用于编制复杂的顺序控制。顺序功能图提供了一种组织程序的图形方法，在顺序功能图中可以用 C 语言等编程语言嵌套编程。其最主要的部分是步、转移条件和动作，如图1-13 所示。顺序功能图用来描述开关量控制系统的功能，根据顺序功能图可以很容易地画出顺序控制梯形图程序。

3. PLC 的工作原理

（1）PLC 的工作方式 PLC 有两种基本工作模式，即运行（RUN）模式与停止（STOP）模式，如图1-14 所示。

在运行模式，PLC 通过执行反映控制要求的用户程序来完成控制任务。当需要执行多个操作时，CPU 不能同时执行多个操作，只能按分时操作（串行工作）方式，每次只执行一个操作，按顺序逐个执行。由于 CPU 执行操作的速度很快，所以从宏观上看，PLC 外部呈现的结果似乎是同时（并行）完成的。这种串行工作过程称为 PLC 的扫描工作方式。

在停止模式，PLC 只完成内部处理和通信服务工作。在内部处理阶段，PLC 检查 CPU 模块内部的硬件是否正常，并对用户程序的语法进行检查，定期复位监视定时器等，以确保系统可靠运行。在通信服务阶段，PLC 可与外部智能装置进行通信，如 PLC 之间及 PLC 与计算机之间的信息交换。

PLC 的工作方式是一个不断循环的顺序扫描工作方式，每次扫描所用的时间称为 扫描周期。CPU 从第一条指令开始，按顺序逐条执行用户程序直到用户程序结束，然后返回第一条指令开始新一轮扫描。PLC 就是这样周而复始地重复上述循环扫描工作的。

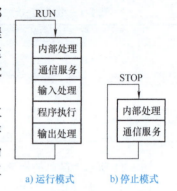

图 1-14　PLC 的基本工作模式

继电器-接触器控制系统采用的是并行工作方式。

（2）PLC 的工作过程　PLC 执行程序的过程分为三个阶段，即输入采样阶段、程序执行阶段和输出刷新阶段，如图 1-15 所示。

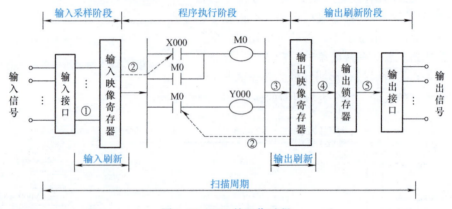

图 1-15　PLC 的工作过程

① 输入采样阶段。在输入采样阶段，PLC 以扫描工作方式按顺序对所有输入端的输入状态进行采样，并将各输入状态存入内存中各对应的输入映像寄存器中，此时输入映像寄存器被刷新。接着进入程序处理阶段，在程序执行阶段或其他阶段，即使输入状态发生变化，输入映像寄存器的内容也不会改变，输入状态的变化只有在下一个扫描周期的输入处理阶段才能被采样到。

② 程序执行阶段。在程序执行阶段，PLC 对程序按顺序进行扫描执行。若程序用梯形图表示，PLC 按先上后下，先左后右的顺序逐点扫描。遇到程序跳转指令，则根据跳转条件是否满足来决定程序是否跳转。当指令中涉及输入、输出状态时，PLC 从输入映像寄存器和元件映像寄存器中读出，根据用户程序进行运算，再将运算结果存入元件映像寄存器中。对于元件映像寄存器来说，其内容会随程序执行的过程而变化。

③ 输出刷新阶段。当所有程序执行完毕后，PLC 进入输出处理阶段。在这一阶段，PLC 将输出映像寄存器中所有输出继电器的状态（接通/断开）转存到输出锁存器中，并通过一定方式输出，驱动外部负载。

因此，PLC 在一个扫描周期内，对输入状态的采样只在输入采样阶段进行。当 PLC 进入程序执行阶段后输入端将被封锁，直到下一个扫描周期的输出采样阶段才对输入状态进行重新采样。这种方式称为 集中采样，即在一个扫描周期内，集中一段时间对输入状态进行采样。

在用户程序中，如果对输出结果多次赋值，则最后一次有效。在一个扫描周期内，只在输出刷新阶段才对输出状态从输出映像寄存器中输出，对输出接口进行刷新。在其他阶段，输出状态一直保持在输出映像寄存器中。这种方式称为集中输出。

对于小型 PLC，其 I/O 点数较少，用户程序较短，一般采用集中采样、集中输出的工作方式，虽然在一定程度上降低了系统的响应速度，但使 PLC 工作时大多数时间与外部输入/输出设备隔离，从根本上提高了系统的抗干扰能力，增强了系统的可靠性。对于大中型 PLC，其 I/O 点数较多，控制功能强，用户程序较长，为提高系统响应速度，可以采用定期采样、定期输出方式，或中断输入、输出方式，以及采用智能 I/O 接口等多种方式。

从上述分析可知，从 PLC 的输入端输入信号发生变化到 PLC 输出端对该输入变化做出反应，需要一段时间，这种现象称为 PLC 输入/输出响应滞后。造成 PLC 输入/输出响应滞后的原因不仅是由于 PLC 的扫描工作方式，更主要是由于 PLC 输入接口的滤波环节带来的输入延迟，以及输出接口中驱动期间的动作时间带来的输出延迟，同时还与程序设计有关。对于一般的工业控制，这种滞后是完全允许的。滞后时间是设计 PLC 应用系统时应注意把握的一个参数。

（三）三菱 FX$_{3U}$ 系列 PLC 基础

1. FX$_{3U}$ 系列 PLC 的型号

FX$_{3U}$ 系列 PLC 的基本单元包括 10 多种型号，其型号表现形式为

$$FX_{3U}-○○M□/□$$

FX$_{3U}$：系列名称。

○○：输入/输出点数。

M：基本单元。

□/□：输入/输出方式。其中，R/ES 为 AC 电源，DC 24V（漏型/源型）输入，继电器输出；T/ES 为 AC 电源，DC 24V（漏型/源型）输入，晶体管（漏型）输出；T/ESS 为 AC 电源，DC 24V（漏型/源型）输入，晶体管（源型）输出；S/ES 为 AC 电源，DC 24V（漏型/源型）输入，晶闸管（SSR）输出；R/DS 为 DC 电源，DC 24V（漏型/源型）输入，继电器输出；T/DS 为 DC 电源，DC 24V（漏型/源型）输入，晶体管（漏型）输出；T/DSS 为 DC 电源，DC 24V（漏型/源型）输入，晶体管（源型）输出；R/UA1 为 AC 电源，AC 110V 输入，继电器输出。

FX$_{3U}$ 系列 PLC 作为 FX$_{2N}$ 的升级产品，沿用了 FX$_{2N}$ 系列 PLC 的扩展单元和扩展模块。

2. FX$_{3U}$ 系列 PLC 的系统基本构成

FX$_{3U}$ 系列 PLC 硬件系统一般由基本单元、扩展单元、扩展模块、扩展电源单元、特殊单元、特殊模块、特殊适配器、功能扩展板、存储器盒、显示模块等构成，如图 1-16 所示。扩展单元内置电源的输入/输出扩展，附带连接电缆；扩展模块从基本、扩展单元获得电源供给的输入/输

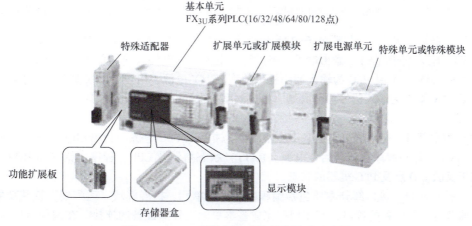

图 1-16　FX$_{3U}$ 系列 PLC 系统基本构成示意图

出扩展,内置连接电缆;扩展电源单元在AC电源型基本单元内置电源不足时,可以扩展电源;特殊单元内置电源的特殊控制用扩展,附带连接电缆;特殊模块从基本单元、扩展单元获得电源供给的特殊控制用扩展,内置连接电缆;功能扩展板可内置可编程序控制器中的用于功能扩展的设备,不占用输入/输出点数;特殊适配器从基本单元获得电源供给的特殊控制用扩展,内置连接用接头;存储器盒内存最大16000步(带程序传送功能)或最大64000步(不带程序传送功能);显示模块可安装于可编程序控制器中进行数据的显示和设定。

3. FX₃ᵤ系列PLC的外观及其特征

FX₃ᵤ系列PLC的外观如图1-17所示。

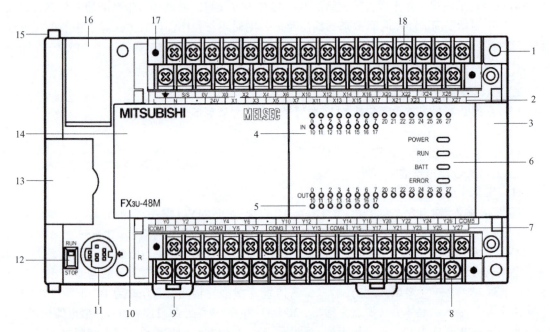

图1-17 FX₃ᵤ系列PLC外观

1—安装孔4个 2—输入端子 3—连接扩展设备用的连接器盖板 4—显示输入用的LED指示灯 5—显示输出用的LED指示灯 6—显示运行状态的LED指示灯(POWER:电源指示灯;RUN:运行指示灯;BATT:电池电压下降指示灯;ERROR:指示灯闪烁时表示程序出错,指示灯亮时表示CPU出错) 7—输出端子 8—输出用的可装卸式端子 9—安装DIN导轨用的卡扣 10—PLC型号显示 11—连接外围设备用的连接口 12—RUN/STOP开关 13—功能扩展板部分的盖板 14—上盖板 15—连接特殊适配器用的卡扣(2处) 16—电池盖板 17—拆卸输入/输出端子排用螺钉(4个) 18—电源、辅助电源、输入信号用的可装卸式端子

(1) 外部端子部分 外部端子包括PLC电源端子(L、N)、直流24V电源端子(S/S、24V、0V)、输入端子(X)、输出端子(Y)等,主要完成电源、输入信号和输出信号的连接。其中,S/S、24V、0V是PLC为输入回路提供的直流24V电源,用户可以根据接线要求将S/S与24V连接,0V端作为输入信号的公共端,接成漏型;也可以将S/S与0V连接,24V端作为输入信号的公共端,接成源型。

(2) 指示部分 指示部分包括各I/O点的状态指示、PLC电源(POWER)指示、PLC运行(RUN)指示、用户程序存储器后备电池(BATT)状态指示及CPU、程序出错(ERROR)指示等,用于反映I/O点及PLC机器的状态。

(3) 接口部分 接口部分主要包括编程器、扩展单元、扩展模块、适配器、特殊功能模块及存储器盒等外部设备的接口,其作用是完成基本单元同外部设备的连接。在编程器接口旁边,还设置了一个PLC运行模式转换开关,它有RUN和STOP两种运行模式,RUN模式能使PLC处于运行状态（RUN 指示灯亮），STOP 模式能使 PLC 处于停止状态（RUN 指示灯灭），此时，PLC 可运行用户程序的录入、编辑和修改。

4. FX$_{3U}$ 系列 PLC 的安装与接线

PLC 适用于大多数工业现场，但它对适用场合、环境温度等还有一定的要求。控制 PLC 的工作环境，可以有效地提高它的工作效率和寿命。在安装 PLC 时，要避开下列场所：

1）环境温度超过 0～50℃ 的范围。
2）相对湿度超过 85% 或者存在露水凝聚（由温度突变或其他因素引起）。
3）太阳光直接照射。
4）有腐蚀或易燃的气体，如氯化氢、硫化氢等。
5）有大量铁屑、油烟及粉尘。
6）频繁或连续的振动，振动频率为 10～55Hz，幅值为 0.5mm（峰-峰）。
7）超过 10g（重力加速度）的冲击。

（1）PLC 的安装　FX$_{3U}$ 系列 PLC 的安装方式有 DIN 导轨安装和直接安装两种。

1）DIN 导轨安装。FX$_{3U}$ 系列 PLC 的基本单元及相连的扩展设备均可安装在 DIN46277（宽度 35mm）的 DIN 导轨上，但如果 PLC 的扩展有功能扩展板或特殊适配器，则必须先将它们安装到基本单元上，然后再将基本单元及相连的其他扩展设备逐个安装到 DIN 导轨上。其安装过程如下：

① 推出 PLC 基本单元上的 DIN 导轨安装用卡扣 A，如图 1-18 所示。

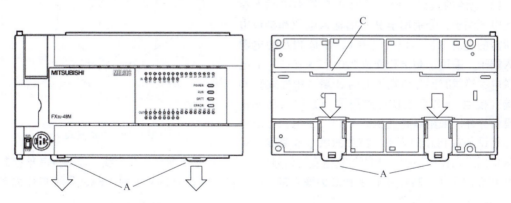

图 1-18　推出 PLC 基本单元上的 DIN 导轨安装用卡扣 A

② 将 PLC 基本单元 DIN 导轨安装槽的上侧，如图 1-19a 所示 C 处，对准 DIN 导轨后挂上，如图 1-19b 所示。

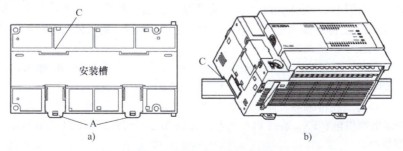

图 1-19　PLC 挂上 DIN 导轨

③ 将 PLC 压入 DIN 导轨上，此时 PLC 的导轨安装扣自动将 PLC 锁在 DIN 导轨上，如图 1-20 所示。所有具有 DIN 导轨安装扣的扩展设备均可按上述步骤安装到 DIN 导轨上。

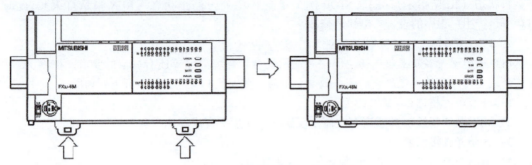

图1-20　将PLC安装用卡扣锁在DIN导轨上

2）直接安装。首先在安装板上进行安装孔的加工，然后对准孔直接采用M4螺钉安装到配电盘面上，螺钉孔的位置和个数因产品型号而异，如图1-21所示。当基本单元用螺钉固定安装时，与基本单元相连的各种扩展模块/单元、特殊功能模块/单元均可用M4螺钉直接固定在底板上。在实际安装时，各种型号的产品之间必须空出1～2mm的间距。

(2) PLC的接线

1）电源的接线。FX_{3U}系列PLC基本单元上有两组电源端子，分别用于PLC的输入电源和接口电路所需的直流电源输出。其中L、N是PLC的电源输入端子，采用工频单相交流220（1±10%）V电源供电，接线时要分清端子上的N端（中性线）和⏚端（接地）。PLC的供电线路要与其他大功率用电设备分开。采用隔离变压器为PLC供电，可以减少外界设备对PLC的影响。PLC的供电电源线应单

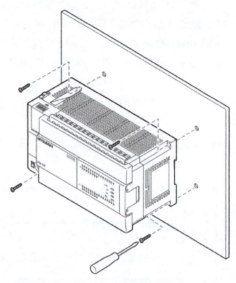

图1-21　直接安装

独从机顶进入控制柜中，不能与其他直流信号线、模拟信号线捆在一起走线，以减少其他控制线路对PLC的干扰。24V、0V是PLC为输入接口电路提供的直流24V电源。FX_{3U}系列PLC大多为AC电源、DC输入形式。

2）输入接口器件的接线。PLC的输入接口连接输入信号，器件主要有开关、按钮及各种传感器，这些都是触点类型的器件。在接入PLC时，对于直流输入型FX_{3U}系列PLC，其输入端需按图1-7a、b接成漏型或源型，再将每个触点的两个端子分别连接一个输入端（X）及输入公共端（0V或24V）。由图1-17可知，PLC的开关量输入接线端都是螺钉接入方式，每一路信号占用一个螺钉。图1-17上部为输入端子，0V或24V端为公共端。输入公共端在某些PLC中是分组隔离的，在FX_{3U}机型中是连通的。

这里需注意漏型、源型输入电路的差别：漏型输入［-公共端］是DC输入信号电流流出输入端子（X），而源型输入［+公共端］是DC输入信号电流流入输入端子（X）。

FX_{3U}系列PLC与三线传感器之间的接线如图1-22a所示。三线传感器由PLC的24V端子供电，也可由外部电源供电；FX_{3U}系列PLC与两线传感器之间的连接如图1-22b所示，两线传感器由PLC的内部供电。

注意：对于漏型输入PLC，连接晶体管输出型传感器时，可以使用NPN集电极开路型晶体管；对于源型输入PLC，连接晶体管输出型传感器时，可以使用PNP集电极开路型晶体管。

3）输出接口器件的接线。PLC的输出接口上连接的器件主要是继电器、接触器、电磁阀线

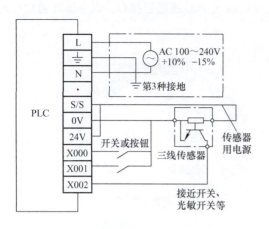
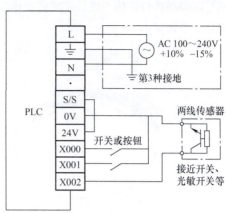

a) FX₃ᵤ系列PLC与三线传感器的连接   b) FX₃ᵤ系列PLC与两线传感器的连接

图 1-22 FX$_{3U}$ 系列 PLC 输入接口器件接线（漏型）

圈、指示灯等，其接线如图 1-23 所示。这些器件均采用 PLC 外部专用电源供电，PLC 内部只提供一组开关接点。接入时线圈的一端接输出点螺钉，另一端经电源接输出公共端，输出电路的负载电流一般不超过2A，大电流的执行器件需配装中间继电器，使用中输出电流额定值与负载性质有关。输出端子有两种接线方式，一种是输出各自独立（无公共点），另一种是每4、8点输出为一组，共用一个公共点（COM 点）。输出共用一个公共点时，同 COM 点输出必须使用同一电压类型和等级，即电压相同、电流类型（直流或交流）和频率相同。不同组之间可以用不同类型和等级的电压。

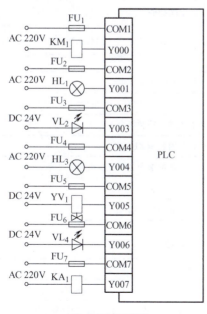
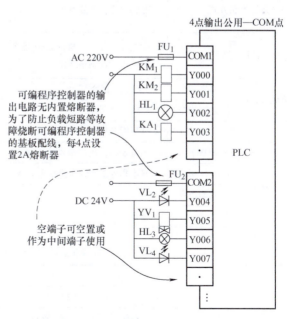

a) 输出无公共点接线   b) 输出有公共点接线

图 1-23 FX$_{3U}$ 系列 PLC 输出接口器件接线

4）通信线的连接。PLC 一般设有专用的通信口，通常为 RS485 或 RS422 口，FX 系列 PLC 为 RS422 编程口。三菱 FX$_{3U}$ 系列 PLC 编程电缆一般有两种：一种是 SC‐09 编程电缆；另一种是 USB‐SC09‐FX 编程电缆；如图 1-24 所示。通信线与 PLC 连接时，务必注意通信线接口内的插针与 PLC 端编程接口正确对应后才能将通信线接口插入 PLC 的编程接口,以免损坏通信线的插针和 PLC 的编程口。

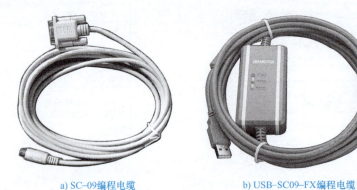

a) SC-09编程电缆   b) USB-SC09-FX编程电缆

图 1-24　三菱 FX_{3U} 系列 PLC 通信线

5. FX_{3U} 系列 PLC 的基本性能指标

PLC 的基本性能指标有一般指标和技术指标两种。一般指标主要指 PLC 的结构和功能情况,是用户选用 PLC 时必须首先了解的,而技术指标可分为一般性能规格和具体的性能规格。FX_{3U} 系列 PLC 的基本性能指标、输入规格和输出规格分别见表 1-2 ~ 表 1-4。

表 1-2　FX_{3U} 系列 PLC 的基本性能指标

项　　目		FX_{2N} 和 FX_{2NC}	FX_{3U} 和 FX_{3UC}
运算控制方式		存储程序,反复运算	重复执行保存的程序方式(专用 LSI),有中断功能
I/O 控制方式		批次处理方式(执行 END 指令时),可以使用 I/O 刷新指令	批次处理方式(执行 END 指令时),可以使用 I/O 刷新指令,有脉冲捕捉功能
运算处理速度	基本指令	0.08μs /指令	0.065μs/指令
	功能指令	1.52 ~ 数百 μs /指令	0.642 ~ 数百 μs /指令
程序语言		梯形图和指令表,可以用步进指令来生成顺序控制指令	
程序容量(EEPROM)		内置 8KB,用存储盒可达 16KB	内置 64KB
指令数量	基本/步进	基本指令 27 条/步进指令 2 条	基本指令 29 条/步进指令 2 条
	功能指令	132 种	219 种
I/O 设置		最多 256 点	最多 384 点

表 1-3　FX_{3U} 系列 PLC 的输入规格

项　　目	规　　格	
	DC 24V 输入型	AC 100V 输入型
输入连接方式	拆装式端子排(M3 螺钉)	拆装式端子排(M3 螺钉)
输入形式	漏型/源型	AC 输入
输入信号电压	AC 电源型:DC 24(1±10%)V DC 电源型:DC 16.8 ~ 28.8V	AC 100 ~ 120V,10%、-15%,50/60Hz

项目一　FX₃ᵤ系列PLC基本指令的应用

（续）

项　　目		规　　格	
		DC 24V 输入型	AC 100V 输入型
输入阻抗	X000～X005	3.9kΩ	约 21kΩ/50Hz 约 18kΩ/60Hz
	X006～X007	3.9kΩ	
	X010 以上	4.3kΩ	
输入信号电流	X000～X005	6mA/DC 24V	4.7mA/AC 100V/50Hz（同时 ON 率 70% 以下）
	X006～X007	7mA/DC 24V	
	X010 以上	5mA/DC 24V	6.2mA/AC 110V/60Hz（同时 ON 率 70% 以下）
ON 输入感应电流	X000～X005	3.5mA 以上	3.8mA 以上
	X006～X007	4.5mA 以上	
	X010 以上	3.5mA 以上	
OFF 输入感应电流		1.5mA 以下	1.7mA 以下
输入响应时间		约 10ms	约 25～30ms（不能高速读取）
输入信号形式		无电压触点输入 漏型输入：NPN 型集电极开路型晶体管 源型输入：PNP 型集电极开路型晶体管	触点输入
输入回路隔离		光耦隔离	光耦隔离
输入信号动作		光耦驱动时面板上的 LED 灯亮	输入接通时面板上的 LED 亮

表 1-4　FX₃ᵤ系列 PLC 的输出规格

项　　目		规　　格		
		继电器输出	晶闸管输出	晶体管输出
输出连接方式		拆装式端子排（M3 螺钉）	拆装式端子排（M3 螺钉）	拆装式端子排（M3 螺钉）
输出形式		继电器	晶闸管（SSR）	漏型/源型
外部电源		DC 30V 以下，AC 250V 以下	AC 85～242V	DC 5～30V
最大负载	电阻负载	2A/1 点 每个公共端的合计电流如下： 输出 1 点/1 个公共端，2A 以下 输出 4 点/1 个公共端，8A 以下 输出 8 点/1 个公共端，8A 以下	0.3A/1 点 每个公共端的合计电流如下： 输出 1 点/1 个公共端，0.3A 以下 输出 4 点/1 个公共端，0.8A 以下 输出 8 点/1 个公共端，0.8A 以下	0.5A/1 点 每个公共端的合计电流如下： 输出 1 点/1 个公共端，0.5A 以下 输出 4 点/1 个公共端，0.8A 以下 输出 8 点/1 个公共端，1.6A 以下
	电感性负载	80V·A	15V·A/AC 100V，30V·A/AC 200V	12W/DC 24V 每个公共端的合计负载如下： 输出 1 点/1 个公共端：12W 以下/DC 24V 输出 4 点/1 个公共端：19.2W 以下/DC 24V 输出 8 点/1 个公共端：38.4W 以下/DC 24V

(续)

项目		规　格		
		继电器输出	晶闸管输出	晶体管输出
最小负载		DC 5V/2mA（参考值）	0.4V·A/AC 100V，1.6V·A/AC 200V	—
ON 电压		—	—	1.5V 以下
开路漏电流		—	1mA/AC 100V，2mA/AC 200V	0.1mA 以下/DC 30V
响应时间	OFF→ON	约 10ms	1ms 以下	Y000～Y002：5μs 以下、10mA 以上/DC 5～24V Y003～：0.2ms 以下、200mA 以上/DC 24V
	ON→OFF	约 10ms	10ms 以下	Y000～Y002：5μs 以下、10mA 以上/DC 5～24V Y003～：0.2ms 以下、200mA 以上/DC 24V
回路隔离		机械隔离	光电晶闸管隔离	光耦隔离
输出动作指示		继电器线圈通电时面板上的 LED 亮	光电晶闸管驱动时面板上的 LED 亮	光耦驱动时面板上的 LED 亮

（四）PLC 的输入、输出继电器（X、Y 元件）

PLC 内部有许多具有不同功能的器件，这些器件通常都是由电子电路和存储器组成的，它们都可以作为指令中的目标元件（或称为操作数），在 PLC 中这些器件统称为 PLC 的编程软元件。三菱 FX 系列 PLC 的编程软元件可分为位元件、字元件和其他三大类。位元件是只有两种状态的开关量元件；字元件是以字为单位进行数据处理的软元件；其他是指立即数（十进制数、十六进制数和实数）、字符串和指针（P/I）等。

这里只介绍位元件中的输入继电器和输出继电器，其他的位元件及另外两类编程软元件将在其他各任务中分别介绍。

1. 输入继电器（X 元件）

输入继电器是 PLC 用来接收外部开关信号的元件。输入继电器是光电隔离的电子继电器，其常开触点和常闭触点在编程中使用次数不限。输入继电器与 PLC 的输入端相连，PLC 通过输入接口将外部输入信号状态（接通时为"1"，断开时为"0"）读入并存储在输入映像寄存器中。需要注意的是，输入继电器只能由外部信号来驱动，不能用程序或内部指令来驱动，其触点也不能直接输出去驱动执行元件。FX_{3U} 系列 PLC 输入继电器 X000 的等效电路如图 1-25 所示。

FX_{3U} 系列 PLC 输入继电器采用八进制进行编号，可用输入继电器的编号范围为 X000～X367（248 点）。FX_{3U} 系列 PLC 基本单元输入继电器的编号是固定的，扩展单元和扩展模块按与基本单元最靠近开始顺序进行编号。例如，基本单元 FX_{3U}-48MR/ES-A 的输入继电器编号为 X000～X027（24 点），如果接有扩展单元或扩展模块，则扩展的输入继电器从 X030 开始编号。FX_{3U} 系列 PLC 输入继电器分配一览表见表 1-5。

项目一 FX₃ᵤ系列PLC基本指令的应用

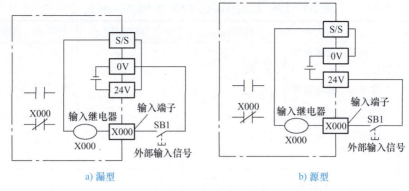

a) 漏型 b) 源型

图 1-25 输入继电器 X000 的等效电路

表 1-5 FX$_{3U}$ 系列 PLC 输入继电器分配一览表

PLC 型号	输入继电器	PLC 型号	输入继电器	PLC 型号	输入继电器
FX$_{3U}$-16MR/MT	X000~X007 8 点	FX$_{3U}$-48MR/MT	X000~X027 24 点	FX$_{3U}$-80MR/MT	X000~X047 40 点
FX$_{3U}$-32MR/MT/MS	X000~X017 16 点	FX$_{3U}$-64MR/MT/MS	X000~X037 32 点	FX$_{3U}$-128MR/MT	X000~X077 64 点

2. 输出继电器（Y 元件）

输出继电器是将 PLC 内部信号输出传给外部负载（用户输出设备）的元件。输出继电器的外部输出触点接到 PLC 的输出端子上。输出继电器线圈由 PLC 内部程序指令驱动，其线圈状态传送给输出接口，再由输出接口对应的硬触点来驱动外部负载。FX₃ᵤ系列 PLC 输出继电器 Y000 的等效电路如图 1-26 所示。

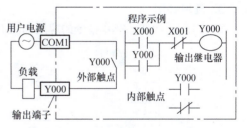

图 1-26 输出继电器 Y000 的等效电路

每个输出继电器在输出接口中都对应唯一一个常开硬触点，但在程序中供编程的输出继电器，不管是常开还是常闭触点，都可以无数次使用。

FX₃ᵤ系列 PLC 的输出继电器也采用八进制编号，可用输出继电器编号范围为 Y000~Y367（248 点）。与输入继电器一样，基本单元的输出继电器编号是固定的，扩展单元和扩展模块的变化也是按与基本单元最靠近开始顺序进行编号。FX₃ᵤ系列 PLC 输出继电器分配一览表见表 1-6。在实际使用中，输入、输出继电器的数量要看具体系统的配置情况。

表 1-6 FX$_{3U}$ 系列 PLC 输出继电器分配一览表

PLC 型号	输出继电器	PLC 型号	输出继电器	PLC 型号	输出继电器
FX$_{3U}$-16MR/MT	Y000~Y007 8 点	FX$_{3U}$-48MR/MT	Y000~Y027 24 点	FX$_{3U}$-80MR/MT	Y000~Y047 40 点
FX$_{3U}$-32MR/MT/MS	Y000~Y017 16 点	FX$_{3U}$-64MR/MT/MS	Y000~Y037 32 点	FX$_{3U}$-128MR/MT	Y000~Y077 64 点

（五）取、取反、输出及结束指令（LD、LDI、OUT、END）

1. LD、LDI、OUT、END 指令的使用要素

LD、LDI、OUT、END 指令的名称、助记符、功能、梯形图表示等使用要素见表 1-7。

表 1-7 LD、LDI、OUT、END 指令的使用要素

名称	助记符	功能	梯形图表示	目标元件	程序步
取	LD	常开触点逻辑运算开始		X、Y、M、S、D□.b、T、C	X、Y、M、S、T、C: 1步; D□.b: 3步
取反	LDI	常闭触点逻辑运算开始			
输出	OUT	驱动线圈,输出逻辑运算结果		Y、M、S、D□.b、T、C	Y、M: 1步; S、特殊M元件: 2步; T、D□.b: 3步; C: 3步、5步
结束	END	程序结束,返回开始	END	无	1步

2. LD、LDI、OUT、END 指令的使用说明

1) LD 指令用于将常开触点与左母线相连;LDI 指令用于将常闭触点与左母线相连。另外与后面的 ANB、ORB 指令组合,在电路块或分支起点处也要使用 LD、LDI 指令。

2) OUT 指令不能驱动 X 元件。

3) OUT 指令可连续使用,使用不受次数限制。

4) OUT 指令驱动 T、C 元件时,必须在 OUT 指令后设定常数。

5) 在调试程序时,插入 END 指令,使得程序分段,提高调试速度。

3. 应用举例

LD、LDI、OUT、END 指令的应用如图 1-27 所示。

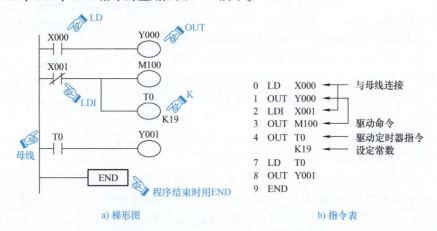

a) 梯形图　　　　　　　　b) 指令表

图 1-27 LD、LDI、OUT、END 指令的应用

(六) 与、与非指令 (AND、ANI)

1. AND、ANI 指令的使用要素

AND、ANI 指令的名称、助记符、功能、梯形图表示等使用要素见表 1-8。

表 1-8 AND、ANI 指令的使用要素

名称	助记符	功能	梯形图表示	目标元件	程序步
与	AND	常开触点串联连接		X、Y、M、S、D□.b、T、C	X、Y、M、S、T、C: 1步; D□.b: 3步
与非	ANI	常闭触点串联连接			

2. AND、ANI 指令的使用说明

1）AND、ANI 指令用于单个常开、常闭触点的串联，串联触点的数量不受限制，即 AND、ANI 指令可以重复使用。

2）当串联两个或以上的并联触点，则需用后续的 ANB 指令。

3. 应用举例

AND、ANI 指令的应用如图 1-28 所示。连续使用（中间没有增加驱动条件）OUT 指令称为连续输出，图中"OUT M101"指令之后通过 M101 常开触点去驱动 Y004，称为纵接输出。串联和并联指令用来描述单个触点与其他触点或触点（而不是线圈）组成的电路的连接关系。虽然 M101 的常开触点与 Y004 的线圈组成的串联电路与 M101 的线圈是并联关系，但 M101 的常开触点与左边的电路是串联关系，所以对 M101 的触点应使用串联指令。如果将"OUT M101"指令和"AND M101，OUT Y004"指令位置对调（尽管对输出结果没有影响，但不推荐采用），就必须使用任务三中将要学习的 MPS（进栈）和 MPP（出栈）指令。

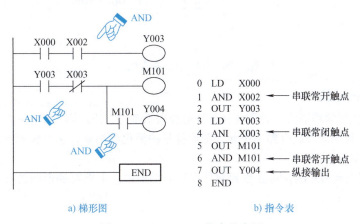

图 1-28 AND、ANI 指令的应用

（七）或、或非指令（OR、ORI）

1. OR、ORI 指令的使用要素

OR、ORI 指令的名称、助记符、功能、梯形图表示等使用要素见表 1-9。

表 1-9 OR、ORI 指令的使用要素

名称	助记符	功能	梯形图表示	目标元件	程序步
或	OR	常开触点并联连接		X、Y、M、S、D□.b、T、C	X、Y、M、S、T、C：1步；D□.b：3步
或非	ORI	常闭触点并联连接			

2. OR、ORI 指令的使用说明

1）OR、ORI 指令是从该指令的当前步开始，对前面的 LD 或 LDI 指令并联连接的指令，并联连接的次数没有限制，即 OR、ORI 指令可以重复使用。

2）OR、ORI 指令用于单个触点与前面的电路并联，并联触点的左端接到该指令所在电路块的起始点（LD 或 LDI 点）上，右端与前一条指令对应触点的右端相连，即单个触点并联到它前面已经连接好的电路的两端（两个及以上触点串联连接的电路块并联连接时，要用后续的 ORB 指令）。

3. 应用举例

OR、ORI 指令的应用如图 1-29 所示。

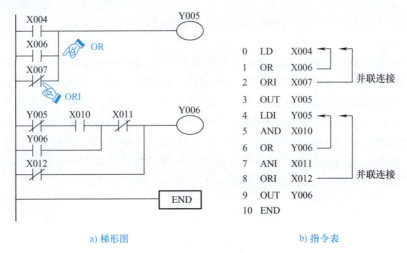

a) 梯形图　　　　　　　　　　　　　b) 指令表

图 1-29　OR、ORI 指令的应用

（八）梯形图结构

梯形图是形象化编程语言，它用各种符号组合表示条件，用线圈表示输出结果。梯形图中的符号是对继电器-接触器控制电路图中元件图形符号的简化和抽象。学习梯形图语言编程，首先必须了解梯形图结构。

图 1-30 为用三菱 GX Developer 编程软件编制的梯形图。下面对梯形图的各部分组成分别进行说明。

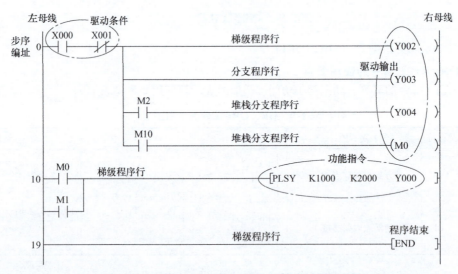

图 1-30　三菱 GX Developer 编程软件编制的梯形图

1. 母线

图 1-30 中，左右两侧的垂直公共线分别称为左母线、右母线。在分析梯形图的逻辑关系时，为了借用继电器-接触器控制电路的分析方法，可以假设左、右两侧母线之间有一个左正右负的直流电源电压，母线之间有"能流"从左向右流动（一般右母线不画）。

2. 梯级和分支

梯级又称为逻辑行，它是梯形图的基本组成部分。梯级是指从梯形图的左母线出发，经过驱动条件和驱动输出到达右母线所形成的一个完整的信号流回路。每个梯级至少有一个输出元件或指令，全部梯形图就是由多个梯级从上到下连接而成。

对每一个梯级来说，其结构就是与左母线相连的驱动条件和与右母线相连的驱动输出所组成。当驱动条件满足时，相应的输出被驱动。

当一个梯级有多个输出时，其余的输出所在的支路称为分支。分支和梯级输出共一个驱动条件时，为一般分支。如果分支上本身还有触点等驱动条件，称为堆栈分支。在堆栈分支后的所有分支均为堆栈分支。梯级本身是一行程序行，一个分支也是一行程序行。

梯形图按梯级从上到下编写，每一梯级按从左到右顺序编写。PLC 对梯形图的执行顺序和梯形图的编写顺序是相同的。

3. 步序编址

针对每一个梯级，在左母线左侧有一个数字，这个数字的含义是该梯级的程序步编址的首址。其中，程序步是三菱 FX 系列 PLC 用来描述其用户程序存储容量的一个术语。每一步占用一个字（Word）或 2 字节（B），一条基本指令占用 1 步（或 2 步、3 步、5 步），步的编址是从 0 开始，到 END 结束。用户程序的程序步不能超过 PLC 用户程序容量程序步。

在梯形图上，每一梯级左母线前的数字表示该梯级的程序步首址。图 1-30 中，第 1 个梯级数字为 0，表示该梯级程序占用程序步编号从 0 开始；第 2 个梯级数字为 10，表示该梯级程序占用程序步编号从 10 开始。由此，可推算出第 1 个梯级程序占用 10 步存储容量。最后，END 指令的梯级数字为 19，表示全部梯形图程序占用 19 步存储容量。

需要说明的是，步序编址在编程软件上是自动计算并显示的，不需要用户计算输入。

4. 驱动条件

在梯形图中，驱动条件是指编程位元件的触点逻辑关系组合，仅当这个组合逻辑结果为"1"时，输出元件才能被驱动。对某些指令来说，可以没有驱动条件，这时指令直接被执行。

（九）基本指令编制梯形图的基本规则（一）

1）梯形图按自上而下、从左向右的顺序排列。每一驱动输出或功能指令为一逻辑行。每一逻辑行总是起于左母线，经触点的连接，然后终止于输出或功能指令。注意：左母线与线圈之间要有触点，而线圈与右母线之间则不能有任何触点。

2）梯形图中的触点可以任意串联或并联，且使用次数不受限制，但继电器线圈只能并联不能串联。

3）梯形图中除了输入继电器（X 元件）没有线圈只有触点外，其他继电器既有线圈又有触点。

4）一般情况下，梯形图中同一元件的线圈只能出现一次。

5）在梯形图中，不允许出现 PLC 所驱动的负载（如接触器线圈、电磁阀线圈和指示灯等），只能出现相应的 PLC 输出继电器的线圈。

（十）GX Developer 编程软件

1. GX Developer 编程软件简介

GX Developer 软件是三菱电机有限公司开发的一款针对三菱 PLC 的中文编程软件，它操作简单，支持梯形图、指令表、SFC 等多种程序设计方法，可设定网络参数，可进行程序的线上更改、监控及调试，具有异地读写 PLC 程序等功能。下面以 GX Developer 8.86 中文版编写梯形图程序为例介绍该编程软件的使用。

2. GX Developer 编程软件的安装

打开"GX + Developer + 8.86"三菱编程软件文件夹,然后继续打开"EnvMEL"应用程序文件夹,安装 SETUP 应用程序,安装完后返回到"GX + Developer + 8.86"三菱编程软件文件夹,双击"SETUP"安装即可。序列号见"GX + Developer + 8.86"三菱编程软件目录下的"SN"文本文档。

3. GX Developer 编程软件的使用

(1) 新建工程 启动 GX Developer 编程软件后,选择菜单命令"工程"→"创建新工程"执行或者使用快捷键"Ctrl + N",弹出如图 1-31 所示的"创建新工程"对话框。在"创建新工程"对话框,选择 PLC 系列为"FXCPU",PLC 类型为"FX3U(C)",程序类型为"梯形图",完成工程名设定等操作。然后,单击"确定"按钮,会弹出梯形图编辑界面,如图 1-32 所示。

图 1-31 "创建新工程"对话框

图 1-32 梯形图编辑界面

注意:"PLC 系列"和"PLC 类型"两项是必须设置项,且必须与所连接的 PLC 一致,否则程序将无法写入 PLC。

(2) 梯形图编辑 下面以图 1-33a 所示的梯形图为例介绍 GX 软件绘制梯形图的操作步骤。梯形图编辑的方法有多种,这里只介绍常用的快捷方式输入、键盘输入两种。

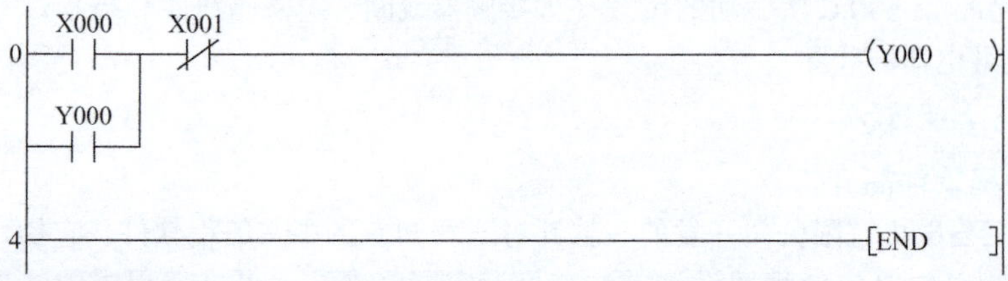

```
0  ─┤X000├─┤/X001├──────────────(Y000)─
    ├─┤Y000├─┘
4                                  ─[END]─
```

```
0  LD   X000
1  OR   Y000
2  ANI  X001
3  OUT  Y000
4  END
```

a) 梯形图   b) 指令表

图 1-33 梯形图编辑举例

1）快捷方式输入。利用工具栏上的功能图标或功能键进行梯形图编辑。工具栏上各种梯形图符号表示的意义如图1-34所示。

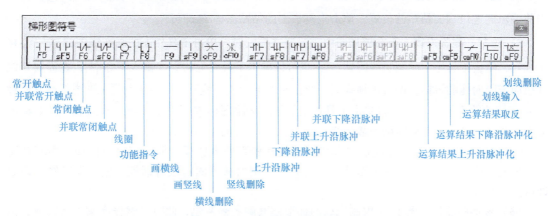

图1-34　工具栏上各种梯形图符号表示的意义

快捷方式输入的操作方法：先将蓝色光标移动到要编辑梯形图的位置，然后在工具栏上单击常开触点图标，或按功能键F5，则弹出"梯形图输入"对话框，如图1-35所示。通过键盘输入X000，单击"确定"按钮，此时在编辑区出现了一个标号为X000的常开触点，且其所在程序行变成灰色，表示该程序行进入编辑区。至此，一条指令"LD　X000"已经编辑完成。其他的触点、线圈、功能指令等都可以通过单击相应的图标编辑完成。

2）键盘输入。用键盘输入指令的助记符和目标元件（两者间用空格分开）。如在开始输入常开触点X000时，通过键盘输入字母"L"后，即弹出"梯形图输入"对话框，如图1-36所示。继续输入指令"LD　X000"，单击"确定"按钮，常开触点X000已经编辑完成。

图1-35　快捷方式输入　　　　　　图1-36　键盘输入

然后用键盘分别输入指令"ANI　X001""OUT　Y000"，再将蓝色编辑框定位在X000触点下方，输入指令"OR　Y000"，即绘制出如图1-37所示的梯形图。

图1-37　梯形图变换前的界面

3）插入和删除。在梯形图编辑过程中，如果要进行程序的插入或删除，操作步骤如下：

① 插入。将光标定位在要插入的位置，然后选择菜单命令"编辑"→"行插入"执行，即可实现逻辑行的插入。

② 删除。首先通过鼠标选择要删除的行，然后选择菜单命令"编辑"→"行删除"执行，

即可实现逻辑行的删除。

4）复制和粘贴。首先拖动鼠标选中需要复制的区域，单击工具栏上的复制图标，再将当前编辑区定位到要粘贴的位置，单击工具栏上的粘贴图标即可。

5）绘制、删除连线。当在梯形图中需要连接横线时，单击工具栏上的画横线图标，连接竖线时，单击工具栏上的画竖线图标；也可以单击工具栏上的划线输入图标，在需要连线处横向或竖向拖动鼠标，即可画横线或竖线。删除横线或竖线时，单击工具栏上的横线删除图标或竖线删除图标；也可以单击工具栏上的划线删除图标，在需要删除横线或竖线处横向或竖向拖动鼠标，即可删除横线或竖线。

6）梯形图修改。在程序编制过程中，若发现梯形图有错误，可进行修改操作。在写状态下，将光标放在需要修改的梯形图处，双击光标，调出梯形图输入对话框，进行程序修改确定即可。

(3) 梯形图变换　图1-37编制完成的梯形图其颜色是灰色，此时虽然程序输入已完成，但若不对其进行变换（编译），则程序是无效的，也不能进行保存、传送和仿真。程序变换又称为编译，通过变换编辑区程序由灰色自动变成白色，说明程序变换完成。选择菜单命令"变换"→"变换"执行，如图1-38所示，也可单击工具栏上的程序变换/编译图标或按功能键F4。变换无误后，程序状态由灰色变为白色。

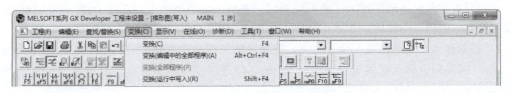

图1-38　程序变换操作

若编制的梯形图在格式上或语法上有错误，则进行变换时系统会提示错误。重新修改错误的梯形图，然后重新变换，直到编辑区程序由灰色变为白色。

(4) 指令表编辑　GX Developer软件除了可以采用梯形图方式进行程序编辑外，还可以利用指令表进行程序编辑。在图1-32梯形图编辑界面，选择菜单命令"显示"→"列表显示"执行，或单击工具栏上的梯形图/指令表切换图标，就可以进入指令表编辑区，然后用键盘分别输入图1-33对应的指令表，且每输完一条指令按一次Enter键，则指令表输入编制的程序如图1-39所示。采用指令表编辑的程序不需要变换。

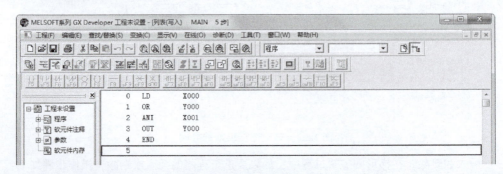

图1-39　指令表编辑的程序

(5) PLC写入与读取　在完成程序编制和变换后，便可以将程序写入到PLC的CPU中，或将PLC CPU中的程序读到计算机。一般需进行以下操作：

1) PLC 与计算机的连接。PLC 与计算机之间通过专用编程电缆连接实现通信。将计算机串口（或 USB 口）与 PLC 的编程口用编程电缆互连，连接 PLC 一侧时要注意 PLC 编程口的方向，按照通信针脚排列方向轻轻插入，不要弄错方向或强行插入，否则容易损坏插针。

2) 设置通信端口参数。先查看计算机的串行端口编号，方法：用鼠标右击计算机桌面上的"计算机"图标，在弹出的子选项中，选择单击"设备管理器"，在打开的设备管理器子选项中，单击"端口（COM 和 LPT）"→"通信端口 COM1 或 COM2"。再设置串口通信参数，操作如下：

选择菜单命令"在线"→"传输设置"执行，打开"传输设置"对话框，双击 图标，弹出"PC I/F 串口详细设置"对话框，如图 1-40 所示，在该对话框中设置连接端口的类型、端口号、传输速度，单击"确定"按钮，即完成传输设置的操作。

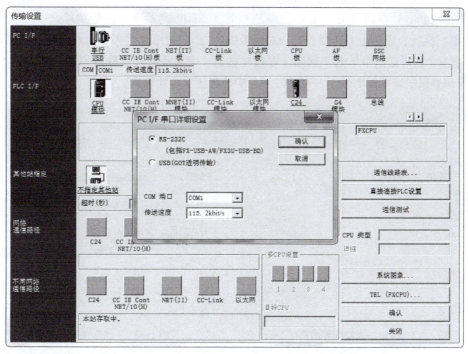

图 1-40 "传输设置"对话框与"PC I/F 串口详细设置"对话框

一般用串口 SC-09 通信线连接计算机和 PLC，串口都是 COM1，而 PLC 系统默认情况下也是 COM1，所以不需要更改设置就可以直接与 PLC 通信。

如果使用 USB-SC09 通信线连接计算机和 PLC，通常计算机侧的 COM 口不是 COM1，在这种情况下，首先需要安装 USB-SC09 的驱动程序，将驱动光盘放入计算机并将 USB-SC09 电缆插入计算机的 USB 接口，双击"AMSAMOTION.EXE"程序，打开"驱动安装"对话框，单击该对话框中的"安装"按钮，当出现驱动安装成功时，即驱动安装成功。

此时按照上述方法在计算机设备管理器中查看所连的 USB 口，然后在图 1-40 所示的"COM 端口"下拉列表框中选择与计算机的 USB 口一致，通常为 COM3。"传送速度"一般选 115.2kbit/s。单击"确认"按钮，至此通信参数设置完成。

串口设置正确后，在图 1-40 中单击"通信测试"按钮，若打开的是通信测试成功对话框，如图 1-41 所示，单击"确定"按钮即可，说明可以与 PLC 进行通信。若出现的是"无法与 PLC 通信，可能是以下原因…"对话框，则说明计算机与 PLC 不能建立通信，此时必须按对话框中说明的原因进行排查，确认 PLC 电源是否接通、电缆是否正确连接等事项，直到单击"通信测试"后，显示连接成功。

通信测试成功后，单击"确定"按钮，返回到梯形图编辑界面。

3）PLC 写入/读取。程序写入时，PLC 必须在 STOP 模式下。选择菜单命令"在线"→"PLC 写入"执行，或单击工具栏上的 PLC 写入图标，就可以打开"PLC 写入"对话框，如图 1-42 所示，在对话框中先单击"参数+程序"按钮，完成程序和参数的勾选，此时"MAIN"和"PLC 参数"前面的复选框"□"

图 1-41　通信测试成功对话框

内会自动打上红色"√"，然后单击"程序"按钮，进行写入程序步范围设置，再单击"执行"按钮，并按向导提示完成写入操作，即可将程序写入 PLC。

当需要从 PLC 读取程序时，也必须将 PLC 置于 STOP 模式下。选择菜单命令"在线"→"PLC 读取"执行，或单击工具栏上的 PLC 读取图标，就可以进入"PLC 读取"对话框，如图 1-43 所示，在对话框中单击"程序+参数"按钮，完成程序和参数的勾选，再单击"执行"按钮并按向导提示完成读取操作，即可将 PLC 中的程序读入计算机。

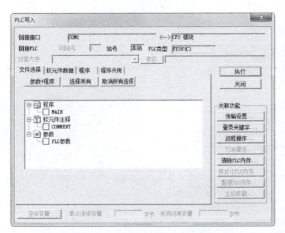

图 1-42　"PLC 写入"对话框

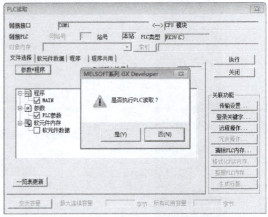

图 1-43　"PLC 读取"对话框

（6）监视　选择菜单命令"在线"→"监视"→"监视模式"执行，即可监视 PLC 的程序运行状态。当程序处于监视模式时，不论监视开始还是停止，都会显示监视状态对话框，如图 1-44 所示。在监视状态的梯形图上可以观察到各输入及输出软元件的状态，并可选择菜单命令"在线"→"监视"→"软元件批量"执行，实现对软元件的成批监视。

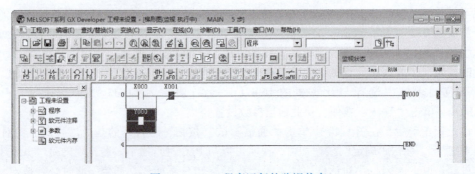

图 1-44　PLC 程序运行的监视状态

(7) 梯形图注释　梯形图程序编制完成后,如果不加注释,那么过一段时间就会看不明白。这是因为梯形图程序的可读性较差,加上程序编制因人而异,完成同样的控制功能有许多不同的程序编制方法。给程序加上注释,可以增加程序的可读性,方便交流和修改。梯形图程序注释有注释编辑、声明编辑和注解编辑三种,可选择菜单命令"编辑"→"文档生成"的下拉子菜单,如图1-45所示,在下拉子菜单中选择注释类型进行相应的注释操作;也可以单击工具栏上的注释图标进行注释操作。

图1-45　选择菜单命令进行梯形图注释操作

1) 注释编辑。注释编辑是对梯形图中的触点和输出线圈添加注释。操作方法如下:

单击工具栏上的注释编辑图标，此时梯形图之间的行距拉开,把光标移动到要注释的触点X000处,双击光标,弹出"注释输入"对话框,如图1-46所示。在框内输入"起动"(假设X000为起动按钮对应的输入信号),单击"确定"按钮,注释文字将出现在X000下方,如图1-47所示。光标移动到哪个触点处,就可以注释哪个触点。对一个触点进行注释后,梯形图中所有这个触点(常开、常闭)都会在其下方出现相同的注释内容。

图1-46　"注释输入"对话框

2) 声明编辑。声明编辑是对梯形图中某一行或某一段程序进行说明注释。操作方法如下:

单击工具栏上的声明编辑图标，将光标放在要编辑行的行首,双击光标,弹出"行间声明输入"对话框,如图1-48所示。在对话框内输入声明文字,单击"确定"按钮,声明文字即加到相应的行首。

以起保停程序为例,将光标移到第一行X000处,双击光标,在弹出的"行间声明输入"对话框输入"起保停程序"文字,单击"确定"按钮,此时编辑区程序变为灰色,单击工具栏上的程序变换/编译图标，完成程序编译,程序说明即出现在程序行的左上方,如图1-49所示。

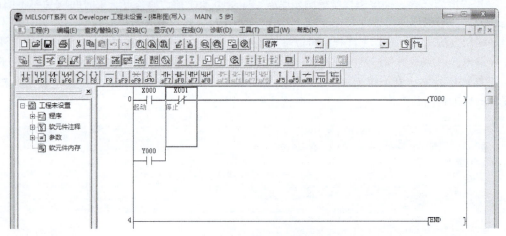

图1-47 注释编辑操作

3）注解编辑。注解编辑是对梯形图中的输出线圈或功能指令进行说明注释。操作方法如下：

单击工具栏上的注解项编辑图标 ，将光标放在要注解的输出线圈或功能指令处，双击光标，此时弹出"输入注解"对话框，如图1-50所示。在对话框内输入注解文字，单击"确定"按钮，注解文字即加到相应的输出线圈或功能指令的左上方。

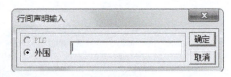

图1-48 "行间声明输入"对话框

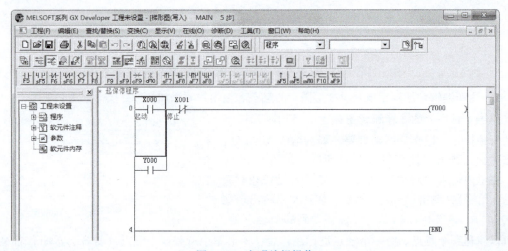

图1-49 声明编辑操作

仍以起保停程序为例，将光标移到输出线圈Y000处，双击光标，在弹出的"输入注释"对话框中输入"电动机"文字，单击"确定"按钮，输出线圈的注解说明即出现在Y000的左上方，此时编辑区程序变成灰色，再进行程序变换操作，完成程序编译，如图1-51所示。

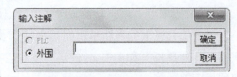

图1-50 "输入注解"对话框

以上介绍了使用工具栏上的图标（按钮）进行梯形图三种注释的操作方法，也可以使用菜单操作，其过程类似，读者可自行练习。

项目一　FX₃ᵤ系列PLC基本指令的应用

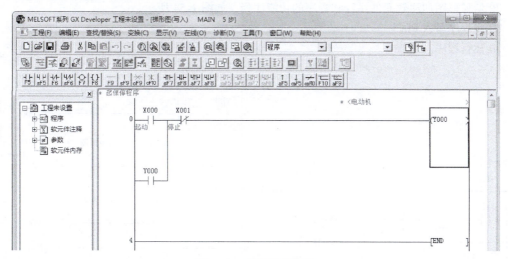

图 1-51　注解编辑操作

（8）梯形图中软元件的查找和替换　选择菜单命令"查找/替换"→"软元件查找"执行，或单击工具栏上的软元件查找图标，可打开"软元件查找"对话框，如图 1-52a 所示。在梯形图写入状态下，选择菜单命令"查找/替换"→"软元件替换"执行，即可打开"软元件替换"对话框，如图 1-52b 所示。

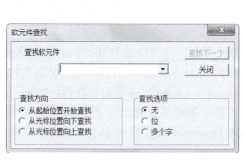

a)"软元件查找"对话框　　　　　　b)"软元件替换"对话框

图 1-52　梯形图中软元件的查找和替换操作

（9）保存、打开工程　当程序编制完成后，必须先进行变换，然后单击工具栏上的工程保存图标，或选择菜单命令"工程"→"保存"或"另存为"执行，此时系统会弹出"另存为"对话框（如果新建工程时未设置保存的路径和工程名称），设置好路径和输入工程名称后再单击"保存"按钮即可。

当需要打开保存在计算机中的程序时，打开编程软件，单击工具栏上的打开工程图标或选择菜单命令"工程"→"打开工程"执行，在打开窗口中选择保存的驱动器和工程名称再单击"打开"按钮即可。

4. 举例

1）打开计算机，进入 GX Developer 编程软件的编程界面。

2）程序输入。

① 利用 GX Developer 编程软件，编制如图 1-53 所示的程序，并转化成指令表。

② 给梯形图加注软元件注释和程序的功能注释，如图 1-54 所示。

③ 将程序写入 PLC。

④ 运行程序。

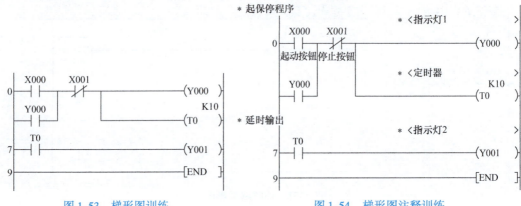

图 1-53　梯形图训练　　　　　　图 1-54　梯形图注释训练

（十一）GX Simulator 仿真软件

1. GX Simulator 仿真软件简介

GX Simulator 仿真软件是与 GX Developer 编程软件配合使用的三菱 PLC 仿真软件，它能够实现三菱全系列 PLC 的离线调试。通过使用 GX Simulator 仿真编程软件，可实现在没有连接 PLC 的情况下，进行 PLC 程序的开发和调试，缩短程序调试的时间。下面介绍 GX Simulator 仿真软件的使用。

2. GX Simulator 仿真软件的安装

打开"GX Simulator7.11M – E"仿真软件文件夹，然后继续打开"EnvMEL"应用程序文件夹，安装"SETUP"应用程序，安装完后返回到"GX Simulator7.11M – E"仿真软件文件夹，双击"SETUP"安装即可。序列号为"GX + Developer + 8.86"三菱编程软件的序列号。需要说明的是，"GX Simulator"仿真软件安装完成后，在计算机桌面或者"开始"菜单中并没有该仿真软件的图标，这是因为仿真软件被集成到 GX Developer 编程软件中了，相当于编程软件的一个插件。

3. GX Simulator 仿真软件的使用

（1）启动 GX Simulator 仿真软件　在启动 GX Simulator 仿真软件之前，必须先在 GX Developer 编程软件中编制程序，按图 1-53 编制梯形图进行变换后，在 GX 编程界面上选择菜单命令"工具"→"梯形图逻辑测试起动"，或单击工具栏上的梯形图逻辑测试启动/结束图标，即启动了梯形图逻辑测试起动功能，此时用 GX Developer 软件编制的程序就自动写入 GX Simulator 仿真软件，相当于将程序写入 PLC 中，如图 1-55 所示。

在梯形图逻辑测试起动对话框中有 3 个选择开关，即"STOP"（停止）、"RUN"（运行）和"STEP RUN"（单步运行），勾选"RUN"后可以看到梯形图的变化，常闭触点显示为深蓝色，常开触点显示为白色，如图 1-56 所示。

（2）梯形图的测试　在梯形图运行仿真时，要模拟起动按钮 SB_1（对应 X000）闭合就需要强制操作常开触点 X000，方法是单击 X000 使之背景色变蓝，然后用鼠标右击这个蓝色背景框，在弹出的子选项中选择并单击"软元件测试"，操作过程如图 1-57 所示。

此时，便打开"软元件测试"对话框，如图 1-58 所示，在该对话框中有 3 个强制按钮，包括"强制 ON""强制 OFF"和"强制 ON/OFF 取反"，先单击"强制 ON"，再单击"强制

项目一　FX$_{3U}$系列PLC基本指令的应用

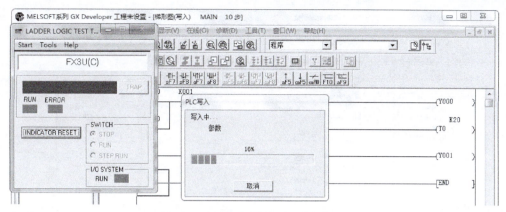

图 1-55　启动梯形图逻辑测试起动功能

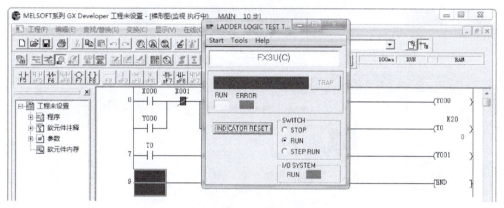

图 1-56　仿真软件起动对话框

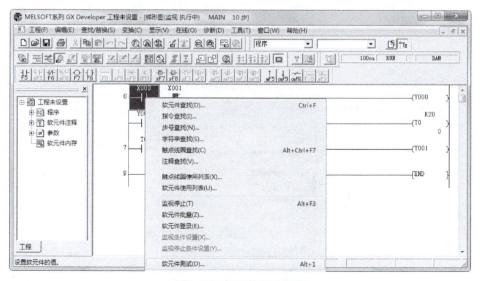

图 1-57　软元件测试操作

OFF",模拟按下起动按钮 SB$_1$,此时对话框的"执行结果"下显示出强制的软元件 X000 和设置的状态,程序的起动仿真运行如图 1-59a 所示。

按照上述相同的操作方法对停止按钮 SB$_2$ 对应的输入信号 X001 进行强制操作,程序将停止运行,如图 1-59b 所示。

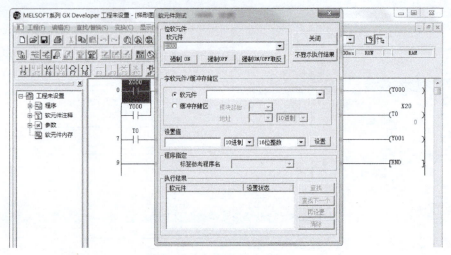

图 1-58　软元件测试对话框

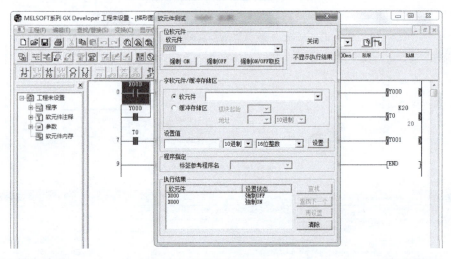

a) 程序的起动仿真运行

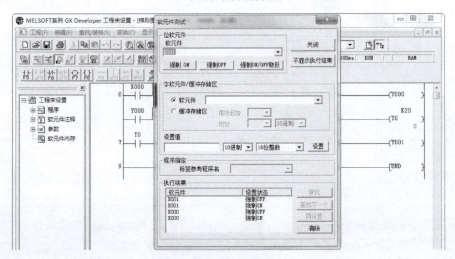

b) 程序的停止仿真操作

图 1-59　程序的仿真运行

项目一　FX$_{3U}$系列PLC基本指令的应用

(3) GX Simulator 的结束　GX Simulator 仿真软件测试完成后，在 GX Developer 中选择菜单命令"工具"→"梯形图逻辑测试结束"，或单击工具栏上的梯形图逻辑测试启动/结束图标，即可以退出 GX Simulator 仿真编程软件。

三、任务实施

(一) 任务目标

1) 学会用三菱 FX$_{3U}$ 系列 PLC 基本指令编制电动机起停控制程序。
2) 学会绘制三相异步电动机起停控制的 I/O 接线图及主电路图。
3) 掌握 FX$_{3U}$ 系列 PLC 的 I/O 接线方法。
4) 掌握触点指令和线圈驱动指令的应用。
5) 熟练掌握使用 GX Developer 编程软件编制梯形图与指令表程序，并写入 PLC 进行调试运行。

(二) 设备与器材

本任务实施所需设备与器材见表 1-10。

表 1-10　设备与器材

序号	名　称	符号	型号规格	数量	备注
1	常用电工工具		十字螺钉旋具、一字螺钉旋具、尖嘴钳、剥线钳等	1套	表中所列设备、器材的型号规格仅供参考
2	计算机（安装 GX Developer 编程软件）			1台	
3	THPFSL-2 网络型可编程序控制器综合实训装置			1台	
4	三相电动机起停控制面板			1个	
5	三相异步电动机	M		1台	
6	连接导线			若干	

(三) 内容与步骤

1. 任务要求

完成三相异步电动机通过按钮实现起动、停止控制，同时电路要有完善的软件或硬件保护环节，控制面板如图 1-60 所示。

2. I/O 分配与接线图

三相异步电动机起停控制 I/O 分配见表 1-11。

表 1-11　三相异步电动机起停控制 I/O 分配表

输　　入			输　　出		
设备名称	符号	X元件编号	设备名称	符号	Y元件编号
起动按钮	SB$_1$	X000	接触器	KM$_1$	Y000
停止按钮	SB$_3$	X001			
热继电器	FR	X002			

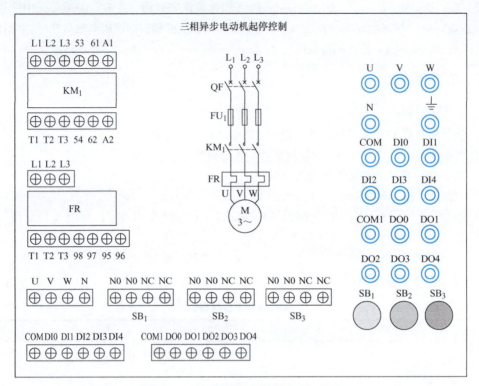

图 1-60　三相异步电动机起停控制面板

三相异步电动机起停控制 I/O 接线图如图 1-61 所示。

3. 编制程序

根据控制要求编制梯形图，如图 1-62 所示。

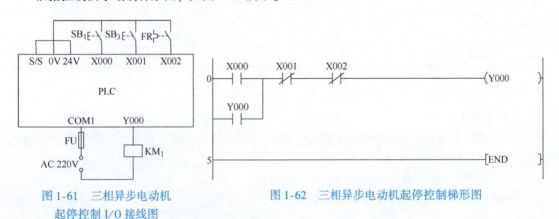

图 1-61　三相异步电动机起停控制 I/O 接线图　　　图 1-62　三相异步电动机起停控制梯形图

4. 调试运行

利用 GX Developer 编程软件在计算机上输入图 1-62 所示的程序，然后下载到 PLC 中。

（1）静态调试　按图 1-61 所示 PLC 的 I/O 接线图正确连接输入设备，进行 PLC 的模拟静态调试（按下起动按钮 SB_1 时，Y000 亮，运行过程中，按下停止按钮 SB_3 时，Y000 灭，运行过程结束），并通过 GX Developer 编程软件使程序处于监视状态，观察其是否与指示灯一致，若不一致，则应检查并修改程序，直至输出指示正确。

（2）动态调试　按图 1-61 所示 PLC 的 I/O 接线图正确连接输出设备，进行系统的空载调试,观察交流接触器能否按控制要求动作(按下起动按钮 SB_1 时,KM_1 动作,运行过程中,按下停止按钮 SB_3 时,KM_1 返回,运行过程结束),并通过 GX Developer 编程软件使程序处于监视状态,观察其是否与动作一致,否则,检查电路接线或修改程序,直至交流接触器能按控制要求动作;然后连接电动机(电动机Y联结),进行带载动态调试。

(四) 分析与思考

本任务三相异步电动机过载保护如何实现?如果将热继电器过载保护作为 PLC 的硬件条件,试绘制 I/O 接线图,并编制梯形图程序。

四、任务考核

本任务实施考核见表 1-12。

表 1-12 任务考核表

序号	考核内容	考核要求	评分标准	配分	得分
1	电路及程序设计	1) 能正确分配 I/O,并绘制 I/O 接线图 2) 根据控制要求,正确编制梯形图程序	1) I/O 分配错或少,每个扣 5 分 2) I/O 接线图设计不全或有错,每处扣 5 分 3) 三相异步电动机单向连续运行主电路表达不正确或画法不规范,每处扣 5 分 4) 梯形图表达不正确或画法不规范,每处扣 5 分	40 分	
2	安装与连线	根据 I/O 分配,正确连接电路	1) 连线错,每处扣 5 分 2) 损坏元器件,每只扣 5~10 分 3) 损坏连接线,每根扣 5~10 分	20 分	
3	调试与运行	能熟练使用编程软件编制程序写入 PLC,并按要求调试运行	1) 不会熟练使用编程软件进行梯形图的编辑、修改、转换、写入及监视,每项扣 2 分 2) 不能按照控制要求完成相应的功能,每缺一项扣 5 分	20 分	
4	安全操作	确保人身和设备安全	违反安全文明操作规程,扣 10~20 分	20 分	
5			合 计		

五、知识拓展

(一) 置位与复位指令(SET、RST)

1. SET、RST 指令的使用要素

SET、RST 指令的名称、助记符、功能、梯形图表示等使用要素见表 1-13。

表 1-13 SET、RST 指令的使用要素

名称	助记符	功能	梯形图表示	目标元件	程序步
置位	SET	驱动目标元件,使其线圈通电并保持	┤├─[SET Y,M,S,D□.b]	Y,M,S,D□.b	Y,M:1 步;S,特殊 M 元件:2 步;D□.b:3 步
复位	RST	解除目标元件动作保持,当前值与寄存器清零	┤├─[RST Y,M,S,D□.b,T,C,D,R,V,Z]	Y,M,S,D□.b,T,C,D,R,V,Z	Y,M:1 步;S,特殊 M 元件,T,C:2 步;D□.b,D,R,V,Z:3 步

2. SET、RST 指令的使用说明

1）SET 指令 强制目标元件置"1"，并具有自保持功能。即一旦目标元件得电，即使驱动条件断开后，目标元件仍维持接通状态。

2）RST 指令 强制目标元件置"0"，同样具有自保持功能。RST 指令除了可以对 Y、M、S、D□.b 元件进行置"0"操作外，还可以把 D、R、V、Z 的数值清零。RST 指令对积算型定时器和计数器进行复位操作时，除把当前值清零外，还把所有的触点进行复位操作（恢复原来状态）。RST 指令对计数器的复位如图 1-63 所示。

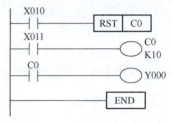

图 1-63 RST 指令对计数器的复位

3）对于同一目标元件，SET、RST 指令可多次使用，顺序也可任意，但最后一次执行有效。

4）在实际使用时，尽量不要对同一元件进行 SET 和 OUT 操作。因为这样使用，虽然不是双线圈输出，但如果 OUT 指令的驱动条件断开，SET 指令的操作将不具有自保持功能。

3. 应用举例

SET、RST 指令的应用如图 1-64 所示。

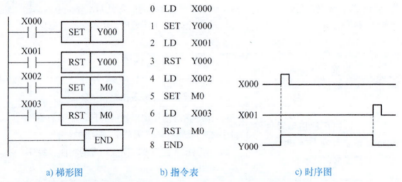

a) 梯形图   b) 指令表   c) 时序图

图 1-64 SET、RST 指令的应用

（二）用置位与复位指令实现的三相异步电动机起停控制

用 SET、RST 指令编制的控制三相异步电动机起停控制梯形图如图 1-65 所示。

六、任务总结

本任务中讨论了三菱 FX$_{3U}$ 系列 PLC 的 X、Y 两个软继电器的含义与具体用法，分别介绍了 LD、AND、OUT、END、SET 等 10 条基本指令的使用要素，以及梯形图和指令表之间的相互转换。在此基础上，利用基本指令编制简单的三相异步电动机起停控制 PLC 程序，通过 GX Developer 编程软件进行程序的编辑、写入，再进行 I/O 口连接及调试运行，从而达到学会使用编程软件和简单程序分析的目的。

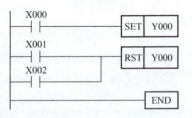

图 1-65 用 SET、RST 指令编制的三相异步电动机起停控制梯形图

任务二 水塔水位的 PLC 控制

一、任务导入

水塔是日常生活和工农业生产中常见的供水建筑，其主要功能是储水和供水。为了保证水

塔水位运行在允许的范围内，常用液位传感器作为检测元件，监视水塔内液面的变化情况，并将检测的结果传给控制系统，从而决定控制系统的运行状态。

本任务利用三菱 FX_{3U} 系列 PLC 对水塔水位进行模拟控制。

二、知识链接

（一）辅助继电器（M 元件）

辅助继电器（M 元件）是 PLC 中应用数量最多的一种继电器，它类似于继电器-接触器控制系统中的中间继电器，与输入、输出继电器的不同之处是，它既不能接收外部输入的开关量信号，也不能直接驱动负载，只能在程序中驱动，是一种内部的状态标志。辅助继电器的常开与常闭触点在 PLC 内部编程时可无限次使用。辅助继电器采用十进制数编号。

辅助继电器按用途可分为通用型、断电保持型辅助继电器和特殊辅助继电器三种。FX_{3U}、FX_{3UC} 系列 PLC 辅助继电器的分类及编号范围见表 1-14。

表 1-14 FX_{3U}、FX_{3UC} 系列 PLC 辅助继电器的分类及编号范围

PLC 系列	通用型辅助继电器	断电保持型辅助继电器	特殊辅助继电器
FX_{3U}、FX_{3UC}	500 点（M0~M499）	7180 点（M500~M7679）	512 点（M8000~M8511）

1. 通用型辅助继电器

通用型辅助继电器的主要用途为逻辑运算的中间结果或信号类型的变换。PLC 上电时 M 元件处于复位状态，上电后由程序驱动。它没有断电保持功能，在系统失电时自动复位。若电源再次接通，除了因外部输入信号变化而引起 M 的变化外，其余皆保持 OFF 状态。不同型号的 PLC 其通用型辅助继电器的数量不同，编号范围也不同。使用时必须参照编程手册。

2. 断电保持型辅助继电器

断电保持型辅助继电器具有断电保持功能，即能记忆电源中断瞬时的状态，并在重新通电后再现其断电前的状态。但要注意，系统重新上电后，M 元件仅在第一扫描周期内保持断电前的状态，然后 M 将失电。因此，在实际应用时，还必须加 M 自保持环节，才能真正实现断电保持功能。断电保持型辅助继电器之所以能在电源断电时保持其原有的状态，是因为电源中断时 PLC 用锂电池作为后备电源，从而保持了映像寄存器中的内容。

断电保持型辅助继电器分为两种类型：一种是可以通过参数设置更改为非断电保持型；一种是不能通过参数更改其断电保持性，称为固定断电保持型。

3. 特殊辅助继电器

特殊辅助继电器用来表示 PLC 的某些状态，提供时钟脉冲和标志位，设定 PLC 的运行方式或者 PLC 用于步进顺控、禁止中断、计数器的加减设定、模拟量控制、定位控制和通信控制中的各种状态标志等。它可分为触点利用型特殊辅助继电器和驱动线圈型特殊辅助继电器两大类。

（1）触点利用型特殊辅助继电器　这类特殊辅助继电器为 PLC 的内部标志位，PLC 根据自身的工作情况自动改变其状态（1 或 0），用户只能利用其触点，因而在用户程序中不能出现其线圈，但可以利用其常开或常闭触点作为驱动条件。例如：

M8000：运行监视，PLC 运行时为 ON。

M8001：运行监视，PLC 运行时为 OFF。

M8002：初始化脉冲，仅在 PLC 运行开始时接通一个扫描周期。

M8003：初始化脉冲，仅在 PLC 运行开始时关断一个扫描周期。

M8005：PLC 后备锂电池电压过低时接通。

M8011：10ms 时钟脉冲，以 10ms 为周期振荡，通、断各 5ms。

M8012：100ms 时钟脉冲，以 100ms 为周期振荡，通、断各 50ms。
M8013：1000ms 时钟脉冲，以 1000ms 为周期振荡，通、断各 500ms。
M8014：1min 时钟脉冲，以 1min 为周期振荡，通、断各 30s。
M8020：加减法运算结果为 0 时接通。
M8021：减法运算结果超过最大的负值时接通。
M8022：加法运算结果发生进位时，或者移位结果发生溢出时接通。

（2）驱动线圈型特殊辅助继电器　这类特殊辅助继电器用户在程序中驱动其线圈，使 PLC 执行特定的操作，线圈被驱动后，用户也可以在程序中使用它们的触点。例如：
M8030：线圈被驱动后，后备锂电池欠电压指示灯熄灭。
M8033：线圈被驱动后，在 PLC 停止运行时，输出保持运行时的状态。
M8034：线圈被驱动后，禁止所有输出。
M8039：线圈被驱动后，PLC 以 D8039 中指定的扫描时间工作。
M8040：线圈被驱动后，禁止状态之间的转移。

注意：没有定义的特殊辅助继电器不能在用户程序中使用。

（二）数据寄存器（D）

数据寄存器（D）主要用于存储数据数值，PLC 在进行输入/输出处理、模拟量控制、位置控制时，需要许多数据寄存器存储数据和参数。数据寄存器都是 16 位，可以存放 16 位二进制数，也可用两个编号连续的数据寄存器来存储 32 位数据。例如，用 D10 和 D11 存储 32 位二进制数，D10 存储低 16 位，D11 存储高 16 位。数据寄存器最高位为正负符号位，0 表示为正数，1 表示为负数。

FX$_{3U}$ 系列 PLC 数据寄存器可分为通用数据寄存器、断电保持数据寄存器、特殊数据寄存器、文件寄存器，其编号范围见表 1-15。

表 1-15　FX$_{3U}$ 系列 PLC 数据寄存器的编号范围

PLC 系列	通用数据寄存器	断电保持数据寄存器 （电池保持）		特殊数据寄存器	文件寄存器
FX$_{3U}$、FX$_{3UC}$	200 点 （D0～D199[①]）	312 点 （D200～D511[②]）	7488 点 （D512～D7999[③④]）	512 点 （D8000～D8511）	最多 7000 点 （D1000～D7999[④]）

① 无断电保持功能，通过设定参数可以更改为断电保持。
② 具有断电保持功能，通过设定参数可以更改为非断电保持。
③ 具有断电保持功能，断电保持的特性不能通过参数进行变更。
④ 通过参数设定，可以将 D1000 及以后的数据寄存器以每 500 点为单位作为文件寄存器。

1. 通用数据寄存器

将数据写入通用数据寄存器后，其值将保持不变，直到下一次被写入。当 PLC 由 RUN→STOP 或停电时，所有通用数据寄存器的数据将全部清零。但是，当特殊辅助继电器 M8033 为 ON、PLC 由 RUN→STOP 或停电时，通用数据寄存器的数据将保持不变。

2. 断电保持数据寄存器

断电保持数据寄存器在 PLC 由 RUN→STOP 或停电时，其数据保持不变。利用参数设定，可以改变断电保持数据寄存器的范围。当断电保持数据寄存器作为一般用途时，需要在程序的起始步采用 RST 或 ZRST 指令清除其内容。

3. 特殊数据寄存器

特殊数据寄存器用来存放一些特定的数据。如 PLC 状态信息、时钟数据、错误信息、功能指令数据存储、变址寄存器当前值等。按照特殊数据寄存器的功能可分为两种，一种是只读存储器，用户只能读取其内容，不能改写其内容，如可以从 D8067 中读出错误代码、找出错误原因，从 D8005 中读出锂电池电压值等；另一种是可以进行读写的特殊存储器，用户可以对其进行读写操作，如 D8000 为监视扫描时间数据存储器，出厂值为 200ms，当程序运行一个扫描周期大于 200ms 时，可以修改 D8000 的设定值，使程序扫描时间延长。未定义的特殊数据寄存器用户不能使用。具体可参见用户手册。

4. 文件寄存器

文件寄存器是对相同编号（地址）的数据寄存器设定初始值的软元件（FX_{2N} 和 FX_{3U} 系列 PLC 相同），通过参数设定可以将 D1000 及以后的数据寄存器以 500 点为单位作为文件寄存器，最多可以到 D7999；可以指定 1~14 个块（每个块相当于 500 点文件寄存器），但每指定 1 个块将减少 500 步程序内存区间。文件寄存器也可以作为数据寄存器使用，处理各种数值数据，可以用功能指令进行操作，如 MOV、BIN 指令等。

文件寄存器实际上是一种专用数据寄存器，用于存储大量 PLC 应用程序需要用到的数据，如采集数据、统计计算数据、产品标准数据、数表、多组控制参数等。当然，如果这些区域的数据寄存器不用作文件寄存器，仍然可当作通用数据寄存器使用。

（三）字位（D□.b）

字位是字元件（数据寄存器 D）的位指定，可以作为位元件使用。字位是 FX_{3U}、FX_{3UC} 系列 PLC 特有的功能，其表达形式为 D□.b。其中，"□" 是字元件的编号；"b" 是字元件的指定位编号（用十六进制数表示）。如置位 D100 的 b15 位，可用指令 "SET D100.F" 表示。通常字位与普通的位元件使用方法相同，但其使用过程中不能进行变址操作。

字位 D□.b 是一个位元件，在应用上同辅助继电器（M），有无数个常开、常闭触点，本身也可以作为线圈进行驱动。

（四）常数（K、H）

常数（K、H）也可以作为编程元件使用，它在 PLC 的存储器中占用一定的空间。

K 为十进制常数的符号，主要用于指定定时器和计数器的设定值，也用于指定功能指令中的操作数。十进制常数的指定范围：16 位常数的范围为 -32768 ~ +32767；32 位常数的范围为 -2147483648 ~ +2147483647。

H 为十六进制常数的符号，主要用于指定功能指令中的操作数。十六进制常数的指定范围：16 位常数的范围为 0000 ~ FFFF；32 位常数的范围为 00000000 ~ FFFFFFFF。

例如，25 用十进制表示为 K25，用十六进制则表示为 H19。

（五）定时器（T 元件）

PLC 中的定时器相当于继电器-接触器控制系统中的通电延时型时间继电器。FX_{3U} 系列 PLC 内有周期为 1ms、10ms、100ms 的时钟脉冲三种。定时器根据 PLC 内时钟脉冲的累计计时。定时器延时是从线圈通电的瞬间开始，当定时器的当前值达到其设定值时，其输出触点动作，即常开触点闭合，常闭触点断开。定时器可以提供无数对常开、常闭触点。

FX_{3U} 系列 PLC 的定时器可分为通用型定时器和积算型定时器两种。定时器中有一个设定值寄存器（一个字长）、一个当前值寄存器（一个字长）和一个用来存储其输出点状态的映像寄存器（占二进制的 1 位），这三个单元使用同一个元件编号，但使用场合不一样，意义也不同。设定值可用十进制常数（K）直接设定，也可用数据寄存器（D）的内容间接设定。

FX_{3U} 系列 PLC 的定时器见表 1-16。

表 1-16　FX₃U 系列 PLC 的定时器

PLC 系列	通用型			积算型	
	100ms 0.1~3276.7s	10ms 0.01~327.67s	1ms 0.001~32.767s	1ms 0.001~32.767s	100ms 0.1~3276.7s
FX₃U	200 点 (T0~T199)	46 点 (T200~T245)	256 点 (T256~T511)	4 点 (T246~T249)	6 点 (T250~T255)

1. 通用型定时器

通用型定时器是在驱动定时器线圈接通后开始计时，当定时器的当前值达到设定值时，其触点动作。通用型定时器无断电保持功能，即当线圈驱动条件断开或停电时定时器自动复位（定时器的当前值回零、触点复位）；当线圈驱动条件再次接通时，定时器重新计时。

（1）通用型定时器的分类　通用型定时器有 100ms、10ms 和 1ms 三种。

1）100ms 通用型定时器。FX₃U、FX₃UC 系列 PLC 内有 100ms 通用型定时器 200 点（T0~T199）。这类定时器是对 100ms 时钟累积计数，设定值为 K1~K32767，定时范围为 0.1~3276.7s。其中 T192~T199 为子程序、中断子程序专用的定时器。

2）10ms 通用型定时器。FX₃U、FX₃UC 系列 PLC 内有 10ms 通用型定时器 46 点（T200~T245）。这类定时器是对 10ms 时钟累积计数，设定值为 K1~K32767，定时范围为 0.01~327.67s。

3）1ms 通用型定时器。FX₃U、FX₃UC 系列 PLC 内有 1ms 通用型定时器 256 点（T256~T511）。这类定时器是对 1ms 时钟累积计数，设定值为 K1~K32767，定时范围为 0.001~32.767s。

（2）通用型定时器的工作原理　通用型定时器 T200 的工作原理如图 1-66a 所示，它由与门、非门、寄存器（存储设定值）、计数器（对时钟脉冲进行计数）和比较器组成。其工作原理为：当驱动信号 X000 接通时，与门打开，时钟脉冲进入计数器输入端，同时，驱动信号 X000 经过非门关闭计数器复位端，比较器进行比较，当 T200 的当前值和设定值 K200 相等时，比较器输出一个信号，使该定时器常开、常闭触点的内部元件映像寄存器状态发生变化，即定时器动作，输出触点状态发生改变，即常开触点闭合，常闭触点断开。图 1-66b 为通用型定时器 T200 的梯形图，在其延时过程中，自驱动信号 X000 接通时起，其当前值从 0 开始对 10ms 时钟脉冲进行累计计数，当计数值与设定值 K200 相等时，定时器动作，经过的时间为 200×0.01s=2s。当 X000 断

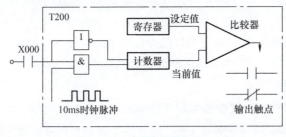

a) 工作原理示意图

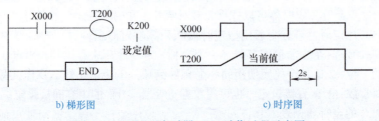

b) 梯形图　　　　　　　　c) 时序图

图 1-66　通用型定时器 T200 动作过程示意图

开后定时器复位，当前值变为0，其常开触点断开。若外部电源断电，定时器也将复位。

2. 积算型定时器

积算型定时器具有计数累积功能。在定时过程中，如果驱动信号断开或断电，积算型定时器将保持当前的计数值（当前值），驱动信号接通或通电后继续累计，即其当前值具有保持功能。积算型定时器必须使用 RST 指令复位。

（1）积算型定时器的分类　积算型定时器有 1ms、100ms 两种。

1）1ms 积算型定时器。FX_{3U}、FX_{3UC} 系列 PLC 内有 1ms 积算型定时器 4 点（T246~T249）。这类定时器是对 1ms 时钟累积计数，设定值为 K1~K32767，定时范围为 0.001~32.767s。

2）100ms 积算型定时器。FX_{3U}、FX_{3UC} 系列 PLC 内有 100ms 积算型定时器 6 点（T250~T255），这类定时器是对 100ms 时钟累积计数，设定值为 K1~K32767，定时范围为 0.1~3276.7s。

（2）积算型定时器的工作原理　积算型定时器 T250 的工作原理如图 1-67a 所示，其结构组成与通用型定时器类似，也是由与门、非门、寄存器、计数器和比较器组成，不同之处在于积算型定时器在非门单独设置了复位输入，驱动信号与复位信号是分开的，也就是说要使积算型定时器复位，必须由驱动信号驱动复位信号；而通用型定时器中的驱动与复位是同一信号，复位信号是由驱动信号产生。在积算型定时器中，当驱动信号断开时，仅停止计数，因为没有复位信号，故计数器当前值未被复位，仍然保留，待到下一次驱动信号再次接通时，计数器的当前值会在上一次所保留的数值上累积，当累积到设定值 K345 时，比较器才输出信号，使定时器输出触点动作。

图 1-67b 为积算型定时器 T250 的梯形图。T250 在延时过程中，自驱动信号 X000 接通时起，其当前值计数器开始累积 100ms 的时钟脉冲个数。当 X000 经 t_1 后断开，而 T250 尚未计数到设定值 K345，则其计数的当前值保留。当 X000 再次接通时，T250 从保留的当前值开始继续累积，经过 t_2 时间当前值达到 K345 时，定时器动作。累积的时间为 $t_1+t_2=345×0.1s=34.5s$。当复位输入 X001 接通时，定时器才复位，当前值变为0，触点也随之复位。

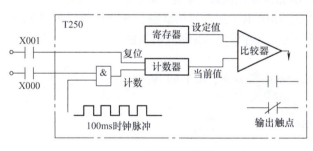

a) 工作原理示意图

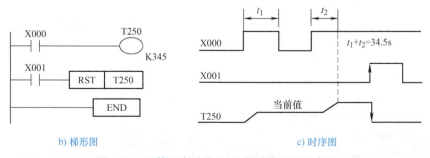

b) 梯形图　　　　　　c) 时序图

图 1-67　积算型定时器 T250 的动作过程示意图

（六）电路块的串并联指令（ANB、ORB）

电路块是指当梯形图的梯级出现了分支，而且分支中出现了多于一个触点相串联和并联的情况时，把这个相串联或相并联的支路称为<u>电路块</u>。两个及以上触点相串联的称为<u>串联电路块</u>；两个及以上触点相并联的称为<u>并联电路块</u>。

当梯形图中触点的串、并联关系稍微复杂一些时，用前面所讲的取指令和触点串并联指令将不能准确、唯一地写出指令表。电路块指令就是为了解决这个问题而设置的。电路块指令有两条：电路块并联指令（ORB）和电路块串联指令（ANB）。

1. ANB、ORB 指令的使用要素

ANB、ORB 指令的名称、助记符、功能、梯形图表示等使用要素见表1-17。

表1-17 ANB、ORB 指令的使用要素

名称	助记符	功能	梯形图表示	目标元件	程序步
块与	ANB	并联电路块的串联连接		无	1步
块或	ORB	串联电路块的并联连接			

2. ANB、ORB 指令的使用说明

1) 使用 ANB、ORB 指令编程时，当采用分别编程方法时，即写完两个电路块指令后使用 ANB 或 ORB 指令，其使用次数不受限制。串联电路块分支的起点使用 LD、LDI 指令，分支结束要使用 ORB 指令。并联电路块分支的起点使用 LD、LDI 指令，分支结束要使用 ANB 指令。

2) 当连续使用 ANB、ORB 指令时，即先按顺序写完所有的电路块指令之后，再连续用 ANB、ORB 指令，ANB、ORB 指令使用次数不能超过 8 次。

3) 应注意 ANB 和 AND、ORB 和 OR 之间的区别，在程序设计时利用设计技巧，能不用 ANB 或 ORB 指令时，尽量不用，这样可以减少指令的条数。

3. 应用举例

ANB、ORB 指令的应用分别如图1-68、图1-69所示。

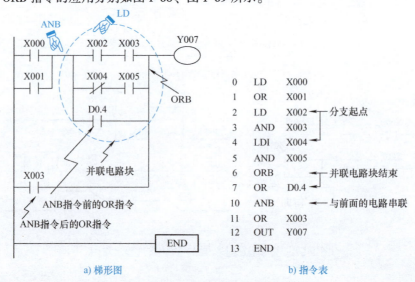

图1-68 ANB 指令的应用

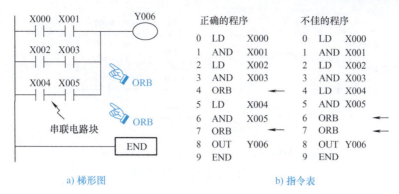

图1-69 ORB指令的应用

(七) 闪烁程序 (振荡电路) 的实现

闪烁程序又称为振荡电路,是一种被广泛应用的实用控制程序。它可以控制灯的闪烁频率,也可以控制灯光的通断时间比(占空比)。用两个定时器实现的闪烁程序如图1-70a所示。闪烁程序实际上是一个T0和T1相互控制的反馈电路。开始时,T0和T1均处于复位状态,当X000闭合后,T0开始延时,2s延时时间到,T0动作,其常开触点闭合,使T1开始延时,3s延时时间到,T1动作,其常闭触点断开使T0复位,T0的常开触点断开使T1复位,T1的常闭触点闭合使T0再次延时。如此反复,直到X000断开为止。时序图如图1-70b所示。

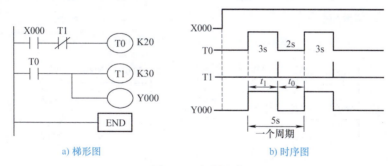

图1-70 闪烁程序

从时序图中可以看出,振荡器的振荡周期$T = t_0 + t_1$,占空比为t_1/T。调节周期T可以调节闪烁频率,调节占空比可以调节通断时间比。

试试看:请读者用其他方法设计每隔1s闪烁1次的振荡电路。

(八) 基本指令编制梯形图的基本规则 (二)

1) 梯形图中的触点应画在水平方向上(主控触点除外),不能画在垂直分支上。对于垂直分支上出现元件触点的梯形图,应根据其逻辑功能做等效变换,如图1-71所示。

2) 在每一逻辑行中,串联触点多的电路块应放在上方,这样可以省去一条ORB指令,如图1-72所示。

3) 在每一逻辑行中,并联触点多的电路块应放在该逻辑行的开始处(靠近左母线)。这样编制的程序简洁明了,语句较少,如图1-73所示。

4) 在梯形图中,当多个逻辑行都具有相同的控制条件时,可将这些逻辑行中相同的部分合并,共用同一控制条件,从而可以节省语句的数量,如图1-74所示。

5) 在设计梯形图时,输入继电器的触点状态最好按输入设备全部为常开进行设计,不易出错。

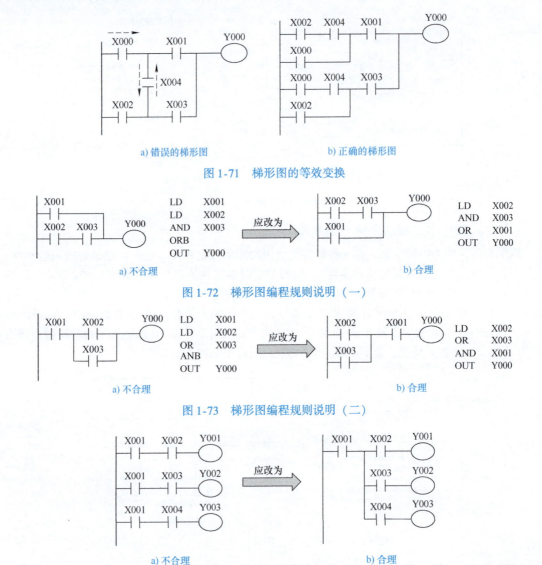

图 1-71　梯形图的等效变换

图 1-72　梯形图编程规则说明（一）

图 1-73　梯形图编程规则说明（二）

图 1-74　梯形图编程规则说明（三）

（九）PLC 程序设计的经验设计法

经验设计法就是依据设计者的经验进行设计的方法。采用经验设计法设计程序时，将生产机械的运动分成各自独立的简单运动，分别设计这些简单运动的控制程序，再根据各自独立的简单运动设计必要的联锁和保护环节。这种设计方法要求设计者掌握大量的控制系统的实例和典型的控制程序，所设计的程序还需要经过反复修改和完善，才能符合控制要求。经验设计法没有规律可以遵循，具有很大的试探性和随意性，最后的结果因人而异，不是唯一，一般用于设计较简单的控制系统程序。

三、任务实施

（一）任务目标

1）掌握定时器在程序中的应用，学会闪烁程序的编程方法。
2）学会用三菱 FX$_{3U}$ 系列 PLC 的基本指令编制水塔水位控制的程序。

3)学会绘制水塔水位控制的 I/O 接线图。

4)掌握 FX_{3U} 系列 PLC 的 I/O 接线法。

5)熟练掌握使用三菱 GX Developer 编程软件编制梯形图与指令表程序,并写入 PLC 进行调试运行。

(二)设备与器材

本任务实施所需设备与器材见表 1-18。

表 1-18 设备与器材

序号	名 称	符号	型号规格	数量	备注
1	常用电工工具		十字螺钉旋具、一字螺钉旋具、尖嘴钳、剥线钳等	1 套	表中所列设备、器材的型号规格仅供参考
2	计算机(安装 GX Developer 编程软件)			1 台	
3	THPFSL-2 网络型可编程序控制器综合实训装置			1 台	
4	水塔水位模拟控制挂件			1 个	
5	连接导线			若干	

(三)内容与步骤

1. 任务要求

水塔水位模拟控制面板如图 1-75 所示。当水池水位低于水池低水位界(S_4 为 ON)时,阀 Y 打开(Y 为 ON),开始进水,定时器开始计时,4s 后,如果 S_4 还不为 OFF,则阀 Y 上的指示灯以 1s 的周期闪烁,表示阀 Y 没有进水,出现故障,S_3 为 ON 后,阀 Y 关闭(Y 为 OFF)。当 S_4 为 OFF 且水塔水位低于水塔低水位界时,S_2 为 ON,电动机 M 运转抽水。当水塔水位高于水塔高水位界时,电动机 M 停止。

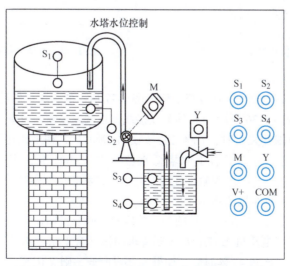

图 1-75 水塔水位模拟控制面板

控制面板中,S_1 表示水塔水位上限,S_2 表示水塔水位下限,S_3 表示水池水位上限,S_4 表示水池水位下限,均用开关模拟;M 为抽水电动机,Y 为水阀,两者均用发光二极管模拟。

2. I/O 分配与接线图

水塔水位控制 I/O 分配见表 1-19。

表 1-19 水塔水位控制 I/O 分配表

输入			输出		
设备名称	符号	X 元件编号	设备名称	符号	Y 元件编号
水塔水位上限	S_1	X000	水池水阀	Y	Y000
水塔水位下限	S_2	X001	抽水电动机	M	Y001
水池水位上限	S_3	X002			
水池水位下限	S_4	X003			

水塔水位控制 I/O 接线图如图 1-76 所示。

3. 编制程序

根据控制要求编制梯形图，如图 1-77 所示。

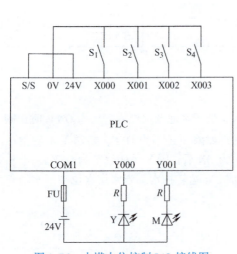

图 1-76 水塔水位控制 I/O 接线图

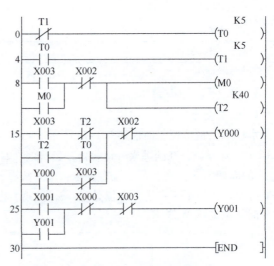

图 1-77 水塔水位控制梯形图

4. 调试运行

利用 GX Developer 编程软件在计算机上输入图 1-77 所示的程序，然后下载到 PLC 中。

（1）静态调试　按图 1-76 所示 PLC 的 I/O 接线图正确连接输入设备，进行 PLC 的模拟静态调试（合上水池水位下限开关 S_4 时，Y000 亮，经过 4s 延时后，如果 S_4 还没断开，则 Y000 闪亮，闭合 S_3 时，Y000 灭，当 S_4 断开且合上水塔低水位 S_2 时，Y001 亮，当闭合水塔高水位 S_1 时，Y001 灭），并通过 GX Developer 编程软件使程序处于监视状态，观察其是否与指示灯一致，不一致时，检查并修改程序，直至输出指示正确。

（2）动态调试　按图 1-76 所示 PLC 的 I/O 接线图正确连接输出设备，进行系统的模拟动态调试，观察水阀 Y 和抽水电动机 M 能否按控制要求动作（合上水池水位下限开关 S_4 时，模拟水阀的发光二极管 Y 点亮，经过 4s 延时后，如果 S_4 还没断开，则 Y 闪亮，闭合 S_3 时，Y 灭，当 S_4 断开且合上水塔低水位 S_2 时，模拟抽水电动机 M 的发光二极管点亮，当闭合水塔高水位 S_1 时，M 灭），并通过 GX Developer 编程软件使程序处于监视状态，观察其是否与动作一致，不一致时，检查电路接线或修改程序，直至 Y 和 M 能按控制要求动作。

(四)分析与思考

1)本任务的闪烁程序是如何实现的?如果改用 M8013 实现,程序应如何编制?
2)程序中使用了前面所学过的哪种典型的程序结构?

四、任务考核

本任务实施考核见表 1-20。

表 1-20 任务考核表

序号	考核内容	考核要求	评分标准	配分	得分
1	电路及程序设计	1)能正确分配 I/O,并绘制 I/O 接线图 2)根据控制要求,正确编制梯形图程序	1)I/O 分配错或少,每个扣 5 分 2)I/O 接线图设计不全或有错,每处扣 5 分 3)梯形图表达不正确或画法不规范,每处扣 5 分	40 分	
2	安装与连线	根据 I/O 分配,正确连接电路	1)连线错,每处扣 5 分 2)损坏元器件,每只扣 5~10 分 3)损坏连接线,每根扣 5~10 分	20 分	
3	调试与运行	能熟练使用编程软件编制程序写入 PLC,并按要求调试运行	1)不会熟练使用编程软件进行梯形图的编辑、修改、转换、写入及监视,每项扣 2 分 2)不能按照控制要求完成相应的功能,每缺一项扣 5 分	20 分	
4	安全操作	确保人身和设备安全	违反安全文明操作规程,扣 10~20 分	20 分	
5	合 计				

五、知识拓展

(一)定时器的应用

1. 延时闭合、延时断开程序

三菱 FX$_{3U}$ 系列 PLC 所提供的定时器,相当于一个通电延时型时间继电器,若要实现断电延时的功能,必须依靠编程实现。延时闭合、延时断开的典型应用程序如图 1-78 所示。图中当 X000 闭合时,定时器 T0 开始延时,延时 10s 时间到,T0 动作,其常开触点闭合,由于 X000 常闭触点断开,T1 线圈断电,其常闭触点闭合,Y000 为 ON 并保持,产生输出;当 X000 断开时,T0 复位,X000 常闭触点闭合,定时器 T1 开始延时,Y000 仍保持输出,T1 延时 5s 时间到,T1 动作,其常闭触点断开,使 Y000 复位。从而实现了 X000 闭合 Y000 延时输出、X000 断开 Y000 延时断开的作用。

2. 定时器串级使用实现延时时间扩展的程序

FX$_{3U}$ 系列 PLC 定时器最长的时间为 3276.7s。如果需要更长的延时时间,可以采用多个定时器组合的方法,这种方法称为定时器的串级使用。

图 1-79 为两个定时器串级使用的长延时程序。当 X000 闭合且 T1 得电并开始延时时,延时 3000s 时间到,其常开触点闭合又使 T2 得电开始延时,延时 3000s 时间到,其常开触点闭合才使 Y000 为 ON,因此,从 X000 闭合到 Y000 输出总延时为 3000s + 3000s = 6000s。

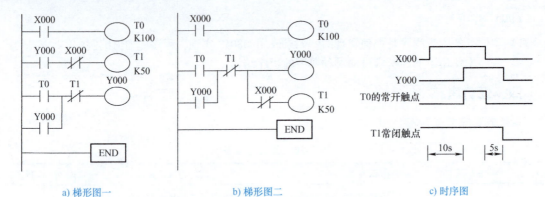

a) 梯形图一　　　　　　b) 梯形图二　　　　　　c) 时序图

图 1-78　延时闭合、延时断开的典型应用程序

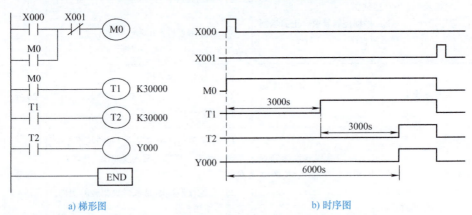

a) 梯形图　　　　　　　　　　　b) 时序图

图 1-79　两个定时器串级使用的长延时程序

（二）运算结果取反、空操作指令（INV、NOP）

1. INV、NOP 指令的使用要素

INV、NOP 指令的名称、助记符、功能、梯形图表示等使用要素见表 1-21。

表 1-21　INV、NOP 指令的使用要素

名　称	助记符	功　能	梯形图表示	目标元件	程序步
运算结果取反	INV	对该指令之前的运算结果取反		无	1 步
空操作	NOP	不执行操作	无		

2. INV、NOP 指令的使用说明

1）INV 指令在梯形图中用一条 45°的短斜线表示，无目标元件。INV 指令是将该指令所在位置当前逻辑运算结果取反，取反后的结果仍可继续运算。

2）使用 INV 指令可以在 AND、ANI、ANDP、ANDF 指令位置后编程，也可以在 ANB、ORB 指令回路中编程；但不能像 OR、ORI、ORP、ORF 指令那样单独并联使用，也不能像 LD、LDI、LDP、LDF 那样单独与左母线连接。

3）执行程序全部清除操作后，全部指令变为 NOP（空操作）。

4）若在程序中加入 NOP 指令，则在修改或增加程序时，可以减少步序号的变化，但程序步需要有空余。

5）若将已写入的指令换为 NOP 指令，则梯形图会发生变化，必须注意。

3. 应用举例

INV 指令的应用如图 1-80 所示。

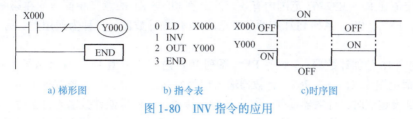

a) 梯形图　　　　b) 指令表　　　　c) 时序图

图 1-80　INV 指令的应用

六、任务总结

本任务主要讨论了用经验设计法设计 PLC 梯形图程序，以水塔水位控制这个简单的任务为例来学习辅助继电器、定时器的使用以及 ANB、ORB 指令的编程应用，着重分析了用经验设计法设计控制程序。在此基础上，通过程序的编制、写入、PLC 外部连线、调试运行及观察结果，进一步加深对所学知识的理解。

任务三　三相异步电动机正反转循环运行的 PLC 控制

一、任务导入

在"电机与电气控制应用技术"课程中，利用低压电器构建的继电器-接触器控制电路实现了对三相异步电动机的正反转控制。本任务要求用 PLC 来实现对三相异步电动机正、反转循环运行的控制，即按下起动按钮，三相异步电动机正转 5s，停 2s，反转 5s，停 2s，如此循环 5 个周期，然后自动停止，运行过程中按下停止按钮电动机立即停止。

要实现上述控制要求，除了使用定时器、利用定时器产生脉冲信号以外，还需要使用栈指令、计数器以及其他基本指令。

二、知识链接

（一）计数器（C 元件）

计数器（C 元件）在 PLC 控制中用作计数控制。三菱 FX 系列 PLC 的计数器分为内部计数器和外部计数器。内部计数器是 PLC 在执行扫描操作时对其内部元件（如 X、Y、M、S、T、C）的信号进行计数，因此，其接通和断开时间应大于 PLC 扫描周期；外部计数器是对外部高频信号进行计数，因此又称为高速计数器，工作在中断工作方式下。由于高频信号来自机外，所以 PLC 中的高速计数器都设有专用的输入端子及控制端子。这些专用的输入端子既能完成普通端子的功能，又能接收高频信号。

1. 内部计数器

三菱 FX 系列 PLC 的内部计数器又分为 16 位加计数器和 32 位加/减双向计数器见表 1-22。

表 1-22　FX_{3U}、FX_{3UC} 系列 PLC 的内部计数器

PLC 系列	16 位加计数器（0~32767）		32 位加/减双向计数器（-2147483648~+2147483647）	
	通用型	失电保持型	通用型	失电保持型
FX_{3U}、FX_{3UC}	100 点 （C0~C99）	100 点 （C100~C199）	20 点 （C200~C219）	15 点 （C220~C234）

(1) 16位加计数器　16位加计数器是指计数器的设定值及当前值寄存器均为二进制16位寄存器，设定值在K1~K32767范围内有效。设定值K0与K1的意义相同，均在第一次计数时，计数器动作。FX₃U、FX₃UC系列PLC有两种类型的16位加计数器：一种为通用型；另一种为失电保持型。

1）通用型16位加计数器。FX₃U、FX₃UC系列PLC内有通用型16位加计数器100点（C0~C99），设定值范围为K1~K32767。计数器输入信号每接通一次，计数器当前值增1，当计数器的当前值达到设定值时，计数器动作，其常开触点接通，之后即使计数输入再接通，计数器的当前值都保持不变，只有复位输入信号接通时，计数器被复位，计数器当前值才复位为0，其输出触点也随之复位。计数过程中，如果电源断电，通用型16位加计数器当前值回0，再次通电后，将重新计数。

2）失电保持型16位加计数器。FX₃U、FX₃UC系列PLC内有失电保持型16位加计数器100点（C100~C199），设定值范围为K1~K32767，其工作过程与通用型相同，区别在于计数过程中如果电源断电，失电保持型计数器的当前值和输出触点的置位/复位状态保持不变。

计数器的设定值除了可以用十进制常数（K）直接设定外，还可以通过数据寄存器的内容间接设定。计数器采用十进制数编号。

下面举例说明通用型16位加计数器的工作原理。如图1-81所示，X000为复位信号，当X000为ON时，C0复位。

X001是计数信号，X001接通一次计数器当前值加1（X000断开，计数器不会复位）。当计数器的当前值达到设定值10时，计数器动作，其常开触点闭合，Y000得电。此时即使输入X001再接通，计数器当前值也保持不变。当复位输入X000接通时，执行复位指令，计数器C0被复位，Y000失电。

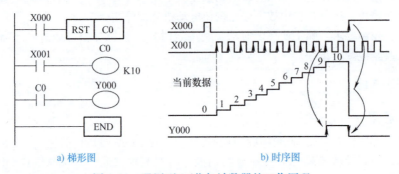

a) 梯形图　　　　　　　　　b) 时序图

图1-81　通用型16位加计数器的工作原理

(2) 32位加/减计数器　32位加/减计数器设定值范围为-2147483648~+2147483647。FX₃U、FX₃UC系列PLC有两种32位加/减计数器：一种为通用型；另一种为失电保持型。

1）通用型32位加/减计数器。FX₃U、FX₃UC系列PLC内有通用型32位加/减计数器20点（C200~C219），其加/减计数方式由特殊辅助继电器M8200~M8219设定。计数器与特殊辅助继电器一一对应，如计数器C215对应M8215。当对应的辅助继电器为ON时为减计数；当对应的辅助继电器为OFF时为加计数。计数值的设定可以直接用十进制常数（K）或间接用数据寄存器（D）的内容，间接设定计数值时，要用元件号连在一起的两个数据寄存器组成32位。

2）失电保持型32位加/减计数器。FX₃U、FX₃UC系列PLC内有失电保持型32位加/减计数器15点（C220~C234），其加/减计数方式由特殊辅助继电器M8220~M8234设定。失电保持型32位加/减计数器的工作过程与通用型32位加/减计数器相同，不同之处在于失电保持型32位加/减计数器的当前值和触点状态在断电时均能保持。

32位加/减计数器动作过程示意图如图1-82所示。图中X012控制计数方向，X012断开时，M8200置"0"，为加计数；X012接通时，M8200置"1"，为减计数。X014为计数输入端，驱动计数器C200线圈进行加/减计数。当计数器C200的当前值由 $-6 \rightarrow -5$ 增加时，计数器C200动作，其常开触点闭合，输出继电器Y001动作；由 $-5 \rightarrow -6$ 减少时，其常开触点断开，输出继电器Y001复位。

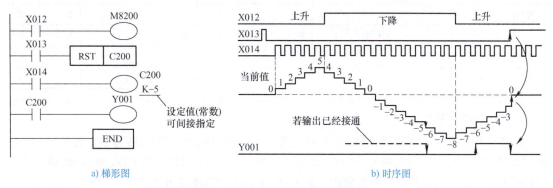

a) 梯形图　　　　　　　　　　　　　　　　b) 时序图

图1-82　32位加/减计数器动作过程示意图

2. 高速计数器

高速计数器用来对外部输入信号进行计数，按中断工作方式运行，与扫描周期无关。一般高速计数器均为32位加/减双向计数器，最高计数频率可达100kHz。高速计数器除了具有内部计数器通过软件完成启动、复位、使用特殊辅助继电器改变计数方向的功能外，还可通过机外信号实现对其工作状态的控制，如启动、复位和改变计数方向等。高数计数器除了具有内部计数器的达到设定值其触点动作这一工作方式外，还具有专门的控制指令，可以不通过自身的触点，以中断工作方式直接完成对其他器件的控制。三菱FX3U系列PLC内高速计数器共有21点（C235～C255）。这些计数器在PLC中共享6个高速计数器输入端X000～X005，如果一个输入端已被某个高速计数器占用，它就不能再用于另一个高速计数器。也就是说，最多只能同时使用6个高速计数器。

高速计数器的选择不是任意的，它取决于所需计数器类型及高速输入端。高速计数器类型如下：

单相单输入计数器：C235～C245。

单相双输入计数器：C246～C250。

双相双输入计数器：C251～C255。

X006、X007也是高速输入端，但只能用于启动信号，不能用于高速计数。不同类型的计数器可同时使用，但它们的输入不能共用。高速计数器都具有断电保持功能，也可以利用参数设定变为非失电保持型，不作为高速计数器使用的输入端可作为普通输入继电器使用，不作为高速计数器使用的高速计数器也可作为普通32位数据寄存器使用。

高速计数器与输入端的分配见表1-23。各类计数器的功能和用法详见产品使用手册。

表1-23　高速计数器与输入端的分配

X	单相单输入计数器											单相双输入计数器					双相双输入计数器				
	C235	C236	C237	C238	C239	C240	C241	C242	C243	C244	C245	C246	C247	C248	C249	C250	C251	C252	C253	C254	C255
X000	U/D					U/D			U/D			U	U		U		A	A		A	
X001		U/D				R			R			D	D		D		B	B		B	

(续)

X	单相单输入计数器											单相双输入计数器					双相双输入计数器				
	C235	C236	C237	C238	C239	C240	C241	C242	C243	C244	C245	C246	C247	C248	C249	C250	C251	C252	C253	C254	C255
X002			U/D				U/D			U/D		R			R			R		R	
X003				U/D		R			R			U			U			A		A	
X004					U/D			U/D					D			D			B		B
X005						U/D		R					R			R			R		R
X006									S					S					S		
X007										S					S					S	

注:"U"表示加计数输入;"D"表示减计数输入;"A"表示 A 相输入;"B"表示 B 相输入;"R"表示复位输入;"S"表示启动输入。

高速计数器 C235 的应用如图 1-83 所示。图中,若 X010 闭合,则 C235 复位;若 X012 闭合,则 C235 做减计数;若 X012 断开,则 C235 做加计数;若 X011 闭合,则 C235 对 X000 输入的高速脉冲进行计数。当计数器的当前值由 $-5→-6$ 减小时,C235 常开触点(先前已闭合)断开;当计数器的当前值由 $-6→-5$ 增加时,C235 常开触点闭合。

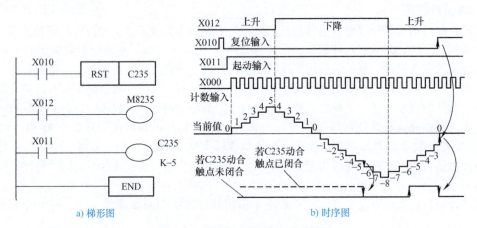

图 1-83 高速计数器 C235 的应用

(二) 栈指令 (MPS、MRD、MPP)

FX_{3U} 系列 PLC 内有 11 个存储单元,专门用于存储程序运算的中间结果,称为栈存储器。栈存储器数据进栈和出栈遵循的原则是先进后出,如图 1-84 所示。在梯形图中,当 1 个梯级有 1 个公共触点,并从该公共触点分出两条或以上支路且每个支路都有自己的触点及输出时,必须用栈指令来编写指令表程序。

1. 栈指令的使用要素

栈指令又称为多重输出指令,包括进栈指令 (MPS)、读栈指令 (MRD) 和出栈指令 (MPP) 3 条。栈指令的名称、助记符、功能、梯形图表示等使用要素见表 1-24。

2. 栈指令的使用说明

1)MPS 指令是将多重电路的公共触点或电路块先存储起来,以便后面的多重支路使用。多重支路的第一个支路前使用 MPS 指令,多重电路的中间支路前使用 MRD 指令,多重支路的最后一个支路前使用 MPP 指令。该组指令没有目标元件。MPS、MPP 指令必须成对出现。

项目一 FX₃ᵤ系列PLC基本指令的应用

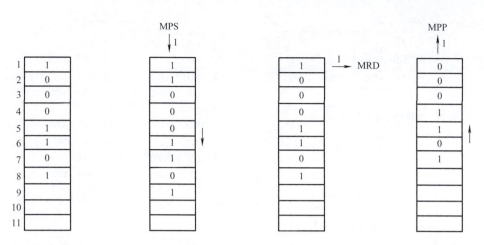

a)栈存储器中原来的数据　　b)执行MPS指令后的情况　　c)执行MRD指令后的情况　　d)执行MPP指令后的情况

图1-84　栈指令执行时栈存储器内数据的变化情况

表1-24　栈指令使用要素

名称	助记符	功能	梯形图表示	目标元件	程序步
进栈	MPS	将运算结果送入栈存储器的第一单元，栈存储器中原有的数据依次下移一个单元		无	1步
读栈	MRD	读出栈存储器第一单元的数据且保存，栈内的数据不移动			
出栈	MPP	读出栈存储器第一单元的数据，同时该数据消失，栈内的数据依次上移一个单元			

2）MPS指令可以反复使用，但必须少于11次。

3）MRD指令可多次使用。

4）MPS、MRD、MPP指令后如果接单个触点，用AND、ANI、ANDP、ANDF指令；若有电路块串联，则用ANB指令；若直接与线圈相连，则用OUT指令。

3. 应用举例

栈指令的应用分别如图1-85、图1-86所示。

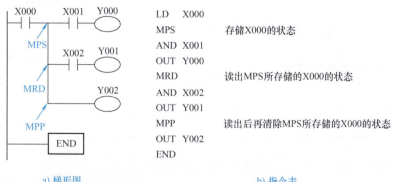

a)梯形图　　　　　　　　　　　　　　　　　b)指令表

图1-85　MPS、MRD、MPP指令的应用（一）

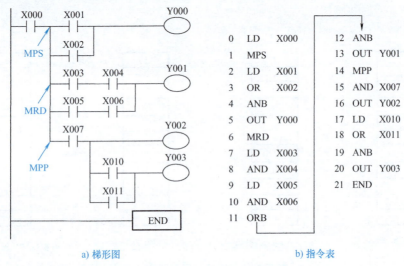

a) 梯形图   b) 指令表

图1-86 MPS、MRD、MPP指令的应用（二）

三、任务实施

（一）任务目标

1) 掌握定时器、计数器在程序中的应用，学会栈指令和主控触点指令的编程方法。
2) 学会用三菱 FX_{3U} 系列 PLC 的基本指令编制三相异步电动机正反转循环运行控制的程序。
3) 学会绘制三相异步电动机正反转循环运行控制的 I/O 接线图。
4) 掌握 FX_{3U} 系列 PLC 的 I/O 接线方法。
5) 熟练掌握使用三菱 GX Developer 编程软件编制梯形图与指令表程序，并写入 PLC 进行调试运行。

（二）设备与器材

本任务实施所需设备与器材见表1-25。

表1-25 设备与器材

序号	名称	符号	型号规格	数量	备注
1	常用电工工具		十字螺钉旋具、一字螺钉旋具、尖嘴钳、剥线钳等	1套	表中所列设备、器材的型号规格仅供参考
2	计算机（安装 GX Developer 编程软件）			1台	
3	THPFSL-2 网络型可编程序控制器综合实训装置			1台	
4	三相异步电动机正反转循环运行控制面板			1个	
5	三相异步电动机	M		1台	
6	连接导线			若干	

（三）内容与步骤

1. 任务要求

按下起动按钮 SB_1，三相异步电动机先正转5s、停2s，再反转5s、停2s，如此循环5个周期,然后自动停止;运行过程中,若按下停止按钮 SB₃,电动机立即停止。实现上述控制,需要有必要的保护环节。控制面板如图 1-87 所示。

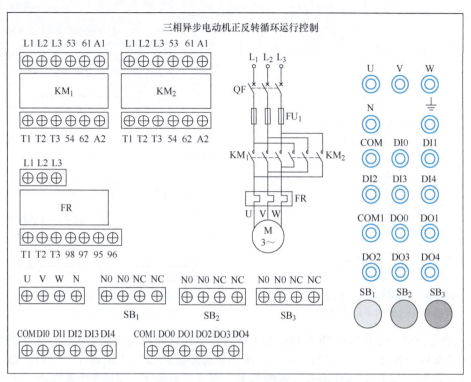

图 1-87 三相异步电动机正反转循环运行控制面板

2. I/O 分配与接线图

三相异步电动机正反转循环运行控制 I/O 分配见表 1-26。

表 1-26 三相异步电动机正反转循环运行控制 I/O 分配表

输入			输出		
设备名称	符号	X 元件编号	设备名称	符号	Y 元件编号
起动按钮	SB₁	X000	正转控制交流接触器	KM₁	Y000
停止按钮	SB₃	X001	反转控制交流接触器	KM₂	Y001
热继电器	FR	X002			

三相异步电动机正反转循环运行控制 I/O 接线图如图 1-88 所示。

3. 编制程序

根据控制要求编制梯形图,如图 1-89 所示。

4. 调试运行

利用 GX Developer 编程软件在计算机上输入图 1-89 所示的程序,然后下载到 PLC 中。

(1) 静态调试 按图 1-88 所示 PLC 的 I/O 接线图正确连接输入设备,进行 PLC 的模拟静态调试(按下起动按钮 SB₁ 时,Y000 亮,5s 后,Y000 灭,2s 后,Y001 亮,再过 5s,Y001 灭,等待 2s 后,重新开始循环,完成 5 次循环后,自动停止;运行过程中,按下停止按钮 SB₃ 时,运行过程结束),并通过 GX Developer 编程软件使程序处于监视状态,观察其是否与指示灯一致,否则,检查并修改程序,直至输出指示正确。

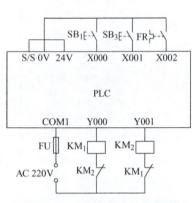

图1-88 三相异步电动机正反转循环运行控制I/O接线图

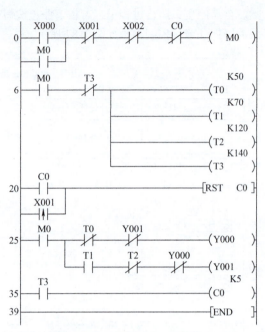

图1-89 三相异步电动机正反转循环运行控制梯形图

(2) 动态调试 按图1-88所示PLC的I/O接线图正确连接输出设备,进行系统的空载调试,观察交流接触器能否按控制要求动作(按下起动按钮SB_1时,KM_1动作,5s后,KM_1复位,2s后,KM_2动作,再过5s,KM_2复位,等待2s后,重新开始循环,完成5次循环后,自动停止;运行过程中,按下停止按钮SB_3时,运行过程结束),并通过GX Developer编程软件使程序处于监视状态,观察其是否与动作一致,否则,检查电路接线或修改程序,直至交流接触器能按控制要求动作;然后连接电动机(电动机丫联结)进行带载动态调试。

(四) 分析与思考

1) 本任务的软硬件互锁保护是如何实现的?
2) 本任务如果将热继电器的过载保护作为硬件条件,试绘制I/O接线图,并编制梯形图程序。

四、任务考核

本任务实施考核见表1-27。

表1-27 任务考核表

序号	考核内容	考核要求	评分标准	配分	得分
1	电路及程序设计	1) 能正确分配I/O,并绘制I/O接线图 2) 根据控制要求,正确编制梯形图程序	1) I/O分配错或少,每个扣5分 2) I/O接线图设计不全或有错,每处扣5分 3) 三相异步电动机正反转运行主电路表达不正确或画法不规范,每处扣5分 4) 梯形图表达不正确或画法不规范,每处扣5分	40分	

项目一　FX₃ᵤ系列PLC基本指令的应用

(续)

序号	考核内容	考核要求	评分标准	配分	得分
2	安装与连线	根据 I/O 分配，正确连接电路	1）连线错，每处扣 5 分 2）损坏元器件，每只扣 5~10 分 3）损坏连接线，每根扣 5~10 分	20 分	
3	调试与运行	能熟练使用编程软件编制程序写入 PLC，并按要求调试运行	1）不会熟练使用编程软件进行梯形图的编辑、修改、转换、写入及监视，每项扣 2 分 2）不能按照控制要求完成相应的功能，每缺一项扣 5 分	20 分	
4	安全操作	确保人身和设备安全	违反安全文明操作规程，扣 10~20 分	20 分	
5			合　　计		

五、知识拓展

（一）主控触点指令（MC、MCR）

1. MC、MCR 指令的使用要素

MC、MCR 指令的名称、助记符、功能、梯形图表示等使用要素见表 1-28。

表 1-28　MC、MCR 指令的使用要素

名　称	助记符	功　能	梯形图表示	目标元件	程序步
主控	MC	公共串联触点的连接	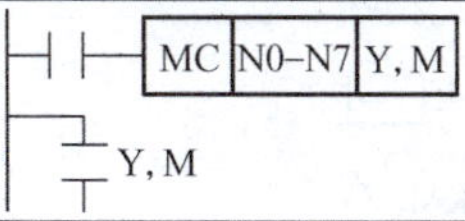 ⊢⊢─ MC N0–N7 Y,M ⊢⊢─ Y,M	Y，M（特殊的 M 元件除外）	3 步
主控复位	MCR	公共串联触点的复位	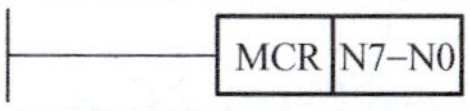 ─ MCR N7–N0	无	2 步

2. MC、MCR 指令的使用说明

1）被主控指令驱动的 Y 或 M 元件的常开触点称为主控触点，主控触点在梯形图中与一般触点垂直。主控触点是与左母线相连的常开触点，相当于电气控制电路的总开关。与主控触点相连的触点必须用 LD、LDI 指令。

2）在一个 MC 指令区内再使用 MC 指令称为嵌套，嵌套的级数最多 8 级，编号按 N0→N1→N2→N3→N4→N5→N6→N7 顺序增大，N0 为最外层，N7 为最内层，使用 MCR 指令返回时，则从编号大的嵌套级开始复位，即按 N7→N6→N5→N4→N3→N2→N1→N0 顺序返回。

3）MC 和 MCR 指令必须成对出现，其嵌套层数 N 值应相同。主控指令区的 Y 或 M 元件不能重复使用。

4）MC 指令驱动条件断开时，在 MC 与 MCR 之间的积算型定时器和计数器，以及用 SET、RST 指令驱动的元件保持其之前的状态不变；通用型定时器和用 OUT 指令驱动的元件均复位。

3. 应用举例

MC、MCR 指令的应用如图 1-90 所示。

（二）主控触点指令在三相异步电动机正反转控制中的应用

用主控触点指令对三相异步电动机实现正反转控制的 I/O 接线如图 1-91 所示，梯形图如图 1-92 所示。

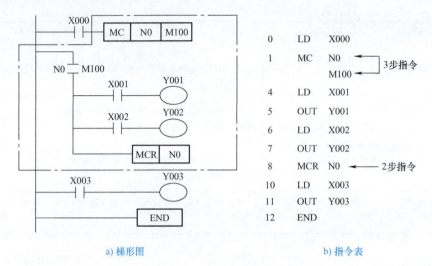

a) 梯形图   b) 指令表

图 1-90 MC、MCR 指令的应用

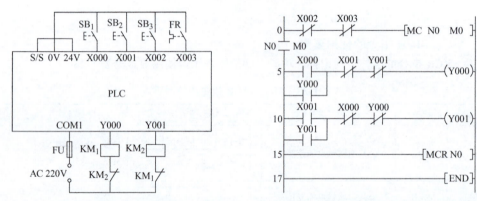

图 1-91 三相异步电动机正反转控制 I/O 接线图   图 1-92 三相异步电动机正反转控制梯形图

（三）计数器的应用

1. 计数器与定时器组合实现延时的程序

计数器与定时器组合实现延时的程序如图 1-93 所示。图中，当 T0 的延时 30s 时间到，定时器 T0 动作，其常开触点闭合，计数器 C0 计数 1 次；而 T0 的常闭触点断开，又使它自己复位，复位后 T0 的当前值变为 0，其常闭触点又闭合，使 T0 又重新开始延时，每一次延时计数器 C0 的当前值加 1，当 C0 的当前值达到 300 时，计数器 C0 动作，才使 Y000 为 ON。整个延时时间为 $T = 300 \times 0.1s \times 300 = 9000s$。

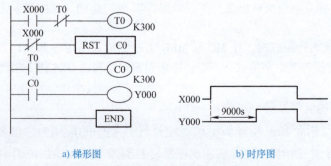

a) 梯形图   b) 时序图

图 1-93 计数器与定时器组合实现延时的程序

2. 两个计数器组合实现延时的程序

两个计数器组合实现延时的程序如图1-94所示。图中，当闭合起停开关X000时，计数器C0对PLC内部的0.1s脉冲M8012（特殊辅助继电器）进行计数，每0.1s计数器C0的当前值加1，直到500，C0动作，计数器C1计数1次；同时，C0的常开触点闭合，使它自己复位，当前值清零，C0又重新开始对M8012计数，C0每重新计数C1当前值加1，直到C1当前值达到100时，C1动作，使Y000为ON。从而实现延时时间 $T = 500 \times 0.1\text{s} \times 100 = 5000\text{s}$。

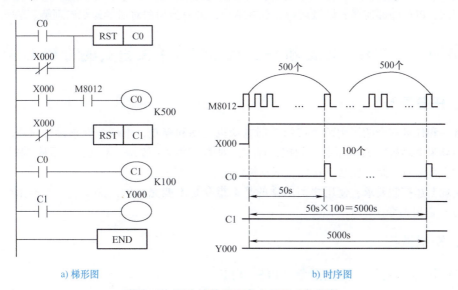

a) 梯形图   b) 时序图

图1-94　两个计数器组合实现延时的程序

3. 单按钮控制三相异步电动机起停程序

单按钮控制三相异步电动机起停是用一个按钮控制电动机的起动和停止。按一下按钮，电动机起动运行，再按一下，电动机停止，又按一下起动，……，如此循环。用PLC设计的单按钮控制三相异步电动机起停程序的方法很多，用计数器实现的起停程序如图1-95所示。图中，第一次按下起停按钮时，X000常开触点闭合，计时器C0当前值计1并动作，辅助继电器M0线圈得电动作，C0动作后，其常开触点闭合，使Y000线圈得电，电动机起动运行，PLC执行到第二个扫描周期时，X000虽然仍为ON，但M0的常闭触点断开，使得C0不会被复位，由于复位C0的条件是X000的常开触点和M0常闭触点相与，而驱动M0线圈的条件是X000的常开触点，所以，在X000闭合期间及断开后，C0一直处于动作状态，使电动机处于运行状态；当第二次按下起停按钮时，X000常开触点闭合，M0常闭触点闭合，C0的当前值为1不变，Y000常开触点

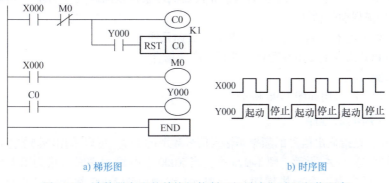

a) 梯形图   b) 时序图

图1-95　计数器实现的单按钮控制三相异步电动机起停程序

闭合，使得计数器 C0 被复位，C0 常开触点断开，Y000 线圈失电，使电动机停转，以此类推，从而实现单按钮控制三相异步电动机的起停。

六、任务总结

本任务主要讨论了用经验设计法设计 PLC 梯形图程序，以三相异步电动机正反转循环运行控制为例来说明计数器的工作原理及使用、栈指令的功能及编程应用。在此基础上，通过程序的编制、写入、PLC 外部连线、调试运行、观察结果，进一步加深对所学知识的理解。

任务四　三相异步电动机丫-△减压起停单按钮实现的 PLC 控制

一、任务导入

任务一和任务三介绍了用两个按钮控制电动机起动和停止，本任务要求设计只用一个按钮控制三相异步电动机丫-△减压起停的控制程序，即第一次按下按钮，电动机实现从丫联结起动到△联结的正常运行；第二次按下按钮，电动机停止。

要实现上述控制要求，使用之前所学的基本指令是不能完成的，必须使用基本指令中的脉冲（微分）输出指令。

二、知识链接

（一）脉冲（微分）输出指令（PLS、PLF）

1. PLS、PLF 指令的使用要素

PLS、PLF 指令的名称、助记符、功能、梯形图表示等使用要素见表 1-29。

表 1-29　PLS、PLF 指令的使用要素

名　称	助记符	功　能	梯形图表示	目标元件	程序步
上升沿脉冲输出	PLS	在输入信号上升沿，产生 1 个扫描周期的脉冲输出	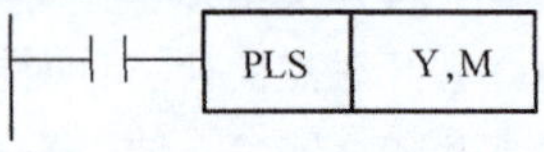 ─┤├──[PLS　Y,M]	Y、M（特殊的 M 元件除外）	2 步
下降沿脉冲输出	PLF	在输入信号下降沿，产生 1 个扫描周期的脉冲输出	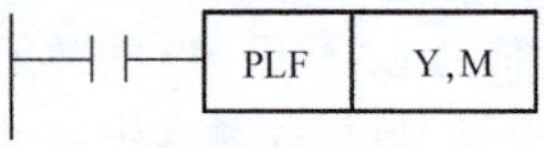 ─┤├──[PLF　Y,M]		

2. PLS、PLF 指令的使用说明

1）使用 PLS、PLF 指令，目标元件 Y、M 仅在执行条件接通时（上升沿）和断开时（下降沿）产生一个扫描周期的脉冲输出。

2）特殊辅助继电器不能用作 PLS 或 PLF 的目标元件。

3）PLS 和 PLF 指令主要用在程序只执行一次的场合。

3. 应用举例

PLS、PLF 指令的应用如图 1-96 所示。

（二）二分频电路程序

所谓二分频，是指输出信号的频率是输入信号频率的 1/2。可以采用不同的方法实现二分频控制，其梯形图如图 1-97 所示。图 1-97a 中，当 X000 上升沿到来时（设为第 1 个扫描周期），M0 线圈为 ON（只接通 1 个扫描周期），此时 M1 线圈由于 Y000 常开触点断开为 OFF，因此 Y000 线圈由于 M0 常开触点闭合为 ON；下一个扫描周期，M0 线圈为 OFF，虽然 Y000 常开触点

项目一　FX₃ᵤ系列PLC基本指令的应用

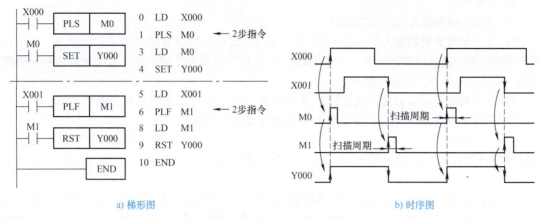

图 1-96　PLS、PLF 指令的应用

闭合，但此时 M0 常开触点已断开，所以 M1 线圈仍为 OFF，Y000 线圈则由于自保持触点闭合而一直为 ON，直到下一次 X000 的上升沿到来时，M1 线圈才为 ON，并把 Y000 线圈断开，从而实现二分频控制。图 1-97b 中的程序读者可自行分析。

二分频电路时序图如图 1-97c 所示。

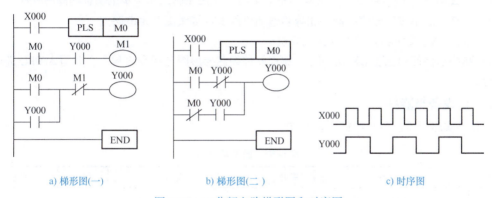

图 1-97　二分频电路梯形图和时序图

对于上述二分频控制程序，当按钮对应 PLC 的输入 X000，负载（如信号灯或控制电动机的交流接触器）对应 PLC 的输出 Y000，实现的即为单按钮起停控制。

（三）根据继电器-接触器控制电路设计梯形图的方法

1. 基本方法

根据继电器-接触器控制电路设计梯形图的方法又称为转化法或移植法。

根据继电器-接触器控制电路设计 PLC 梯形图时，关键要抓住几个对应关系，即控制功能的对应、逻辑功能的对应，以及继电器硬件元件和 PLC 软元件的对应。

2. 转化法设计的步骤

1) 了解和熟悉被控设备的工艺过程和机械动作的情况，根据继电器-接触器电路图分析和掌握控制系统的工作原理。

2) 确定 PLC 的输入信号和输出信号，画出 PLC 外部 I/O 接线图。

3) 建立其他元器件的对应关系。

4) 根据对应关系画出 PLC 的梯形图。

3. 注意事项

1)应遵守梯形图语言的语法规定。

2)常闭触点提供的输入信号的处理。在继电器-接触器控制电路使用的常闭触点,如果在转换为梯形图时仍采用常闭触点,使其与继电器-接触器控制电路相一致,那么在输入信号接线时就一定要连接该触点的常开触点。

3)外部联锁电路的设定。为了防止外部两个不可能同时动作的接触器同时动作,除了在PLC梯形图中设置软件互锁外,还应在PLC外部设置硬件互锁。

4)时间继电器瞬动触点的处理。对于有瞬动触点的时间继电器,可以在梯形图中通用型定时器线圈的两端并联辅助继电器,该辅助继电器的触点可以作为时间继电器的瞬动触点使用。

5)热继电器过载信号的处理。如果热继电器为自动复位型,其触点提供的过载信号就必须通过输入点将信号提供给PLC;如果热继电器为手动复位型,可以将其常闭触点串联在PLC输出回路的交流接触器线圈支路上。

三、任务实施

(一)任务目标

1)学会用三菱 FX_{3U} 系列 PLC 的基本指令编制单按钮控制三相异步电动机起停的程序。

2)学会绘制单按钮起停控制三相异步电动机的 I/O 接线图及主电路图。

3)掌握 FX_{3U} 系列 PLC 的 I/O 接线方法。

4)熟练掌握使用三菱 GX Developer 编程软件编制梯形图与指令表程序,并写入 PLC 进行调试运行。

(二)设备与器材

本任务实施所需设备与器材见表 1-30。

表 1-30 设备与器材

序号	名称	符号	型号规格	数量	备注
1	常用电工工具		十字螺钉旋具、一字螺钉旋具、尖嘴钳、剥线钳等	1 套	表中所列设备、器材的型号规格仅供参考
2	计算机(安装 GX Developer 编程软件)			1 台	
3	THPFSL-2 网络型可编程序控制器综合实训装置			1 台	
4	三相异步电动机	M		1 台	
5	三相异步电动机Y-△减压起停单按钮控制面板			1 个	
6	连接导线			若干	

(三)内容与步骤

1. 任务要求

首先根据转化法,将图 1-98 所示的三相异步电动机Y-△减压起停控制电路转换为 PLC 控制梯形图，同时电路要有必备的软件与硬件保护环节，然后再进行三相异步电动机Y-△减压起停单按钮实现的 PLC 控制，控制面板如图 1-99 所示。

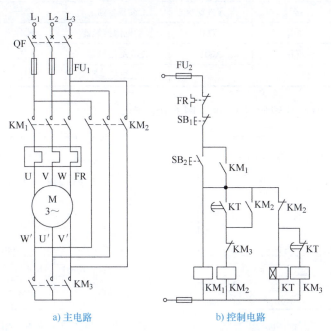

a) 主电路　　　　　　b) 控制电路

图 1-98　三相异步电动机 Y-△ 减压起停控制电路

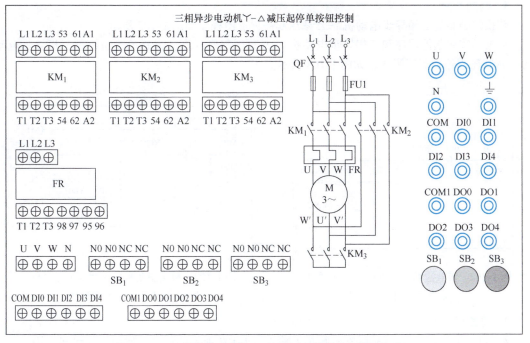

图 1-99　三相异步电动机 Y-△ 减压起停单按钮控制面板

2. I/O 分配与接线图

三相异步电动机 Y-△ 减压起停单按钮控制 I/O 分配见表 1-31。

表 1-31　三相异步电动机 Y-△ 减压起停单按钮控制 I/O 分配表

输 入			输 出		
设备名称	符号	X 元件编号	设备名称	符号	Y 元件编号
起停按钮	SB_1	X000	控制电源接触器	KM_1	Y000
热继电器	FR	X001	△联结接触器	KM_2	Y001
			Y联结接触器	KM_3	Y002

两种情况下的 I/O 接线图如图 1-100、图 1-101 所示。

图 1-100　三相异步电动机 Y-△ 减压起停 I/O 接线图

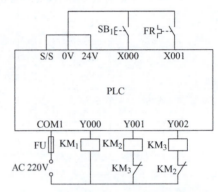

图 1-101　单按钮实现的三相异步电动机 Y-△ 减压起停 I/O 接线图

3. 编制程序

转换法编制的三相异步电动机 Y-△ 减压起停梯形图程序如图 1-102 所示。

根据单按钮起停程序和三相异步电动机 Y-△ 减压起停程序，编制单按钮控制三相异步电动机 Y-△ 减压起停梯形图程序，如图 1-103 所示。

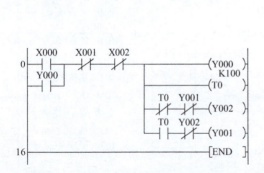

图 1-102　转换法编制的三相异步电动机 Y-△ 减压起停梯形图程序

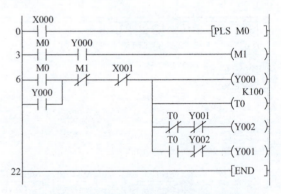

图 1-103　单按钮实现的三相异步电动机 Y-△ 减压起停梯形图程序

4. 调试运行

利用 GX Developer 编程软件在计算机上输入图 1-103 所示的程序，然后下载到 PLC 中。

（1）静态调试　按图 1-101 所示 PLC 的 I/O 接线图正确连接输入设备，进行 PLC 的模拟静态调试（按下起停按钮 SB_1 时，Y000 和 Y002 亮，延时 10s 时间到，首先 Y002 灭，然后 Y001 亮，任何时间使 FR 动作或第二次按下 SB_1，整个过程立即停止），并通过 GX Developer 编程软件使程序处于监视状态，观察其是否与指示灯一致，否则，检查并修改程序，直至输出指示正确。

(2) 动态调试 按图 1-101 所示 PLC 的 I/O 接线图正确连接输出设备，进行系统的空载调试，观察交流接触器能否按控制要求动作（按下起停按钮 SB_1 时，KM_1 和 KM_3 动作，延时 10s 时间到，首先 KM_3 复位，然后 KM_2 动作，任何时间使 FR 动作或第二次按下 SB_1，整个过程立即停止），并通过编程软件使程序处于监视状态（当 PLC 处于运行状态时，单击"在线"→"监视"→"开始监视"，可以全画面监控 PLC 的运行，此时可以观察到定时器的当前值会随着程序的运行而动态变化，得电动作的线圈和闭合的触点会变蓝），观察其是否与动作一致，若不一致则检查电路接线或修改程序，直至交流接触器能按控制要求动作；然后按图 1-98a 所示连接电动机，进行带负载动态调试。

（四）分析与思考

1）在三相异步电动机丫-△减压起停控制电路中，如果将热继电器过载保护作为 PLC 的硬件条件，其 I/O 接线图及梯形图应如何绘制？

2）在三相异步电动机丫-△减压起停控制电路中，如果控制丫联结的 KM_3 和控制△联结的 KM_2 同时得电会出现什么问题？本任务在硬件和程序上采取了哪些措施？

四、任务考核

本任务实施考核见表 1-32。

表1-32 任务考核表

序号	考核内容	考核要求	评分标准	配 分	得 分
1	电路及程序设计	1）能正确分配 I/O，并绘制 I/O 接线图 2）根据控制要求，正确编制梯形图程序	1）I/O 分配错或少，每个扣 5 分 2）I/O 接线图设计不全或有错，每处扣 5 分 3）三相异步电动机丫-△减压起动运行主电路表达不正确或画法不规范，每处扣 5 分 4）梯形图表达不正确或画法不规范，每处扣 5 分	40 分	
2	安装与连线	根据 I/O 分配，正确连接电路	1）连线错，每处扣 5 分 2）损坏元器件，每只扣 5~10 分 3）损坏连接线，每根扣 5~10 分	20 分	
3	调试与运行	能熟练使用编程软件编制程序写入 PLC，并按要求调试运行	1）不会熟练使用编程软件进行梯形图的编辑、修改、转换、写入及监视，每项扣 2 分 2）不能按照控制要求完成相应的功能，每缺一项扣 5 分	20 分	
4	安全操作	确保人身和设备安全	违反安全文明操作规程，扣 10~20 分	20 分	
5	合　计				

五、知识拓展

（一）上升沿检测指令（LDP、ANDP、ORP）

LDP、ANDP、ORP 指令是进行上升沿检测的触点指令，仅在指定软元件上升沿时（由 OFF→ON 变化时）接通 1 个扫描周期。其表示方法是在常开触点的中间加一个向上的箭头。

1. LDP、ANDP、ORP 指令的使用要素

LDP、ANDP、ORP 指令的名称、助记符、功能、梯形图表示等使用要素见表 1-33。

表 1-33　LDP、ANDP、ORP 指令的使用要素

名　称	助记符	功　能	梯形图表示	目标元件	程序步
取上升沿检测	LDP	上升沿检测运算开始	—|↑|—○	X, Y, M, S, D□.b, T, C	X, Y, M, S, T, C: 2 步; D□.b: 3 步
与上升沿检测	ANDP	上升沿检测串联连接	—||—|↑|—○		
或上升沿检测	ORP	上升沿检测并联连接	—|↑|—○		

2. LDP、ANDP、ORP 指令的使用说明

LDP、ANDP、ORP 指令仅在对应元件上升沿维持 1 个扫描周期的接通。

3. 应用举例

LDP、ANDP、ORP 指令的应用如图 1-104 所示。

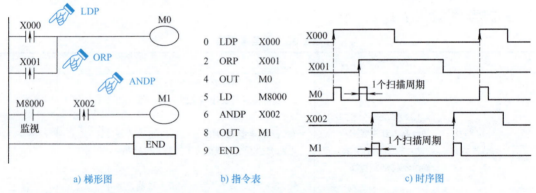

图 1-104　LDP、ANDP、ORP 指令的应用

（二）下降沿检测指令（LDF、ANDF、ORF）

LDF、ANDF、ORF 指令是进行下降沿检测的触点指令，仅在指定软元件下降沿时（由 ON→OFF 变化时）接通 1 个扫描周期。其表示方法是在常开触点的中间加一个向下的箭头。

1. LDF、ANDF、ORF 指令的使用要素

LDF、ANDF、ORF 指令的名称、助记符、功能、梯形图表示等使用要素见表 1-34。

表 1-34　LDF、ANDF、ORF 指令的使用要素

名　称	助记符	功　能	梯形图表示	目标元件	程序步
取下降沿检测	LDF	下降沿检测运算开始	—|↓|—○	X, Y, M, S, D□.b, T, C	X, Y, M, S, T, C: 2 步; D□.b: 3 步
与下降沿检测	ANDF	下降沿检测串联连接	—||—|↓|—○		
或下降沿检测	ORF	下降沿检测并联连接	—|↓|—○		

2. LDF、ANDF、ORF 指令的使用说明

LDF、ANDF、ORF 指令仅在对应元件下降沿维持 1 个扫描周期的接通。

3. 应用举例

LDF、ANDF、ORF 指令的应用如图 1-105 所示。

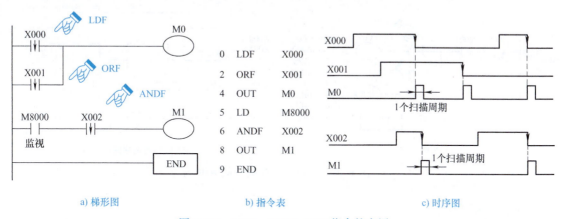

a) 梯形图　　　　　　　　b) 指令表　　　　　　　　c) 时序图

图 1-105　LDF、ANDF、ORF 指令的应用

（三）运算结果边沿脉冲化指令（MEP、MEF）

MEP、MEF 指令是 FX_{3U} 系列 PLC 独有的指令，FX_{2N} 系列 PLC 不支持此指令。MEP、MEF 指令是将运算结果脉冲化的指令，不需要带任何操作数（软元件）。MEP 指令是运算结果上升沿脉冲化指令，即检测到 MEP 指令前的运算结果由 0→1 瞬间，接通 1 个扫描周期；MEF 指令是运算结果下降沿脉冲化指令，即检测到 MEF 指令前的运算结果由 1→0 瞬间，接通 1 个扫描周期。

1. MEP、MEF 指令的使用要素

MEP、MEF 指令的名称、助记符、功能、梯形图表示等使用要素见表 1-35。

表 1-35　MEP、MEF 指令的使用要素

名　称	助记符	功　能	梯形图表示	目标元件	程序步
运算结果上升沿脉冲化	MEP	在该指令之前的逻辑运算结果上升沿接通 1 个扫描周期		无	1 步
运算结果下降沿脉冲化	MEF	在该指令之前的逻辑运算结果下降沿接通 1 个扫描周期			

2. MEP、MEF 指令的使用说明

1）MEP、MEF 指令是对驱动条件逻辑运算整体进行脉冲边沿操作，因此，它在程序中的位置只能在输出线圈（或功能指令）前，而不可能出现在与母线相连的位置上，也不可能出现在触点之间的位置上。

2）应用 MEP、MEF 指令进行脉冲边沿操作时，其前面的逻辑运算条件中，不能出现上升沿和下降沿检测指令 LDP、LDF、ANDP、ANDF、ORP、ORF。如果存在，可能会使 MEP、MEF 指令无法正常动作。

3）MEP、MEF 指令不能用在 LD、OR 指令的位置上，在子程序及 FOR-NEXT 循环程序中，也不要使用 MEP、MEF 指令对用变址修饰的触点进行脉冲边沿操作。

3. 应用举例

MEP、MEF 指令的应用如图 1-106 所示。由时序图可以看出，当 X000、X001 为 ON 时，只要 X000、X001 中一个引起运算结果变化，其上升沿或下降沿都会使驱动的输出产生 1 个扫描周期的导通状态。

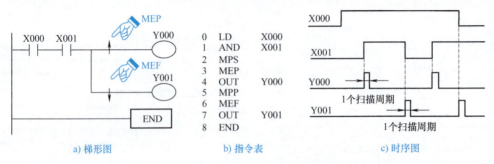

图 1-106 MEP、MEF 指令的应用

六、任务总结

本任务以三相异步电动机丫-△减压起停单按钮控制为载体，着重讨论了脉冲（微分）输出指令 PLS、PLF 的使用要素、由 PLS 指令实现的二分频电路程序（单按钮起停控制程序），以及利用转化法将三相异步电动机丫-△减压起动继电器控制电路转换为 PLC 控制的梯形图程序。在此基础上，利用基本逻辑指令编制了三相异步电动机丫-△减压起停单按钮控制的 PLC 程序，通过 GX Developer 编程软件进行程序的编辑、写入、I/O 端口连接及调试运行，达到学会使用脉冲（微分）输出指令和栈指令编程的目的。

梳理与总结

本项目通过三相异步电动机起停的 PLC 控制、水塔水位的 PLC 控制、三相异步电动机正反转循环运行的 PLC 控制、三相异步电动机丫-△减压起停单按钮实现的 PLC 控制 4 个任务的组织与实施，来学习 FX$_{3U}$ 系列 PLC 基本指令的编程。

1）PLC 的硬件主要由 CPU、存储器、输入/输出接口电路、通信接口和扩展接口、电源等组成；软件由系统程序和用户程序组成。

2）PLC 采用不断循环顺序扫描的工作方式，每一次扫描所用的时间称为扫描周期。其工作过程分为输入采样阶段、程序执行阶段和输出刷新阶段。

3）PLC 的编程位元件有 X、Y、M、S、D□.b。其中，X、Y 用八进制编号，其他元件均用十进制编号。各元件的功能和应用应熟练掌握。

4）三菱 FX$_{3U}$ 系列 PLC 定时器均为通电延时型，分为通用型和积算型两种。定时器的动作原理为定时器线圈通电瞬时开始，对 PLC 内置的 100ms、10ms、1ms 的时钟脉冲累计计时，当定时器的当前值等于设定值时，定时器动作，其常开触点闭合，常闭触点断开。通用型定时器与积算型定时器的区别在于通用型定时器在延时过程中，当定时器线圈断电时，其当前值立即清零，线圈重新通电时，定时器当前值从零开始累计；而积算型定时器在延时过程中，当线圈断电时，其当前值保持不变，线圈再次通电时，定时器当前值从断电时的值开始累计计时。

在使用定时器编程过程中，如果要实现对定时器重新计时或循环计时，要注意对定时器的复位，即对定时器当前值清零。通用型定时器线圈断电后重新得电即可；积算型定时器则需通过复位指令将定时器复位后定时器线圈重新得电才行。

项目一　FX$_{3U}$系列PLC基本指令的应用　73

5）三菱 FX$_{3U}$ 系列 PLC 计数器分为内部计数器和外部计数器两种。内部计数器是 PLC 在执行扫描操作时对 X、Y、M、S、D□.b、T、C 元件的信号进行计数，分为 16 位加计数器和 32 位加/减双向计数器。外部计数器又称为高速计数器，它是对外部输入信号进行计数，工作方式按中断方式进行，与 PLC 扫描周期无关。高速计数器一般均为 32 位加/减双向计数器。计数器在工作过程中对驱动的脉冲信号计数，当计数器当前值等于设定值时，计数器动作，其常开触点闭合，常闭触点断开。

在使用计数器编程过程中，要实现计数器重新计数或循环计数，一定要注意用复位指令（RST）对计数器复位。

6）FX$_{3U}$ 系列 PLC 共有 29 条基本指令，其中 LD、LDI、LDP、LDF、AND、ANI、OR、ORI、LDP、LDF、ORP、ORF 为触点指令，共 12 条；ANB、ORB、MPS、MRD、MPP、INV、MEP、MEF 为结合指令，共 8 条；OUT、SET、RST、PLS、PLF 为驱动指令，共 5 条；MC、MCR 为主控触点指令，共 2 条；其他指令 NOP 1 条；结束指令 END 1 条。其中，ANB、ORB、MPS、MRD、MPP、MCR、INV、NOP、END、MEP、MEF 11 条指令无目标元件，其余的 18 条指令均有对应的目标元件。

复习与提高

一、填空题

1. 按结构形式，PLC 可分为＿＿＿＿、＿＿＿＿、＿＿＿＿。按 I/O 点数，PLC 可分为＿＿＿＿、＿＿＿＿、＿＿＿＿、＿＿＿＿。

2. PLC 的存储器按用途可以分为＿＿＿＿和＿＿＿＿，通常把存放应用软件的存储器称为＿＿＿＿存储器。

3. 继电器-接触器控制电路工作时，属于＿＿＿＿的工作方式；PLC 执行梯形图时采用＿＿＿＿的工作方式。

4. PLC 的硬件主要由＿＿＿＿、＿＿＿＿、＿＿＿＿、＿＿＿＿、＿＿＿＿等部分组成。

5. 开关量输入接口按其使用的电源不同，可分为＿＿＿＿、＿＿＿＿，一般整体式 PLC 中输入接口都采用＿＿＿＿。

6. 开关量输出接口按输出开关器件不同，可分为＿＿＿＿、＿＿＿＿和＿＿＿＿三种类型。

7. PLC 采用的是不间断的＿＿＿＿工作方式，每个工作周期包括＿＿＿＿、＿＿＿＿、＿＿＿＿和＿＿＿＿三个阶段。

8. 在 FX$_{3U}$ 系列 PLC 的数据结构中，定时器和计数器的设定值 K 表示＿＿＿＿进制数，输入输出的地址编号采用＿＿＿＿进制数。

9. FX$_{3U}$ 系列 PLC 根据其输入端口 S/S 端子与内置电源 24V、0V 之间的不同连接方式，可以分为源型和漏型两种，当为源型连接时，＿＿＿＿、＿＿＿＿两端连接；当为漏型连接时，＿＿＿＿、＿＿＿＿两端连接。

10. FX$_{3U}$ 系列 PLC 定时器分为＿＿＿＿、＿＿＿＿两种。其设定值可以采用＿＿＿＿设定，也可以采用＿＿＿＿设定。

11. FX$_{3U}$ 系列 PLC 定时器延时是从线圈＿＿＿＿开始计时，当定时器的当前值等于设定值时，其输出触点＿＿＿＿，即常开触点＿＿＿＿，常闭触点＿＿＿＿。

12. FX$_{3U}$ 系列 PLC 通用型定时器的＿＿＿＿时被复位，复位后其常开触点＿＿＿＿，常闭触点_____，当前值为_____。

13. FX₃ᵤ系列 PLC 积算型定时器在定时过程中，若驱动信号断开，则其当前值_____，当驱动信号重新接通时_____，即积算型定时器当前值具有_____，直到当前值等于设定值时，积算型定时器动作。积算型定时器当前值清零及触点复位，必须使用_____指令。

14. FX₃ᵤ系列 PLC 计数器在计数过程中，复位输入_____、计数输入_____时，计数器当前值加 1，当计数器当前值____设定值时，其常开触点_____，常闭触点_____，再来计数脉冲时其当前值将_____。复位输入到来时，计数器复位，复位后其常开触点_____，常闭触点_____，当前值为_____。

15. _____是初始化脉冲，仅在_____运行开始时，它接通 1 个扫描周期。当 PLC 处于 RUN 状态时，M8000 一直为_____。

16. 两个及以上触点串联的电路称为_____，当该电路块和其他电路并联连接时，分支的起点一定要使用_____指令开始，分支结束要使用_____指令。

17. 两个及以上触点并联的电路称为_____，当该电路块和其他电路串联连接时，分支的起点一定要使用_____指令开始，分支结束要使用_____指令。

18. 主控触点后所接的触点应使用_____指令，电路块开始的分支处常闭触点应使用_____指令。

19. 主控触点指令中，MC、MCR 指令总是_____出现，且在 MC、MCR 指令区内可以嵌套，但最多只能嵌套____级。

20. FX₃ᵤ系列 PLC 内有_____个存储单元，专门用于存储程序运算的中间结果，称为_____。栈指令又称为_____，包括_____、_____和_____。

21. 在使用栈指令编程时，若 MPS、MRD、MPP 指令后接单个触点，则采用_____，若有电路块串联，则采用_____；若直接与线圈相连，则用_____。

22. 字位元件 D20.A 表示的含义是_____。

23. 上升沿检测的触点指令有_____、_____、_____ 3 条，它们的功能是仅在指定软元件上升沿时（由 OFF→ON 变化时）_____。

24. 在使用 GX Developer 编程软件编制梯形图时，通常按照_____、_____、_____和_____ 4 个步骤操作。

25. FX₃ᵤ-32MR 型 PLC 输入回路采用_____隔离，输出回路采用_____隔离。

二、判断题

1. PLC 是一种数据运算控制的电子系统，专为在工业环境下应用而设计。它是用可编程序的存储器，通过执行程序，完成简单的逻辑功能。（　　）

2. PLC 的输出端可直接驱动大容量的电磁铁、电磁阀、电动机等大负载。（　　）

3. PLC 采用了典型的计算机结构，主要由 CPU、RAM、ROM 和专门设计的输入/输出接口电路等组成。（　　）

4. 梯形图是 PLC 程序的一种，也是控制电路。（　　）

5. 梯形图两边的所有母线都是电源线。（　　）

6. PLC 的基本指令表达式是由助记符、标识符和参数组成。（　　）

7. PLC 是以并行方式进行工作的。（　　）

8. PLC 产品技术指标中的存储器是指内部用户存储器的存储容量。（　　）

9. FX₃ᵤ-48MR 型 PLC 型号中，"48"表示 I/O 点数，指能够输入、输出开关量、模拟量总的个数，与继电器触点个数相对应。（　　）

10. 梯形图中的输入触点和输出线圈即为现场的开关状态，可直接驱动现场执行元件。（　　）

11. PLC 的输入/输出端口都采用光电隔离。（　）

12. LDP、LDF 指令用于常开触点与左母线连接，作为一个逻辑行的开始，还可用于分支电路的起点。（　）

13. OUT 指令是驱动线圈指令，用于驱动 PLC 的各种编程元件。（　）

14. PLC 的 ANB 或 ORB 指令，在电路块串并联连接编程时可连续使用，且没用次数限制。（　）

15. FX_{3U} 系列 PLC 的所有软元件全部采用十进制编号。（　）

16. FX_{3U} 系列 PLC 的定时器都相当于通电延时型时间继电器，所以 PLC 的控制无法实现断电延时功能。（　）

17. M8003 为初始化脉冲特殊辅助继电器，当 PLC 在运行开始后 M8003 始终处于 OFF 状态。（　）

18. FX_{3U} 系列 PLC 的 OR、ORI 指令用于单个触点的并联，并联触点的数量不限，可连续使用。（　）

19. FX_{3U} 系列 PLC 的 PLS、MEP 指令都具有在驱动条件满足的条件下，使目标元件产生一个上升沿脉冲输出。（　）

20. 主控触点指令可以嵌套使用，嵌套的级数最多 8 级，所以，主控（MC）和主控复位（MCR）指令都应按 N0→N1→N2→N3→N4→N5→N6→N7 编号。（　）

21. FX_{3U} 系列 PLC 可利用 M8246～M8250 的 ON/OFF 控制 C246～C250 的加/减计数动作。（　）

22. PLC 执行 "RST　C10" 指令的结果，只能使 C10 闭合的常开触点断开，断开的常闭触点闭合。（　）

23. 对于 FX_{3U} 系列 PLC，一般整体式输入接口都采用直流输入，由基本单元提供输入电源，不再需要外接电源。（　）

三、单项选择题

1. 世界上第一台 PLC 诞生于（　）。
   A. 1971　　　　B. 1969　　　　C. 1973　　　　D. 1974

2. FX_{3U}-48MT/ES 的输入端口点数与输出方式是（　）。
   A. 24 点，继电器输出　　　　B. 24 点，晶体管输出
   C. 48 点，晶体管输出　　　　D. 48 点，晶闸管输出

3. PLC 的图形语言是（　）。
   A. 梯形图和顺序功能图　　　　B. 图形符号逻辑
   C. 继电器-接触器控制原理图　　D. 卡诺图

4. 输入采样阶段，PLC 的 CPU 对各输入端进行扫描，将输入信号送入（　）。
   A. 累加器　　B. 数据寄存器　　C. 状态寄存器　　D. 存储器

5. PLC 将输入信息采入 PLC 内部，执行（　）后实现逻辑功能，最后输出达到控制要求。
   A. 硬件　　　B. 元件　　　　C. 用户程序　　　D. 控制部件

6. （　）是 PLC 的输出信号，控制外部负载，只能用程序指令驱动，外部信号无法驱动。
   A. 输入继电器　B. 输出继电器　C. 辅助继电器　D. 状态继电器

7. FX_{3U} 系列 PLC 基本单元的 "S/S" 端口为（　）。
   A. 输入端口公共端　　　　　B. 输出端口公共端
   C. 空端子　　　　　　　　　D. 内置电源 0V 端

8. 下列 PLC 型号中是 FX_{3U} 系列、基本单元为继电器输出的是（　）。

A. $FX_{3U}-32MR$　　B. $FX-48ET$　　C. $FX-16EYT-TB$　　D. $FX_{3U}-48MT$

9. PLC 的（　　）输出是无触点输出，用于控制交流负载。
A. 晶体管　　B. 继电器　　C. 晶闸管　　D. 二极管

10. PLC 的（　　）输出是有触点输出，既可控制交流负载又可控制直流负载。
A. 继电器　　B. 晶闸管　　C. 二极管　　D. 晶体管

11. FX_{3U} 系列 PLC 是（　　）公司研制开发的产品。
A. 西门子　　B. 欧姆龙　　C. 汇川　　D. 三菱

12. 利用编程软件编制好程序后，当向 PLC 写入程序时，PLC 应处于（　　）状态。
A. 停止　　B. 运行　　C. 输入　　D. 输出

13. 晶体管输出型 FX_{3U} 系列 PLC 进行硬件接线时，其输出地址的公共端应接在（　　）。
A. 电源相线　　B. 电源负极　　C. 电源正极　　D. 电源中性线

14. FX_{3U} 系列 PLC 能提供 1000ms 时钟脉冲的特殊辅助继电器是（　　）。
A. M8011　　B. M8013　　C. M8012　　D. M8014

15. 在 PLC 程序设计中，（　　）表达方式与继电器-接触器原理图相似。
A. 指令表　　B. 顺序功能图　　C. 梯形图　　D. 功能块图

16. 在编程时，PLC 的内部触点（　　）。
A. 可作为常开触点使用，但只能使用一次
B. 可作为常闭触点使用，但只能使用一次
C. 只能使用一次
D. 可作为常开和常闭触点反复使用，无限制

17. 在 FX_{3U} 系列 PLC 基本指令中，下列没有目标元件的指令是（　　）。
A. ANB　　B. ANI　　C. AND　　D. ANDP

18. 在下列 FX_{3U} 系列 PLC 基本指令中，表示在某一步上不进行任何操作的指令是（　　）。
A. INV　　B. NOP　　C. MPS　　D. ORB

19. 如果在程序中对输出元件 Y001 多次使用 SET、RST 指令，则 Y001 的状态是由（　　）。
A. 最接近 END 的指令决定　　B. 最后执行指令决定
C. 最多使用的指令决定　　D. 最少使用的指令决定

20. PLC 执行"OUT　T10　K50"指令后（　　）。
A. T10 的常开触点 ON　　B. T10 开始计时
C. T10 的常闭触点 OFF　　D. T10 准备计时

21. 如果向 PLC 写入程序后，发现 PLC 基本单元的"ERROR"指示灯闪烁，说明（　　）。
A. 程序语法错误　　B. 看门狗定时器错误　　C. 程序错误　　D. PLC 硬件损坏

22. 当 PLC 处于 STOP 模式时，面板上的指示灯（　　）。
A. POWER 灯亮　　B. RUN 灯亮　　C. ERROR 灯亮　　D. BATT 灯亮

四、简答题

1. 按结构形式 PLC 分哪几种？各有什么特点？
2. PLC 主要由哪几部分组成？各部分起什么作用？
3. 简述 PLC 的工作过程。
4. $FX_{3U}-32MR$ 型 PLC 最多可接多少个输入信号、多少个负载？它适用于控制交流还是直流负载？
5. 简述 OUT 指令与 SET 指令的异同。
6. 简述主控触点指令和栈指令异同。
7. FX_{3U} 系列 PLC 定时器最长延时时间为多少秒？可以通过哪些方法扩大延时范围？

五、梯形图与指令表之间的相互转换（请将下列 1~5 题的梯形图转换为指令表，6 题的指令表转换为梯形图）

1. 写出图 1-107 所示梯形图对应的指令表程序。
2. 写出图 1-108 所示梯形图对应的指令表程序。

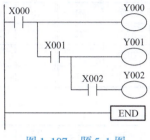

图 1-107　题 5-1 图

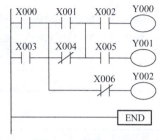

图 1-108　题 5-2 图

3. 写出图 1-109 所示梯形图对应的指令表程序。
4. 写出图 1-110 所示梯形图对应的指令表程序。

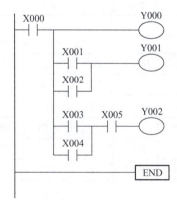

图 1-109　题 5-3 图　　　　　　图 1-110　题 5-4 图

5. 写出图 1-111 所示梯形图对应的指令表程序。

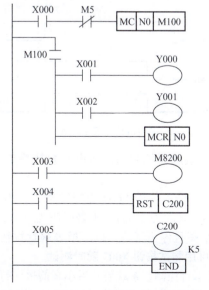

图 1-111　题 5-5 图

6. 画出表 1-36～表 1-38 中指令表程序对应的梯形图。

表 1-36　指令表（一）

序号	助记符	操作数	序号	助记符	操作数	序号	助记符	操作数	序号	助记符	操作数
0	LD	X001	5	LD	X005	10	ANB		15	AND	M3
1	ANI	X002	6	AND	X006	11	LD	M1	16	OUT	Y001
2	LD	X003	7	LD	X007	12	AND	M2	17	END	
3	ANI	X004	8	ANI	X010	13	ORB				
4	ORB		9	ORB		14	OUT	M34			

表 1-37　指令表（二）

序号	助记符	操作数	序号	助记符	操作数	序号	助记符	操作数	序号	助记符	操作数
0	LD	X002	3	MC	N0	7	OUT	Y002			K50
1	OR	Y002			M0	8	LD	X003	12	MCR	N0
2	ANI	X001	6	LDI	T1	9	OUT	T1	14	END	

表 1-38　指令表（三）

序号	助记符	操作数	序号	助记符	操作数	序号	助记符	操作数	序号	助记符	操作数
0	LD	X000	5	ANB		10	ANI	X003	15	MPP	
1	AND	M0	6	MPS		11	SET	D2.2	16	ANDP	X005
2	MPS		7	AND	X002	12	MRD		18	OUT	Y004
3	LD	X001	8	OUT	M1	13	AND	X004	19	END	
4	ORI	Y002	9	MPP		14	OUT	Y003			

六、程序设计题

1. 试用 SET、RST 指令和微分输出指令（或运算结果脉冲边沿操作指令）设计满足如图 1-112 所示的梯形图。

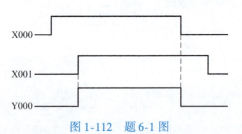

图 1-112　题 6-1 图

2. 试将图 1-113 中继电器-接触器控制的两台电动机顺序起停控制电路转换为 PLC 控制程序。

3. 设计一个报警控制程序。输入信号 X000 为报警输入，当 X000 为 ON 时，报警信号灯 Y000 闪烁，闪烁频率为 1s（亮、灭均为 0.5s）。报警蜂鸣器 Y001 有音响输出。报警响应 X001 为 ON 时，报警灯由闪烁变为常亮且停止音响。按下报警解除按钮 X002，报警灯熄灭。为测试报警灯和报警蜂鸣器的好坏，可用测试按钮 X003 随时测试。

4. 试用 PLC 实现小车往复运行控制。系统启动后小车前进，行驶 20s，停止 5s，再后退 20s，停止 5s，如此往复运行 10 次，循环运行结束后指示灯以 1Hz 的频率闪烁 5 次后熄灭。

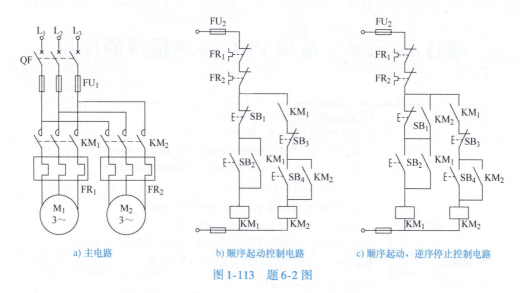

a) 主电路　　　　b) 顺序起动控制电路　　　c) 顺序起动、逆序停止控制电路

图 1-113　题 6-2 图

5. 试用置位复位指令编制三相异步电动机正反转运行的程序。

6. 用 PLC 实现 1 只按钮控制 3 盏灯亮灭。要求第 1 次按下按钮，第 1 盏灯亮；第 2 次按下按钮，第 2 盏灯亮；第 3 次按下按钮，第 3 盏灯亮；第 4 次按下按钮，第 1、2、3 盏灯同时亮；第 5 次按下按钮，第 1、2、3 盏灯同时熄灭。试画出 I/O 接线图并编制梯形图程序。

项目二　FX$_{3U}$系列PLC步进指令的应用

教学目标	能力目标	1. 会分析顺序控制系统的工作过程 2. 能合理分配I/O地址，绘制顺序功能图 3. 能使用步进指令将顺序功能图转换为步进梯形图和指令表 4. 能使用GX Developer编程软件编制顺序功能图和梯形图 5. 能进行程序的离线和在线调试
	知识目标	1. 熟练掌握PLC的状态继电器和步进指令的使用 2. 掌握顺序功能图与步进梯形图的相互转换 3. 掌握单序列、选择序列和并行序列顺序控制程序的设计方法
教学重点		顺序功能图；顺序功能图与步进梯形图的相互转换
教学难点		并行序列的STL指令编程
教学方法、手段建议		采用项目教学法、任务驱动法、理实一体化教学法等开展教学。在教学过程中，教师讲授与学生讨论相结合，传统教学与信息化技术相结合，充分利用翻转课堂、微课等教学手段，将理论学习与实践操作融为一体，引导学生做中学、学中做，教、学、做合一
参考学时		18学时

三菱FX$_{3U}$系列PLC专门用于顺序控制的步进指令共有2条，下面将通过三种液体混合的PLC控制、四节传送带的PLC控制、十字路口交通信号灯的PLC控制3个任务介绍FX$_{3U}$系列PLC步进指令的应用。

任务一　三种液体混合的PLC控制

一、任务导入

对生产原料的混合操作是化工、食品、饮料、制药等行业必不可少的工序之一。而采用PLC对原料混合操作的装置进行控制具有自动化程度高、生产效率高、混合质量高和适用范围广等优点，其应用较为广泛。

液体混合有两种、三种或多种液体的混合，多种液体按照一定的比例混合是物料混合的一种典型形式。本任务主要通过三种液体混合装置的PLC控制来学习顺序控制单序列编程的基本方法。

二、知识链接

（一）状态继电器（S元件）

状态继电器（S元件）是一种在步进顺序控制的编程中表示"步"的继电器，它与后述的步进梯形开始指令STL组合使用。状态继电器不在顺序控制中使用时，也可作为普通的辅助继电器使用，并且具有断电保持功能，或作为信号报警用，用于外部故障诊断。FX$_{3U}$、FX$_{3UC}$系列PLC的状态继电器见表2-1。

项目二 FX₃ᵤ系列PLC步进指令的应用

表 2-1 FX_{3U}、FX_{3UC} 系列 PLC 的状态继电器

PLC 系列	初始化用	IST 指令时回零用	通用	断电保持用	报警用
FX_{3U}、FX_{3UC}	10 点 (S0 ~ S9)	10 点 (S10 ~ S19)	480 点 (S20 ~ S499)	S500 ~ S899（可变）400 点，可以通过参数更改保持/不保持的设定 S1000 ~ S4095（固定）3096 点	100 点 (S900 ~ S999)

FX_{3U}、FX_{3UC}系列 PLC 共有状态继电器 4096 点，元件号为 S0 ~ S4095。状态继电器有五种类型：初始状态继电器、回零状态继电器、通用状态继电器、断电保持状态继电器、报警用状态继电器。

1) 初始状态继电器。元件号为 S0 ~ S9，共 10 点，在顺序功能图（状态转移图）中，指定为初始状态。

2) 回零状态继电器。元件号为 S10 ~ S19，共 10 点，在多种运行模式控制中，指定为返回原点的状态。

3) 通用状态继电器。元件号为 S20 ~ S499，共 480 点，在顺序功能图中，指定为中间工作状态。

4) 断电保持状态继电器。元件号为 S500 ~ S899 及 S1000 ~ S4095，共 3496 点，用于来电后继续执行停电前状态的场合，其中 S500 ~ S899 可以通过参数设定为一般状态继电器。

5) 报警用状态继电器。元件号为 S900 ~ S999，共 100 点，可作为报警元件用。

在使用状态继电器时应注意：

1) 状态继电器与辅助继电器一样有无数对常开触点和常闭触点。

2) FX_{3U}系列 PLC 可通过程序设定将 S0 ~ S499 设置为有断电保持功能的状态继电器。

(二) 顺序功能图

FX_{3U}系列 PLC 除了梯形图形式的图形程序以外，还采用了顺序功能图（Sequential Function Chart，SFC）语言，用于编制复杂的顺序控制程序。

1. 顺序功能图的定义

顺序功能图又称状态转移图，它是描述控制系统的控制过程、功能和特性的一种图形，是用步（或称为状态，用状态继电器 S 表示）、转移、转移条件、负载驱动来描述控制过程的一种图形语言。顺序功能图并不涉及所描述的控制功能的具体技术，是一种通用的技术语言。

顺序功能图已被 IEC 于 1994 年 5 月公布的可编程序控制器标准（IEC 1131）确定为首选的 PLC 编程语言。各 PLC 厂家都开发了相应的顺序功能图，各国也制定了顺序功能图的国家标准。我国于 1986 年首次颁布了电气制图、功能表图国家标准 GB 6988.6—1986，现行的国家标准为 GB/T 21654—2008 顺序功能图用 GRAFCET 规范语言。

2. 顺序功能图的组成要素

顺序功能图主要由步、有向连线、转移、转移条件及命令和动作要素组成，如图 2-1 所示。

(1) 步 SFC 中的步是指控制系统的一个工作状态，为顺序相连的阶段中的一个阶段。顺序功能图中用矩形框表示步，框内是该步的编号。编程时一般用 PLC 内部的编程元件来代表步，因此经常直接用代表该步的编程元件的元件号作为步的编号，如图 2-1 所示，各步的编号分别为 S0、S20、S21、S22、S23。这样在根据顺序功能图设计梯形图时较为方便。

步又分为初始步、一般步和活动步，也称为初始状态、一般状态和活动状态。

1) 初始步。与系统的初始状态相对应的步称为初始步。初始状态一般是系统等待起动命令的相对静止的状态。初始步在功能图中用双矩形框 S0 表示，每个功能图至少应有一个初始步。

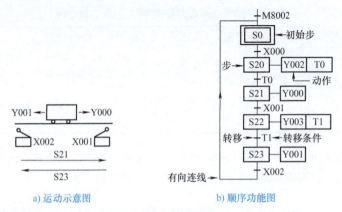

图 2-1 顺序功能图

注意：在功能图中，如果用 S 元件代表各步，初始步的编号只能选用 S0~S9；如果用 M 元件，则没有要求。

2）一般步。除初始步以外的步均为一般步。每一步相当于控制系统的一个阶段。一般状态用单线矩形框表示，框内（包括初始步框）中都有一个表示该步的元件编号，称为状态元件。状态元件可以按状态顺序连续编号，也可以不连续编号。

3）活动步。在 SFC 中，如果某一步被激活，则该步处于活动状态，称该步为活动步。步被激活时该步的所有命令与动作均得到执行，而未被激活步中的命令与动作均不能得到执行。在 SFC 中，被激活的步有一个或几个，当下一步被激活时，前一个激活步一定要关闭。以此类推，整个顺序控制中的步被逐个激活，从而完成全部控制任务。

(2) 有向连线　在顺序功能图中，随着时间的推移和转移条件的实现，将会发生步的活动状态的顺序进展，这种进展按有向连线规定的路线和方向进行。在画顺序功能图时，将代表各步的矩形框按它们成为活动步的先后次序顺序排列，并用有向连线将它们连接起来。活动状态的进展方向习惯上是从上到下、从左到右，在这两个方向有向连线上的箭头可以省略。如果不是上述方向，应在有向连线上用箭头注明进展方向。

如果在画顺序功能图时有向连线必须中断，如在复杂的顺序功能图中，若用几个部分来表示一个顺序功能图时，应在有向连线中断处标明下一步的标号和所在页码，并在有向连线中断的开始和结束处用箭头标注。

(3) 转移和移转条件

1）转移。转移用与有向连线垂直的短画线表示，转移将相邻两步分隔开。步的活动状态的进展是由转移的实现来完成的，并与控制过程的发展相对应。

2）转移条件。转移条件是与转移相关的逻辑命题。转移条件可以用文字语言、布尔代数表达式或图形符号标注在表示转移的短画线旁边。转移条件 X 和 $\overline{X}$ 分别表示在逻辑信号 X 为"1"状态和"0"状态时转移，符号 X↑ 和 X↓ 分别表示当 X 从 0→1 状态和从 1→0 状态时转移实现。使用最多的转移条件表示方法是布尔代数表达式，如转移条件 (X000 + X003)·$\overline{C0}$。

(4) 命令和动作　命令是指控制要求，而动作是指完成控制要求的程序。与状态对应，则是指每一个状态所发生的命令和动作。在 SFC 中，命令和动作是用相应的文字和符号（包括梯形图程序行）写在状态矩形框的旁边，并用直线与状态矩形框相连。如果某一步有几个命令和动作，可以用图 2-2 所示的两种画法来表示，但是图中并不隐含这些动作之间的任何顺序。

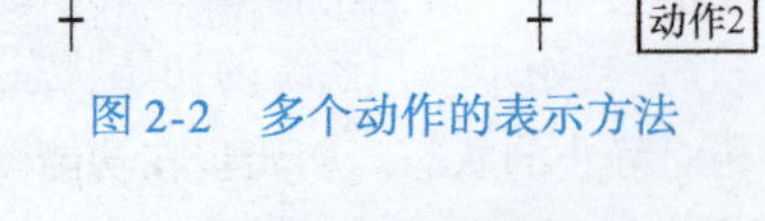

图 2-2　多个动作的表示方法

状态内的动作有两种情况,一种称为非保持性,其动作仅在本状态内有效,没有连续性,当本状态为非活动步时,动作全部 OFF;另一种称为保持性,其动作有连续性,会把动作结果延续到后面的状态中去。

3. 顺序功能图的基本结构

根据步与步之间转移的不同情况,顺序功能图有以下几种不同的基本结构形式。

(1) 单序列结构 单序列结构由一系列相继激活的步组成,每一步的后面仅接有一个转移,每一个转移后面只有一个步,如图 2-3 所示。

(2) 选择序列结构 选择序列的开始称为分支,如图 2-4 所示,转移符号只能标在水平连线之下。如果步 S21 是活动步,并且转移条件 X001 = 1,则发生由步 S21→步 S22 的转移;如果步 S21 是活动步,并且转移条件 X004 = 1,则发生步 S21→步 S24 的转移;如果步 S21 是活动步,并且转移条件 X010 = 1,则发生步 S21→步 S26 的转移。选择序列在每一时刻一般只允许选择一个序列。

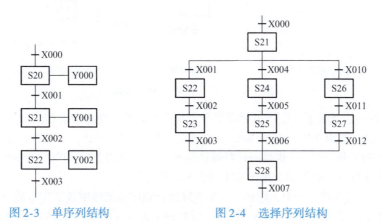

图 2-3 单序列结构   图 2-4 选择序列结构

选择序列的结束称为汇合或合并。在图 2-4 中,如果步 S23 是活动步,并且转移条件 X003 = 1,则发生由步 S23→步 S28 的转移;如果步 S25 是活动步,并且转移条件 X006 = 1,则发生由步 S25→步 S28 的转移;如果步 S27 是活动步,并且转移条件 X012 = 1,则发生由步 S27→步 S28 的转移。

(3) 并行序列结构 并行序列的开始称为分支,如图 2-5 所示,当转移条件的实现导致几个序列同时激活时,这些序列称为并行序列。当步 S22 是活动步,并且转移条件 X001 = 1,则 S23、S25、S27 这 3 步同时成为活动步,同时步 S22 变为不活动步。为了强调转移的同步实现,水平连线用双线表示。步 S23、S25、S27 被同时激活后,每一个序列中活动步的转移将是独立的。在表示同步的水平线之上,只允许有一个转移符号。

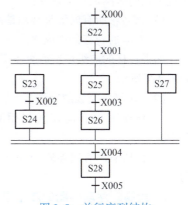

并行序列的结束称为汇合或合并,在图 2-5 中,在表示同步的水平线之下,只允许有一个转移符号。当直接连在双线上的所有前级步都处于活动状态,并且转移条件 X004 = 1 时,才会发生步 S24、S26、S27 到步 S28 的转移,即步 S24、S26、S27 同时变为不活动步,而步 S28 变为活动步。并行序列表示系统几个同时工作的独立部分的工作情况。

图 2-5 并行序列结构

(4) 跳步、重复和循环序列结构

1) 跳步。在生产过程中,有时要求在一定条件下停止执行某些原定的动作,跳过一定步序后执行之后的动作步。如图 2-6a 所示，当步 S20 为活动步时，若转移条件 X005 先变为"1"，则步 S21 不为活动步，而直接转入步 S23，使其变为活动步，实际上这是一种特殊的选择序列。由图 2-6a 可知，步 S20 下面有步 S21 和步 S23 两个选择分支，而步 S23 是步 S20 和步 S22 的合并。

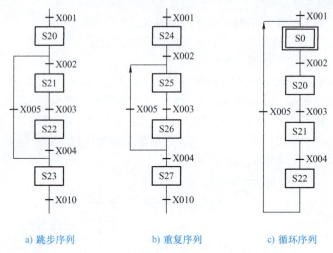

a) 跳步序列　　b) 重复序列　　c) 循环序列

图 2-6　跳步、重复和循环序列

2）重复。在一定条件下，生产过程需要重复执行某几个工序步的动作。如图 2-6b 所示，当步 S26 为活动步时，如果 X004 = 0 而 X005 = 1，则序列返回到步 S25，重复执行步 S25、S26，直到 X004 = 1 时才转入步 S27，这也是一种特殊的选择序列，由图 2-6b 可知，步 S26 后面有步 S25 和步 S27 两个选择分支，而步 S25 是步 S24 和步 S26 的合并。

3）循环。在一些生产过程中，需要不间断重复执行顺序功能图中各工序步的动作。如图 2-6c 所示，当步 S22 结束后，立即返回初始步 S0，即在序列结束后，用重复的办法直接返回到初始步，形成了系统的循环过程，这实际上就是一种单序列的工作过程。

4. 顺序功能图中转移实现的基本规则

（1）转移实现的条件　在顺序功能图中，步的活动状态的进展由转移的实现来完成。转移实现必须同时满足两个条件：

1）该转移所有前级步必须是活动步。

2）对应的转移条件成立。

如果转移的前级步或后级步不止一个，转移的实现称为同步实现，如图 2-7 所示。

（2）转移应完成的操作

1）使所有由有向连线与相应转移符号相连的后续步都变为活动步。

2）使所有由有向连线与相应转移符号相连的前级步都变为不活动步。

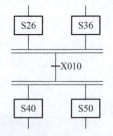

图 2-7　转移的同步实现

5. 绘制顺序功能图的注意事项

1）两个步绝对不能直接相连，必须用一个转移将它们隔开。

2）两个转移也不能直接相连，必须用一个步将它们隔开。

3）顺序功能图中的初始步一般对应于系统等待起动的初始状态，初始步可能没有输出执行，但初始步是必不可少的。如果没有初始步，则无法表示初始状态，系统也无法返回初始状态。

4）自动控制系统应能多次重复执行同一工艺过程，因此在顺序功能图中一般应有由步和有向连线组成的闭环，即在完成一次工艺过程的全部操作之后，应从最后一步返回初始步，系统停留在初始状态（单周期操作，见图 2-1），在连续循环工作方式时，应从最后一步返回下一个工作周期开始运行的第一步。

5）在顺序功能图中，只有当某一步的前级步是活动步时，该步才有可能变成活动步。如果用没有断电保持功能的编程元件代表各步，进入 RUN 工作方式时，它们均处于 OFF 状态，必须用初始化脉冲 M8002 的常开触点作为转移条件，将初始步预置为活动步，否则因顺序功能图中没有活动步，系统将无法工作。如果系统具有手动和自动两种工作方式，由于顺序功能图是用来描述自动工作过程的，因此应在系统由手动工作方式进入自动工作方式时用一个适当的信号将初始步置为活动步。

（三）步进指令（STL、RET）

FX$_{3U}$ 系列 PLC 有 2 条步进指令：STL（步进梯形开始指令）和 RET（步进返回指令）。STL 指令是步进梯形图开始，利用内部软元件（状态继电器）进行工序步控制的指令；RET 是步进结束指令，是表示状态流程结束，用于返回到主程序（左母线）的指令。按一定的规则编写的步进梯形图也可作为顺序功能图处理，从顺序功能图反过来也可形成步进梯形图。

1. STL、RET 指令的使用要素

STL、RET 指令的名称、助记符、功能、梯形图表示等使用要素见表 2-2。

表 2-2 STL、RET 指令的使用要素

名 称	助记符	功 能	梯形图表示	目标元件	程序步
步进梯形开始	STL	步进梯形图开始	⊣├─○	S	1 步
步进返回	RET	步进梯形图返回	─ RET ─	无	

2. STL、RET 指令的使用说明

STL 指令的使用说明如图 2-8 所示。

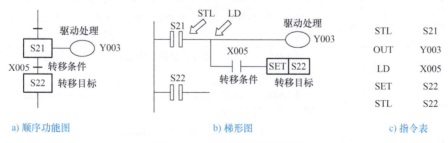

a）顺序功能图 b）梯形图 c）指令表

图 2-8 STL 指令的使用说明

1）步进梯形开始指令 STL 只有与状态继电器 S 配合时才具有步进功能。使用 STL 指令的状态继电器常开触点，称为 STL 触点，没有常闭的 STL 触点。用状态继电器代表功能图的各步，每一步都具有三种功能：负载驱动处理、指定转移条件和指定转移目标。

2）STL 触点是与左母线相连的常开触点，类似于主控触点，并且同一状态继电器的 STL 触点只能使用一次（并行序列的合并除外）。

3）STL 触点可以直接驱动或通过别的触点驱动 Y、M、S、T 或 C 等元件的线圈，STL 触点也可以使 Y、M 和 S 等元件置位或复位。与 STL 触点相连的触点应使用 LD、LDI、LDP 和 LDF 指令，在转移条件对应的回路中，不能使用 ANB、ORB、MPS、MRD、MPP 指令。

4)如果使状态继电器置位的指令不在 STL 触点驱动的电路块内,那么执行置位指令时,系统程序不会自动地将前级状态步对应的状态继电器复位。

5)驱动负载使用 OUT 指令。当同一负载需要连续多步驱动时可使用多重输出,也可使用 SET 指令将负载置位,等到负载不需要驱动时再用 RST 指令将其复位。

6)STL 触点之后不能使用 MC、MCR 指令,但可以使用跳转指令。

7)由于 CPU 只执行活动步对应的电路块,因此使用 STL 指令时允许双线圈输出,如图 2-9、图 2-10 所示。

8)在状态转移过程中,由于在瞬间(1 个扫描周期)两个相邻的状态会同时接通,因此为了避免不能同时接通的一对输出同时接通,必须设置外部硬接线互锁或软件互锁,如图 2-11 所示。

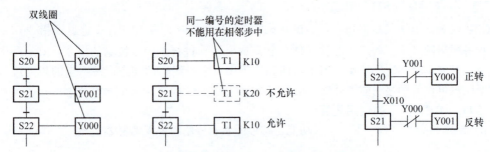

图 2-9 双线圈输出　　图 2-10 相邻步相同编号定时器输出　　图 2-11 正反转的软件互锁控制

9)各 STL 触点的驱动电路块一般放在一起,最后一个 STL 电路块结束时,一定要使用步进返回指令 RET 使其返回主母线。

3. 步进梯形图中常用的特殊辅助继电器

在 SFC 控制中,经常会用到一些特殊辅助继电器,见表 2-3。

表 2-3　步进梯形图中常用的特殊辅助继电器

特殊辅助继电器编号	名称	功能和用途
M8000	RUN 运行	PLC 运行中接通,可作为驱动程序的输入条件或作为 PLC 运行状态显示
M8002	初始脉冲	在 PLC 接通瞬间,接通 1 个扫描周期。用于程序的初始化或 SFC 的初始步激活
M8034	禁止输出	当 M8034 为 ON 时,顺序控制程序继续运行,但输出继电器(Y)都被断开(禁止输出)
M8040	禁止转移	当 M8040 为 ON 时,禁止在所有步之间的转移,但活动步内的程序仍然继续运行,输出仍然执行
M8046	STL 动作	任一步激活时(即成为活动步),M8046 自动接通,用于避免与其他流程同时启动或用于工序的工作标志
M8047	STL 监视有效	当 M8047 为 ON 时,编程功能可自动读出正在工作中的状态元件编号,并加以显示

(四)步进指令的编程方法

1. 使用 STL 指令编程的一般步骤

1)列出现场信号与 PLC 软继电器编号对照表,即 I/O 分配表。

2)画出 I/O 接线图。

3)根据控制的具体要求绘制顺序功能图。

4)将顺序功能图转换为梯形图(转换方法为按照图 2-8 所示的处理方法来处理每一状态)。
5)写出梯形图对应的指令表。

2. 单序列顺序控制的 STL 指令编程举例

单序列顺序控制由一系列相继执行的工序步组成,每一个工序步后面只能接一个转移条件,而每一转移条件之后仅有一个工序步。

每一个工序步即一个状态,用一个状态继电器进行控制,各工序步所使用的状态继电器没有必要一定按顺序进行编号(其他的序列也是如此)。此外,状态继电器也可作为转移条件。

【例1】 某锅炉的鼓风机和引风机的控制要求如下:开机时,先起动引风机,10s 后开鼓风机;停机时,先关鼓风机,5s 后关引风机。试设计满足上述要求的控制程序。

(1) I/O 分配 某锅炉控制 I/O 分配见表 2-4。

表 2-4 某锅炉控制 I/O 分配表

输入			输出		
设备名称	符号	X 元件编号	设备名称	符号	Y 元件编号
起动按钮	SB_1	X000	引风机接触器	KM_1	Y000
停止按钮	SB_2	X001	鼓风机接触器	KM_2	Y001

(2) 绘制顺序功能图 根据控制要求,整个控制过程分为 4 步:初始步 S0,没有驱动;起动引风机 S20,驱动 Y000 为 ON,起动引风机,同时,驱动定时器 T0,延时 10s;起动鼓风机 S21,Y000 仍为 ON,引风机保持继续运行,同时,驱动 Y001 为 ON,起动鼓风机;关鼓风机 S22,Y000 为 ON,Y001 为 OFF,鼓风机停止运行,引风机继续运行,同时,驱动定时器 T1,延时 5s,其顺序功能图如图 2-12a 所示。需要说明的是,引风机起动后一直保持运行状态,直到最

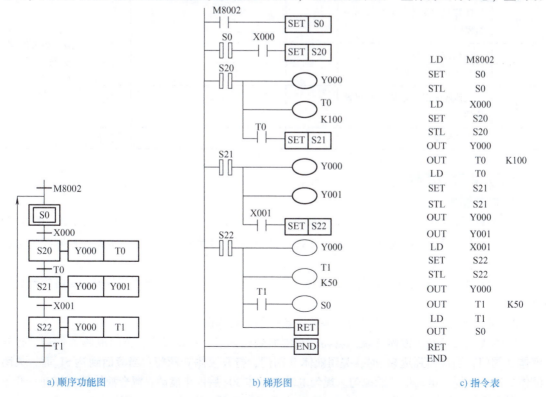

a) 顺序功能图   b) 梯形图   c) 指令表

图 2-12 鼓风机和引风机的顺序控制程序

后停机,在步进顺序中,STL 触点驱动电路块,OUT 指令驱动输出,仅在当前步是活动步时有效,所以,顺序功能图中步 S20、步 S21、步 S22 均需要有 Y000,否则,引风机起动后进入下一步,就会停机。也可以用 SET 指令在步 S20 置位 Y000,这样在步 S21、步 S22 就可以不出现 Y000,但在步 S0 一定要复位 Y000。

(3) 编制程序 利用步进指令,按照每一步 STL 指令驱动电路块需要完成的两个任务,先进行负载驱动处理,然后执行状态转移处理,将顺序功能图转化为梯形图,如图 2-12b 所示。

三、任务实施

(一) 任务目标

1) 根据控制要求绘制单序列顺序功能图,并用步进指令转换成梯形图与指令表。
2) 学会 FX_{3U} 系列 PLC 的 I/O 接线方法。
3) 初步学会单序列顺序控制步进指令编程方法。
4) 熟练使用三菱 GX Developer 编程软件进行步进指令程序输入,并写入 PLC 进行调试运行,查看运行结果。

(二) 设备与器材

本任务实施所需设备与器材见表 2-5。

表 2-5 设备与器材

序号	名称	符号	型号规格	数量	备注
1	常用电工工具		十字螺钉旋具、一字螺钉旋具、尖嘴钳、剥线钳等	1 套	表中所列设备、器材的型号规格仅供参考
2	计算机(安装 GX Developer 编程软件)			1 台	
3	THPFSL-2 网络型可编程序控制器综合实训装置			1 台	
4	三种液体混合模拟控制装置挂件			1 个	
5	连接导线			若干	

(三) 内容与步骤

1. 任务要求

三种液体混合模拟控制面板如图 2-13 所示。SL_1、SL_2、SL_3 为液面传感器,液体 A、B、C 阀门与混合液体阀门由电磁阀 YV_1、YV_2、YV_3、YV_4 控制,M 为搅匀电动机,KM 为控制搅匀电动机的交流接触器。控制要求如下:

1) 初始状态。装置投入运行时,液体 A、B、C 阀门关闭,混合液阀门打开 10s 将容器放空后关闭。
2) 起动操作。闭合起停开关 S,装置开始按如下规律操作:

液体 A 阀门打开,液体 A 流入容器。当液面到达 SL_3 时,SL_3 接通,关闭液体 A 阀门,打开液体 B 阀门;当液面到达 SL_2 时,关闭液体 B 阀门,打开液体 C 阀门;当液面到达 SL_1 时,关闭液体 C 阀门,搅匀电动机开始搅匀。搅匀电动机工作 30s 后停止搅动,混合液体阀门打开,开始放出混合液体。当液面下降到 SL_3 时,SL_3 由接通变为断开,再过 2s 后,容器放空,混合液体阀

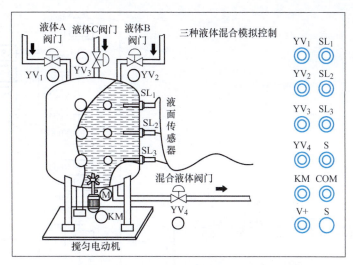

图 2-13 三种液体混合模拟控制面板

门关闭,完成一个操作周期。只要未断开起停开关,则自动进入下一周期。

3)停止操作。断开起停开关后,在当前的混合液体操作处理完毕后,才停止操作(停在初始状态)。

2. I/O 分配与接线图

三种液体混合控制 I/O 分配见表 2-6。

表 2-6 三种液体混合控制 I/O 分配表

输入			输出		
设备名称	符号	X 元件编号	设备名称	符号	Y 元件编号
起停开关	S	X000	液体 A 阀门	YV_1	Y000
控制液体 C 传感器	SL_1	X001	液体 B 阀门	YV_2	Y001
控制液体 B 传感器	SL_2	X002	液体 C 阀门	YV_3	Y002
控制液体 A 传感器	SL_3	X003	混合液体阀门	YV_4	Y003
			控制搅匀电动机接触器	KM	Y004

三种液体混合控制 I/O 接线图如图 2-14 所示。

3. 顺序功能图

根据控制要求画出顺序功能图,如图 2-15 所示。

4. 梯形图程序

利用 STL、RET 指令,将图 2-15 顺序功能图转换为梯形图,如图 2-16 所示。

5. 调试运行

利用三菱 GX Developer 编程软件将编写的梯形图程序写入 PLC,按照图 2-14 进行 PLC 外部接线,调试时请参照顺序功能图 2-15,将 PLC 运行模式拨至 RUN 状态,观察 Y003 是否得电,延时 10s 后,Y003 是否失电,Y003 失电后,按下 X000,观察 Y000 是否得电,Y000 得电后,合上 X003,观察 Y001 是否得电,以此类推,按照顺序功能图的流程对程序进行调试,观察运行结果是否符合控制要求。

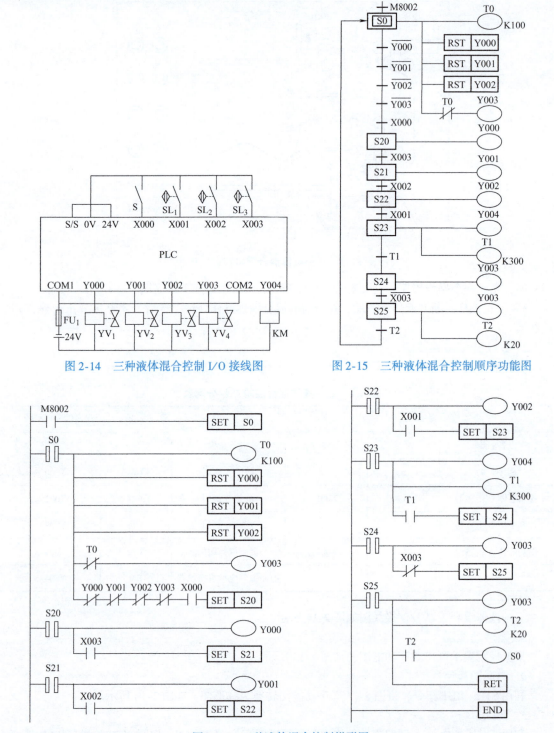

图 2-14 三种液体混合控制 I/O 接线图

图 2-15 三种液体混合控制顺序功能图

图 2-16 三种液体混合控制梯形图

(四) 分析与思考

1) 本任务中混合液体在搅匀过程中,为了使混合液体充分搅拌均匀,要求先正向搅匀 7.5s,再反向搅匀 7.5s,然后循环 2 次,应如何编制程序?

2）在顺序控制步进梯形图中，当前步的后级步成为活动步是用 SET 或 OUT 指令实现，它的前级步变为不活动步又该如何实现？

四、任务考核

本任务实施考核见表 2-7。

表 2-7 任务考核表

序号	考核内容	考核要求	评分标准	配分	得分
1	电路及程序设计	1）能正确分配 I/O，并绘制 I/O 接线图 2）根据控制要求，正确编制梯形图程序	1）I/O 分配错或少，每个扣 5 分 2）I/O 接线图设计不全或有错，每处扣 5 分 3）梯形图表达不正确或画法不规范，每处扣 5 分	40 分	
2	安装与连线	根据 I/O 分配，正确连接电路	1）连线错，每处扣 5 分 2）损坏元器件，每只扣 5~10 分 3）损坏连接线，每根扣 5~10 分	20 分	
3	调试与运行	能熟练使用编程软件编制程序写入 PLC，并按要求调试运行	1）不会熟练使用编程软件进行梯形图的编辑、修改、转换、写入及监视，每项扣 2 分 2）不能按照控制要求完成相应的功能，每缺一项扣 5 分	20 分	
4	安全操作	确保人身和设备安全	违反安全文明操作规程，扣 10~20 分	20 分	
5			合　计		

五、知识拓展——步进梯形图编程技巧

（一）初始步的处理方法

初始步可由其他步驱动，但运行开始时必须用其他方法预先做好驱动，否则状态流程不可能向下进行。一般用系统的初始条件驱动，若无初始条件，可用 M8002（PLC 从 STOP→RUN 切换时的初始化脉冲）进行驱动。

（二）步进梯形图编程的顺序

步进梯形图编程时必须使用 STL 指令对应于顺序功能图上的每一步。步进梯形图中每一步的编程顺序为：先进行驱动处理，后进行转移处理，二者不能颠倒。驱动处理就是该步的输出处理，转移处理就是根据转移方向和转移条件实现下一步的状态转移。

（三）OUT 指令在 STL 区内的使用

SET 指令和 OUT 指令均可以使 STL 指令后的状态继电器置"1"，即将后续步置为活动步，此外还有自保持功能。SET 指令一般用于相邻步的状态转移，而 OUT 指令用于顺序功能图中的闭环和跳步转移，如图 2-17 所示。

（四）复杂转移条件程序的处理

转移回路中，不能使用 ANB、ORB、MPS、MRD、MPP 指令，否则将出错。如果转移条件比较复杂需要块运算时，可以将转移条件放到该状态元件负载端处理，将复杂的转移条件转换为辅助继电器触点。复杂转移条件程序的处理如图 2-18 所示。

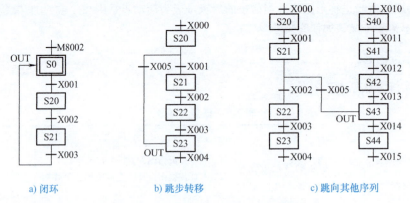

图 2-17 OUT 指令在 STL 区内的使用

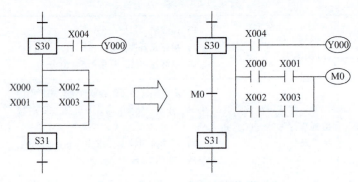

图 2-18 复杂转移条件程序的处理

(五) 输出的驱动方法

输出的驱动方法如图 2-19 所示。图中，STL 指令后的母线，一旦写入 LD、LDI、LDP 或 LDF 指令后，对不需要触点驱动的输出将不能再编程。需要把有触点驱动的输出调至最后，或者将没有触点驱动的输出增加驱动条件 M8000。

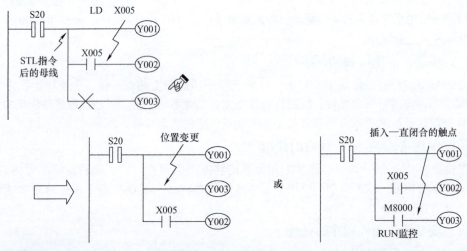

图 2-19 输出的驱动方法

六、任务总结

本任务首先介绍了用状态继电器 S 表示各步，绘制顺序功能图，然后利用步进指令将顺序功能图转换成对应的梯形图，最后通过三种液体混合的 PLC 控制任务的实施，进一步掌握单序列顺序控制编程的方法。

步进指令的编程方法相比较于经验设计法而言，规律性很强，比较容易理解和掌握，是初学者常用的 PLC 程序设计方法。

任务二　四节传送带的 PLC 控制

一、任务导入

在工业生产线上，用传送带输送生产设备或零配件时，其动作过程通常按照一定顺序起动，反序停止。考虑到传送带运行过程中的故障情况，传送带的控制过程就是顺序控制中典型的选择序列顺序控制。

本任务主要通过四节传送带的 PLC 控制来学习选择序列顺序控制程序的设计方法。

二、知识链接

（一）选择序列顺序控制 STL 指令的编程

1. 选择分支与汇合的特点

顺序功能图中，选择序列的开始（或从多个分支流程中选择某一个单支流程）称为选择分支。图 2-20a 为具有选择分支的顺序功能图，其转移符号和对应的转移条件只能标在水平连线之下。

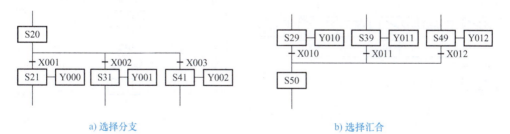

a) 选择分支　　　　　　　　　　　　　b) 选择汇合

图 2-20　选择分支与选择汇合顺序功能图

如果步 S20 是活动步，此时若转移条件 X001、X002、X003 三个中任一个为"1"，则活动步就转向转移条件满足的那条支路。如 X002 = 1，此时由步 S20→步 S31 转移，只允许同时选择一个序列。

注意：选择分支处，当其前级步为活动步时，各分支的转移条件只允许一个首先成立。

选择序列的结束称为汇合或合并，如图 2-20b 所示。几个选择序列合并到一个公共的序列时，用需要重新组合的序列相同数量的转移符号和水平连线来表示，转移符号和对应的转移条件只允许标在水平连线之上。图 2-20b 中，如果步 S39 是活动步且转移条件 X011 = 1，则发生由步 S39→步 S50 转移。

注意：选择序列分支处的支路数不能超过 8 条。

2. 选择分支与汇合的编程

（1）选择分支的编程　选择分支处的编程与一般状态的编程一样，先进行驱动处理，然后进行转移处理，所有的转移处理按顺序进行，如图 2-21 所示。

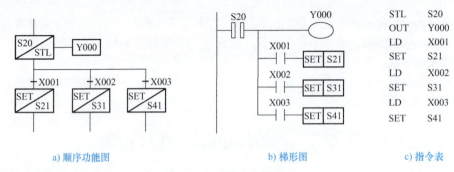

a) 顺序功能图　　　　　　　　b) 梯形图　　　　　　　　c) 指令表

图 2-21　选择分支的编程

在图 2-21a 中，在步 S20 之后有三个选择分支。当步 S20 是活动步（S20 = 1）时，转移条件 X001、X002、X003 中任一个条件满足，则活动步根据条件进行转移，若 X002 = 1，则此时活动步转向步 S31。在对应的梯形图中，画有并行供选择的支路。

（2）选择汇合的编程　　选择汇合处的编程与一般状态的编程一样，先进行驱动处理，然后进行转移处理，如图 2-22 所示。编程时要先进行汇合前状态的输出处理，然后向汇合状态转移，此后从左到右进行汇合转移。图 2-22b 中出现了三个 SET S50 ，即每一个分支都汇合到 S50。

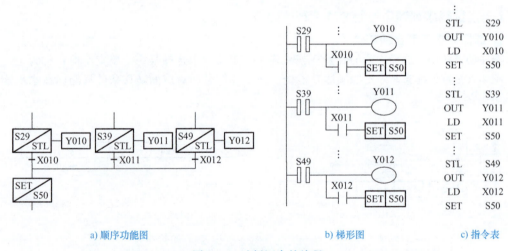

a) 顺序功能图　　　　　　　　b) 梯形图　　　　　　　　c) 指令表

图 2-22　选择汇合的编程

注意：选择分支、汇合编程时，同一状态继电器的 STL 触点只能在梯形图中出现一次。

（二）编程举例

1. 控制要求

选择性工作传输机用于将大、小球分类送到右边两个不同位置的箱里，如图 2-23 所示。其工作过程为：

1）当传输机位于起始位置时，上限位开关 SQ_3 和左限位开关 SQ_1 被压下，接近开关 SP 断开，原位指示灯 HL 点亮。

2）起动装置后，操作杆下行，一直到接近开关 SP 闭合。此时，若碰到的是大球，则下限位开关 SQ_2 仍为断开状态；若碰到的是小球，则下限位开关 SQ_2 为闭合状态。

3）接通控制吸盘的电磁铁线圈 YA。

项目二 FX₃ᵤ系列PLC步进指令的应用

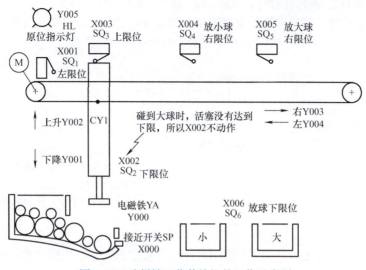

图 2-23 选择性工作传输机的工作示意图

4）假如吸盘吸起小球，则操作杆上行，碰到上限位开关 SQ_3 后，操作杆右行；碰到右限位开关 SQ_4（放小球右限位开关）后，再下行，碰到放球下限位开关 SQ_6 后，将小球放到小球箱里，然后返回到原位。

5）如果起动装置后，操作杆一直下行到 SP 闭合后，下限位开关 SQ_2 仍为断开状态，则吸盘吸起的是大球，操作杆右行碰到右限位开关 SQ_5（放大球右限位开关）后，将大球放到大球箱里，然后返回到原位。

2. I/O 分配

大小球分拣控制 I/O 分配见表 2-8。

表 2-8 大小球分拣控制 I/O 分配表

输 入			输 出		
设备名称	符号	X 元件编号	设备名称	符号	Y 元件编号
起停开关	S	X010	电磁铁	YA	Y000
接近开关	SP	X000	传输机下驱动电磁阀	YV_1	Y001
左限位开关	SQ_1	X001	传输机上驱动电磁阀	YV_2	Y002
下限位开关	SQ_2	X002	传输机右驱动电磁阀	YV_3	Y003
上限位开关	SQ_3	X003	传输机左驱动电磁阀	YV_4	Y004
放小球右限位开关	SQ_4	X004	原位指示灯	HL	Y005
放大球右限位开关	SQ_5	X005			
放球下限位开关	SQ_6	X006			

3. 顺序功能图

根据控制要求绘制顺序功能图如图 2-24 所示。整个控制过程划分为 12 个阶段，即 12 步，分别为：初始状态 S0，驱动 Y005 为 ON，点亮原位指示灯，下降 S21，驱动 Y001 为 ON，操作杆下行，吸小球 S22，置位 Y000，吸附小球，同时，驱动定时器 T1，延时 1s，上升 S23，驱动 Y002 为 ON，操作杆上行，右行 S24，驱动 Y003 为 ON，操作杆右行；吸大球 S25，置位 Y000，吸附大球，同时，驱动定时器 T1，延时 1s，上升 S26，驱动 Y002 为 ON，操作杆上行，右行

S27，驱动 Y003 为 ON，操作杆右行。下降 S30，驱动 Y001 为 ON，操作杆下行，放球 S31，复位 Y000，释放小球或大球，同时，驱动定时器 T2，延时 1s，上升 S32，驱动 Y002 为 ON，操作杆上行，左行 S33，驱动 Y004 为 ON，操作杆左行，然后返回初始状态。

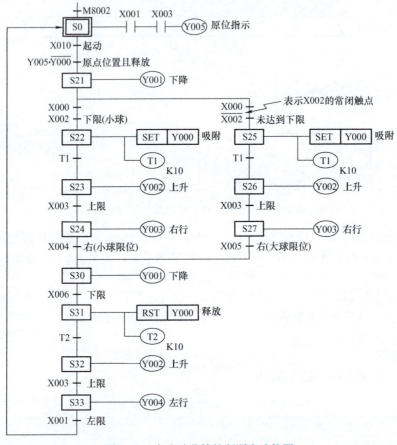

图 2-24　大小球分拣控制顺序功能图

4. 编制程序

由顺序功能图可知，从操作杆下降吸球（S21）时开始进入选择分支，若吸盘吸起小球（下限位开关 SQ_2 闭合），执行左边的分支；若吸盘吸起大球（SQ_2 断开），则执行右边的分支。在状态 S30（操作杆碰到右限位开关）结束分支进行汇合，以后就进入单序列流程结构。需要注意的是，只有装置在原点才能开始工作循环。根据步进指令编制的梯形图程序如图 2-25 所示。

三、任务实施

（一）任务目标

1）根据控制要求绘制选择序列顺序功能图，并用步进指令转换成梯形图与指令表。
2）学会 FX_{3U} 系列 PLC 的 I/O 接线方法。
3）初步学会选择序列顺序控制步进指令编程方法。
4）熟练使用三菱 GX Developer 编程软件进行步进指令程序输入，并写入 PLC 进行调试运行，查看运行结果。

（二）设备与器材

本任务所需设备与器材见表 2-9。

项目二 FX₃ᵤ系列PLC步进指令的应用

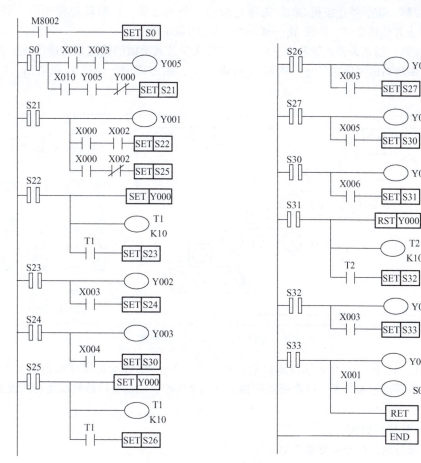

图 2-25 大小球分拣控制梯形图

表 2-9 设备与器材

序号	名 称	符号	型号规格	数量	备注
1	常用电工工具		十字螺钉旋具、一字螺钉旋具、尖嘴钳、剥线钳等	1套	表中所列设备、器材的型号规格仅供参考
2	计算机（安装 GX Developer 编程软件）			1台	
3	THPFSL-2 网络型可编程序控制器综合实训装置			1台	
4	四节传送带模拟控制挂件			1个	
5	连接导线			若干	

（三）内容与步骤

1. 任务要求

四节传送带控制系统分别用 4 台电动机驱动，其模拟控制面板如图 2-26 所示，控制要求如下：

1）起动控制。按下起动按钮 SB_1，先起动最末一条传送带，经过 5s 延时，再依次起动其他传送带，即按 $M_4 \rightarrow M_3 \rightarrow M_2 \rightarrow M_1$ 的反序起动。

2)停止控制。按下停止按钮 SB_2,先停止最前一条传送带,待料运送完毕后(经过 5s 延时)再依次停止其他传送带,即按 $M_1 \rightarrow M_2 \rightarrow M_3 \rightarrow M_4$ 的顺序停止。

3)故障控制。当某条传送带发生故障时,该传送带及其前面的传送带立即停止,而该传送带以后的传送带待料运完后才停止。例如 M_2 故障,M_1、M_2 立即停,经过 5s 延时后,M_3 停,再过 5s,M_4 停。

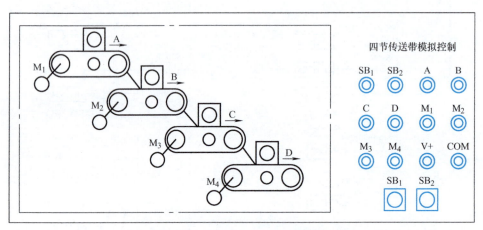

图 2-26 四节传送带模拟控制面板

图 2-26 中,A、B、C、D 表示故障设定;M_1、M_2、M_3、M_4 表示传送带驱动的 4 台电动机。起动、停止用常开按钮来实现;故障设置用钮子开关来模拟;电动机的停转或运行用发光二极管来模拟。

2. I/O 分配与接线图

四节传送带控制 I/O 分配见表 2-10。

表 2-10 四节传送带控制 I/O 分配表

输 入			输 出		
设备名称	符号	X 元件编号	设备名称	符号	Y 元件编号
起动按钮	SB_1	X000	第一节传送带驱动电动机	M_1	Y000
停止按钮	SB_2	X001	第二节传送带驱动电动机	M_2	Y001
M_1 故障	A	X002	第三节传送带驱动电动机	M_3	Y002
M_2 故障	B	X003	第四节传送带驱动电动机	M_4	Y003
M_3 故障	C	X004			
M_4 故障	D	X005			

四节传送带控制 I/O 接线图如图 2-27 所示。

3. 顺序功能图

根据控制要求,四节传送带控制系统为 4 个分支的选择序列顺序控制,其顺序功能图如图 2-28 所示。

4. 编制程序

利用步进指令将顺序功能图转换为梯形图,如图 2-29 所示。

5. 调试运行

利用 GX Developer 编程软件将编写的梯形图程序写入 PLC,按照图 2-27 进行 PLC 输入、输

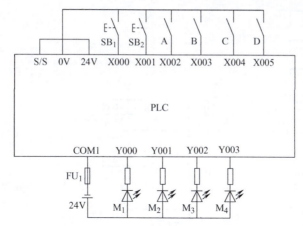

图 2-27　四节传送带控制 I/O 接线图

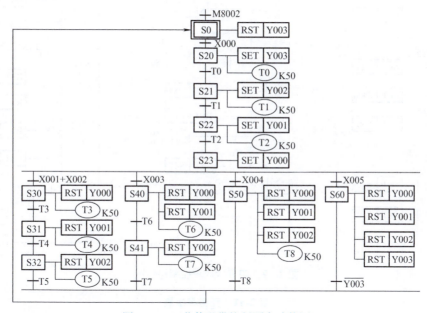

图 2-28　四节传送带控制顺序功能图

出端接线，并将模式选择开关拨至 RUN 状态。

当 PLC 运行时，可以使用 GX Developer 编程软件中的监视功能监视整个程序的运行过程，以便调试程序。在 GX Developer 编程软件上，选择菜单命令"在线"→"监视"→"开始监视"，可以全画面监控 PLC 的运行，此时可以观察到定时器的当前值会随着程序的运行而动态变化，得电动作的线圈和闭合的触点会变蓝。借助 GX Developer 编程软件的监视功能，可以检查哪些线圈和触点该动作而没有动作，从而为进一步修改程序提供帮助。

（四）分析与思考

1）本任务中，如果传送带发生故障停止的延时时间改为 6s，其程序应如何编制？
2）如果用基本指令，本任务程序应如何编制？

四、任务考核

本任务实施考核见表 2-11。

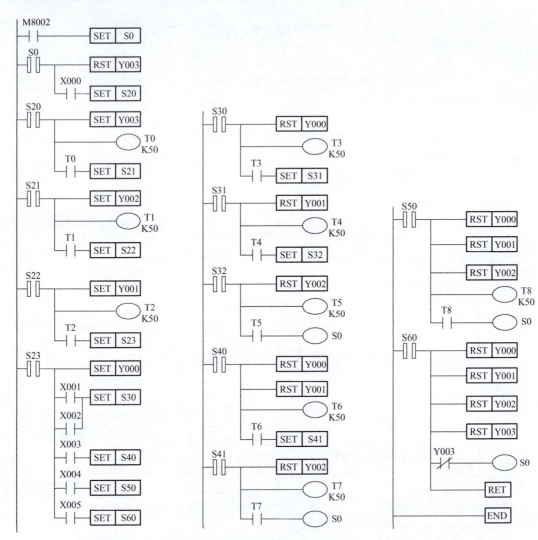

图 2-29 四节传送带控制梯形图

表 2-11 任务考核表

序号	考核内容	考核要求	评分标准	配分	得分
1	电路及程序设计	1) 能正确分配 I/O, 并绘制 I/O 接线图 2) 根据控制要求, 正确编制梯形图程序	1) I/O 分配错或少, 每个扣 5 分 2) I/O 接线图设计不全或有错, 每处扣 5 分 3) 梯形图表达不正确或画法不规范, 每处扣 5 分	40 分	
2	安装与连线	根据 I/O 分配, 正确连接电路	1) 连线错, 每处扣 5 分 2) 损坏元器件, 每只扣 5~10 分 3) 损坏连接线, 每根扣 5~10 分	20 分	
3	调试与运行	能熟练使用编程软件编制程序写入 PLC, 并按要求调试运行	1) 不会熟练使用编程软件进行梯形图的编辑、修改、转换、写入及监视, 每项扣 2 分 2) 不能按照控制要求完成相应的功能, 每缺一项扣 5 分	20 分	
4	安全操作	确保人身和设备安全	违反安全文明操作规程, 扣 10~20 分	20 分	
5	合 计				

五、知识拓展——利用 GX Developer 编程软件编制 SFC 程序

1. 新建工程

打开 GX Developer 软件界面，选择菜单命令"工程"→"创建新工程"执行，弹出图 2-30 所示"创建新工程"对话框，选择"PLC 系列"为"FX-CPU"，"PLC 类型"为"FX3U（C）"，"程序类型"为"SFC"，并设置"工程名"和"驱动器/路径"。单击"确定"按钮，新工程创建完成。

2. 梯形图块编辑

（1）建立梯形图块 新工程创建完毕，进入图 2-31 所示程序块设定界面，在此界面中设置项目程序块。在 SFC 程序中至少包含 1 个梯形图块和 1 个 SFC 块。新建时必须从 No.0 开始，块之间必须连续，否则不能转换，并且要注意相邻块不能同时为梯形图块，

图 2-30 "创建新工程"对话框

如果同时为梯形图块，可将连续的梯形图块合并为一个梯形图块。下面以图 2-32 所示三相异步电动机正反转循环运行控制的顺序功能图为例，介绍 SFC 程序的编制方法。

图 2-31 程序块设置界面

图 2-32 顺序功能图可分为两个程序块：1 个梯形图块和 1 个 SFC 块。首先建立梯形图块，在图 2-31 中双击 No.0 栏，弹出如图 2-33 所示"块信息设置"对话框，在对话框"块标题"中输入"程序 A"，"块类型"选择"梯形图块"，单击"执行"按钮进入梯形图块编辑界面。

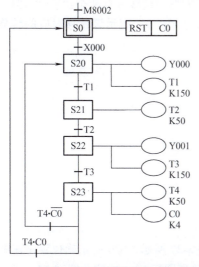

图 2-32 三相异步电动机正反转循环运行控制顺序功能图

图 2-33 "块信息设置"对话框

(2) 初始步激活程序编辑 如图 2-34 所示，梯形图块编辑界面有两个区：一个是指示需要编辑对应的初始步；另一个是梯形图编辑区，梯形图编辑区用来编辑梯形图。不管是梯形图块还是 SFC 程序的内置梯形图，都在这里编制。将光标移入梯形图编辑区，按图 2-32 编辑激活初始步梯形图部分程序（本例中只有置位初始步部分）。输入时可以使用梯形图输入方式或指令表输入方式，建议使用指令表输入方式。如果采用指令表输入，首先要选择菜单命令"显示"→"列表显示"执行，或单击工具栏梯形图/指令表显示切换图标 ，将梯形图编辑区切换至指令表编辑状态下。如果采用梯形图输入方式，程序编辑完成后需要对所编写程序进行变换。

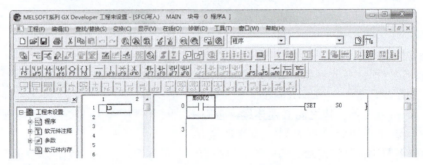

图 2-34 梯形图块编辑界面

3. SFC 块编辑

（1）建立 SFC 块 梯形图块编辑完毕，单击图 2-34 中菜单栏右侧的关闭按钮关闭当前界面，回到图 2-31 程序块设置界面，双击 No.1 栏，弹出图 2-35 所示的"块信息设置"对话框，在"块标题"框中输入"程序 B"，并在"块类型"选项中选择"SFC 块"，单击"执行"按钮建立 1 个 SFC 块。

图 2-35 "块信息设置"对话框

（2）构建状态转移框架 新建 SFC 块完成，即进入 SFC 块编辑界面，如图 2-36 所示。该界面有两个区：一个是 SFC 编辑区；一个是梯形图编辑区。SFC 编辑区用来编辑 SFC 块状态转移框架，而梯形图编辑区用来编辑 SFC 块内置梯形图。在 SFC 编辑区出现了表示初始状态的双线框、表示状态相连的有向连线，以及表示转移的横线。方框和横线旁有两个"？0"，第 1 个"？0"表示初始状态 S0 驱动处理梯形图还没有编辑，第 2 个"？0"表示该转移对应的转移条件梯形图还没有编辑。

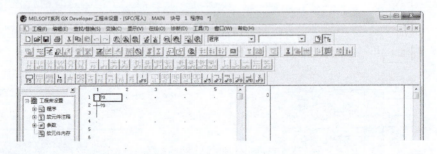

图 2-36 SFC 块编辑界面

1）添加状态。添加状态时，需选择正确的位置。如图 2-37 所示，S20 的正确位置是在图中蓝色框的位置，双击蓝色框区域，也可以单击工具栏上的状态图标 ，或按功能键 F5，或选择菜单命令"编辑"→"SFC 符号"→"[STEP] 步"执行，在弹出的"SFC 符号输入"对话框中，"图标号"选择"STEP"（"STEP"表示状态，"JUMP"表示跳转，"｜"表示竖线），编号由"10"改为"20"，单击"确定"按钮，即添加 S20 状态。

2）添加转移条件。添加完一个状态，再添加转移条件。如图 2-38 所示，双击蓝色框区域，也可以单击工具栏上的转移图标 ，或按功能键 F5，或选择菜单命令"编辑"→"SFC 符号"→"[TR] 转移"执行，在弹出的"SFC 符号输入"对话框中，"图标号"选择"TR"（"TR"表示转移条件，"－－D"表示选择分支，"＝＝D"表示并行分支，"－－C"表示选择合并，"＝＝C"表示并行合并，"｜"表示竖线），编号按顺序自动生成"1"，也可以修改，但不能重复，单击"确定"按钮，完成添加转移条件。

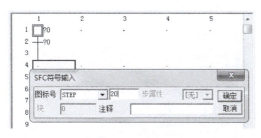

图 2-37　添加状态　　　　　　　　　图 2-38　添加转移条件

按照相同的方法，依次建立状态 S20～S23 和转移条件 TR1～TR3。

3）建立选择分支。在 S23 下建立一个选择分支，如图 2-39 所示，双击蓝色框区域，在弹出的"SFC 符号输入"对话框中，"图标号"选择"－－D"，编号输入"1"，也可以单击工具栏上的选择分支图标 ，或按功能键 F6，或选择菜单命令"编辑"→"SFC 符号"→"[－－D] 选择分支"执行，编号输入"1"，单击"确定"按钮，即建立了一个选择分支。

4）建立跳转目标。在图 2-40 中，首先按照上述方法建立第一分支的转移条件 TR4，然后再建立跳转目标 S0。单击工具栏上的跳转图标 ，或按功能键 F8，在弹出的"SFC 符号输入"对话框中只需输入跳转目标状态的编号"0"，单击"确定"按钮即可。完成后会看到有一转向箭头指向 0，同时，在初始状态 S0 的框中多了一个小黑点，说明该状态为跳转的目标状态，如图 2-41 所示。

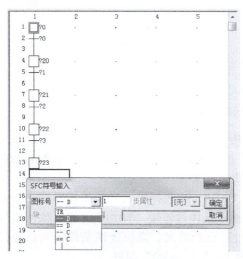 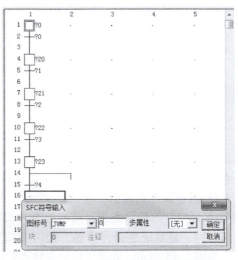

图 2-39　新建选择分支　　　　　　　图 2-40　新建第一分支转移条件和跳转目标

在图 2-41 中采用与第一分支相同的方法分别建立第二分支的转移条件和跳转目标，即完成转移框架的建立，如图 2-42 所示。

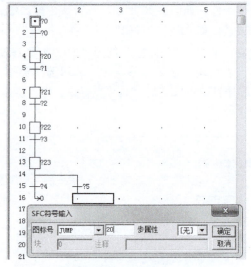

图 2-41　建立第二分支转移条件和跳转目标

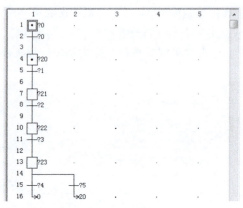

图 2-42　状态转移框架

（3）SFC 块内置梯形图编辑

1）输出的编辑。如图 2-43 所示，首先将 SFC 编辑区的蓝色编辑框定位在状态 0 右侧的"？0"位置，然后将光标移入梯形图编辑区单击，输入 S0 的驱动处理"RST　C0"，可以采用梯形图输入方式或指令表输入方式，若采用梯形图输入方式输入，在输入完成后需要进行变换，此时"？0"变为"0"，表示 S0 状态的驱动处理已经完成，如果该状态没有输出，则"？"存在，不会影响程序的执行。再把 SFC 编辑区蓝色编辑框定位在状态 0 下方"？0"位置，如图 2-44 所示。

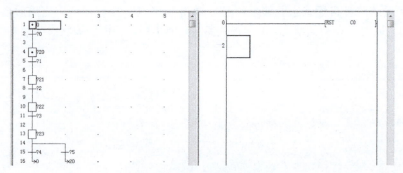

图 2-43　每一步输出的编辑

注意： 采用梯形图输入方式时，完成每一步输出的程序编辑后，均要对程序进行变换，若采用指令表方式输入，首先选择菜单命令"显示"→"列表显示"执行，将程序编辑区切换至指令表输入状态，再进行程序编辑，则编辑的程序不需要进行变换。

2）转移条件的编辑。在图 2-43 中，单击横线"？0"，将光标移入梯形图编辑区，输入 S0 转移到 S20 的转移条件，用梯形图方式编写时在输入条件后连接"TRAN"，表示该回路为转移条件，最后还要进行变换，此时横线旁边的"？"已经消失，说明转移条件输入已经完成，如图 2-44 所示。如果用指令表输入方式，直接输入"LD　X000"即可。

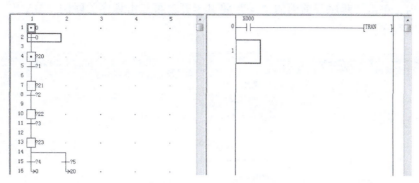

图 2-44 转移条件的编辑

注意：转移条件中不能有"?"存在，否则程序将不能变换。

其他状态的输出处理和转移条件的编辑方法基本相同，依次编写各状态的输出处理和转移（跳转）条件，完成整个程序的编写，此时 SFC 框架图上，所有步编号前面和所有转移条件前面的"?"均消失。

需要说明的是，前面构建 SFC 框架与编制 SFC 块内置梯形图的过程是分开进行的，主要目的是便于初学者掌握其方法和步骤，在今后利用 GX Developer 编程软件绘制 SFC 程序时可以将构建 SFC 框架与编制 SFC 块内置梯形图同步进行，即绘制一步 SFC 图后随即进行对应的输出处理编程，然后再进行转移条件的建立和转移条件的编辑。至此，SFC 程序编辑完成。

4. SFC 程序的整体变换

上面介绍的编程方法是梯形图块和 SFC 块的程序分开编制，整体 SFC 及其内置梯形图块并未串接在一起，因此，需要在 SFC 中对整个程序进行变换。程序编制完成后，退出编辑界面，回到块设置界面，选择菜单命令"变换"→"变换（编辑中所有程序）"，或单击工具栏上的程序变换/编译图标 执行即可。如图 2-45 所示，变换后的程序后面的字符为"-"，如果为"*"，则表示程序有误，需要进行修改。如果程序编辑完毕，"变换"菜单的下拉子菜单不可见，则表示程序已经完成变换（或不需要变换）。此时可直接保存 SFC 程序，也可以将 SFC 程序写入 PLC 并调试运行（对于 FX$_{3U}$ 系列 PLC 可以直接运行 SFC 程序）。

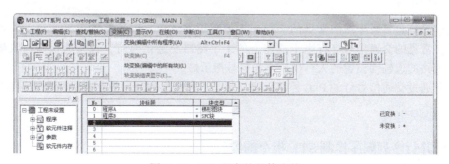

图 2-45 SFC 程序的整体变换

注意：如果 SFC 程序编制完成，但未进行整体变换，则一旦离开 SFC 编辑界面，刚刚编制完成的 SFC 及其内置梯形图将被删去。

5. SFC 程序与步进梯形图之间的转换

SFC 程序和步进梯形图之间可以相互转换。如图 2-46 所示，选择菜单命令"工程"→"编辑数据"→"改变数据类型"执行，弹出"改变程序类型"对话框，如图 2-47 所示，选择程序"梯形图"，单击"确定"按钮，即可完成程序类型的转换。转换后界面为灰色，此时可在工程数据列表栏内,单击"程序"前面的"+"将其展开,再双击程序关联的"MAIN",即出现转换后的梯形图程序。

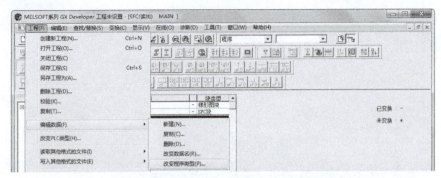

图 2-46 SFC 程序与步进梯形图之间的转换

步进梯形图和指令表之间也可以相互转换,转换时直接单击工具栏上的梯形图/指令表显示切换图标 就可以进行转换,SFC 程序要转换为指令表则需要先转换为步进梯形图,再转换为指令表。

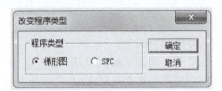

图 2-47 "改变程序类型"对话框

六、任务总结

本任务以四节传送带控制为载体,介绍了选择序列分支和汇合的编程方法;以大小球分拣控制为例,分析了步进梯形指令在选择序列顺序控制编程中的具体应用。在此基础上进行了四节传送带的 PLC 控制的程序编制、程序输入和调试运行。至此,单序列、选择序列顺序控制 STL 指令编程的方法已学习完毕。

任务三 十字路口交通信号灯的 PLC 控制

一、任务导入

交通信号灯是日常生活中常见的一种无人控制信号灯,它们的正常运行直接关系着交通的安全状况。常见的交通信号灯有主干道路上的十字路口交通信号灯,以及为保障行人横穿车道的安全和道路的通畅而设置的人行横道交通信号指示灯。

本任务通过交通信号灯的 PLC 控制,进一步学习并行序列顺序控制步进指令的编程方法。

二、知识链接

(一)并行序列顺序控制 STL 指令的编程
1. 并行分支与汇合的特点

并行分支与汇合是指同时并行处理多个分支流程。并行分支、汇合的顺序功能图如图 2-48a、b 所示。并行分支的三个单序列同时开始且同时结束,构成并行序列的每一分支的开始和结束处没有独立的转移条件,而是共用一个转移和转移条件,在顺序功能图上分别画在水平连线之上和之下。为了与选择序列的功能图相区别,并行序列功能图中分支、汇合处的横线画成双线。

注意:并行分支处的支路数不能超过 8 条。

2. 并行分支与汇合的编程

(1)并行分支的编程 并行分支的编程如图 2-49 所示,编程时,先进行负载驱动处理,然

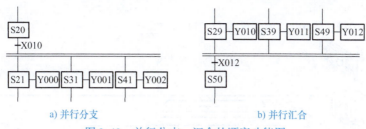

a) 并行分支　　　　　　　　　　　b) 并行汇合

图 2-48　并行分支、汇合的顺序功能图

后再进行转移处理。转移处理按从左到右的顺序依次进行，与单序列不同的是该处的转移目标有两个及以上。

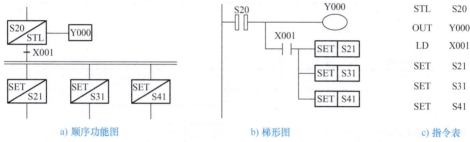

a) 顺序功能图　　　　　　b) 梯形图　　　　　　c) 指令表

图 2-49　并行分支的编程

(2) 并行汇合的编程　并行汇合的编程如图 2-50 所示，编程时，首先只执行汇合前的驱动处理，然后共同执行向汇合状态的转移处理。采用的方法是用并行分支最后一步的 STL 触点相串联来进行转移处理。由图 2-50b 可知，并行汇合处编程时采用 3 个 STL 触点串联再串接转移条件 X010 置位 S50，使 S50 成为活动步，从而实现并行序列的合并。在图 2-50c 指令表中，并行汇合处，连续 3 次使用 STL 指令。一般情况下，STL 指令最多只能连续使用 8 次。

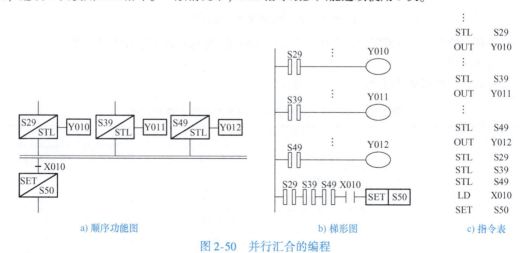

a) 顺序功能图　　　　　　b) 梯形图　　　　　　c) 指令表

图 2-50　并行汇合的编程

(二) 编程举例

按钮式人行横道交通信号灯示意图如图 2-51 所示。正常情况下，汽车通行，即 HL_3 绿灯亮、HL_5 红灯亮；当行人需要过马路时，按下按钮 SB_1（或 SB_2），30s 后车道交通灯的变化为绿→黄→红，当车道红灯亮时，人行道从红灯亮转为绿灯亮，15s 后人行道绿灯开始闪烁，闪烁 5 次后转入车道绿灯亮、人行道红灯亮。各方向交通信号灯工作的时序图如图 2-52 所示。

从交通信号灯的控制要求可知：人行道交通灯和车道交通灯是同时工作的，因此，它是一个

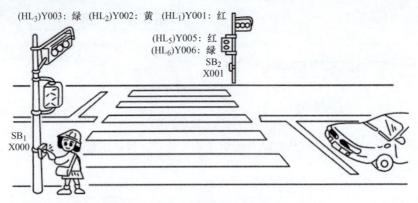

图 2-51　按钮式人行横道交通信号灯示意图

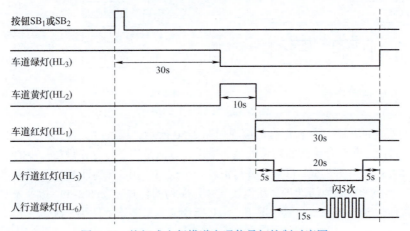

图 2-52　按钮式人行横道交通信号灯控制时序图

并行序列顺序控制，可以采用并行序列分支与汇合的编程方法编制交通灯控制程序。

1. I/O 分配

按钮式人行横道交通信号灯控制 I/O 分配见表 2-12。

表 2-12　按钮式人行横道交通信号灯控制 I/O 分配表

输入			输出		
设备名称	符号	X 元件编号	设备名称	符号	Y 元件编号
左起动按钮	SB_1	X000	车道红灯	HL_1	Y001
右起动按钮	SB_2	X001	车道黄灯	HL_2	Y002
			车道绿灯	HL_3	Y003
			人行道红灯	HL_5	Y005
			人行道绿灯	HL_6	Y006

2. I/O 接线图

按钮式人行横道交通信号灯控制 I/O 接线图如图 2-53 所示。

3. 顺序功能图

根据控制要求，按钮式人行横道交通信号灯控制系统是具有两个分支的并行序列，车道分支有绿灯亮 30s、黄灯亮 10s 和红灯亮 30s，共 3 步，人行道分支有红灯亮 45s、绿灯亮 15s、绿灯闪亮 5 次（绿灯不亮 0.5s、绿灯亮 0.5s）和红灯亮 5s，共 5 步，再加上初始步，绘制顺序功能图，如图 2-54 所示。

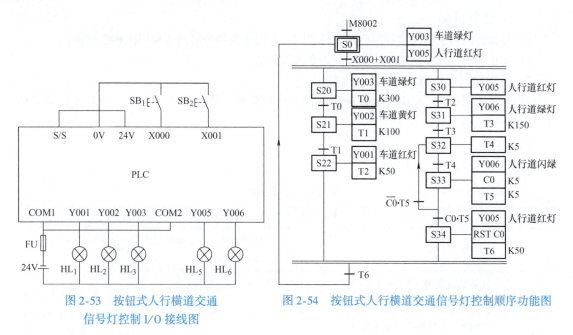

图 2-53　按钮式人行横道交通信号灯控制 I/O 接线图

图 2-54　按钮式人行横道交通信号灯控制顺序功能图

4. 编制程序

利用步进指令，将顺序功能图转换为梯形图，如图 2-55 所示。这里需要特别注意并行序列分支和汇合处的编程。

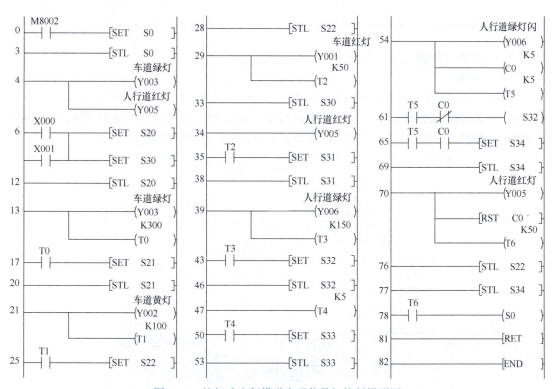

图 2-55　按钮式人行横道交通信号灯控制梯形图

三、任务实施

（一）任务目标

1) 根据控制要求绘制并行序列顺序功能图，并用步进指令转换成梯形图和指令表。
2) 初步学会并行序列顺序控制步进指令编程方法。
3) 学会 FX_{3U} 系列 PLC 的 I/O 接线方法。
4) 熟练使用三菱 GX Developer 编程软件进行步进指令程序输入，并写入 PLC 进行调试运行，查看运行结果。

（二）设备与器材

本任务所需设备与器材见表 2-13。

表 2-13　设备与器材

序号	名　称	符号	型号规格	数量	备注
1	常用电工工具		十字螺钉旋具、一字螺钉旋具、尖嘴钳、剥线钳等	1套	表中所列设备、器材的型号规格仅供参考
2	计算机（安装 GX Developer 编程软件）			1台	
3	THPFSL-2 网络型可编程序控制器综合实训装置			1台	
4	十字路口交通信号灯模拟控制挂件			1个	
5	连接导线			若干	

（三）内容与步骤

1. 任务要求

十字路口交通信号灯模拟控制面板如图 2-56 所示。信号灯由一个起动开关控制，当起动开关接通时，信号灯系统开始工作，且先东西红灯亮，南北绿灯亮；当起动开关断开时，信号灯系统完成一次循环后，所有信号灯熄灭。十字路口交通信号灯的变换规律见表 2-14。

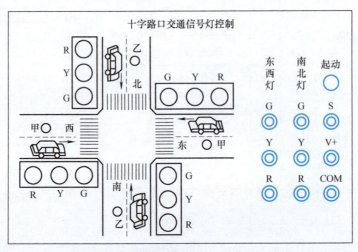

图 2-56　十字路口交通信号灯模拟控制面板

项目二　FX₃ᵤ系列PLC步进指令的应用　111

表 2-14　十字路口交通信号灯的变换规律

方向	信号				
南北方向	信号灯	绿灯（HL_{00}、HL_{01}）亮	绿灯（HL_{00}、HL_{01}）闪3次	黄灯（HL_{20}、HL_{21}）亮	红灯（HL_{40}、HL_{41}）亮
	时间/s	25	3	2	30
东西方向	信号灯	红灯（HL_{50}、HL_{51}）亮	绿灯（HL_{10}、HL_{11}）亮	绿灯（HL_{10}、HL_{11}）闪3次	黄灯（HL_{30}、HL_{31}）亮
	时间/s	30	25	3	2

在东西方向的红灯亮30s期间，南北方向的绿灯亮25s，后闪3次，共3s，然后绿灯灭，接着南北方向的黄灯亮2s，完成了半个循环；再转换成南北方向的红灯亮30s，在此期间，东西方向的绿灯亮25s，后闪3次，共3s，然后绿灯灭，接着东西方向的黄灯亮2s，完成一个周期，进入下一个循环。

2. I/O 分配与接线图

十字路口交通信号灯控制 I/O 分配见表 2-15。

表 2-15　十字路口交通信号灯控制 I/O 分配表

输入			输出		
设备名称	符号	X 元件编号	设备名称	符号	Y 元件编号
起动开关	S	X000	南北方向绿灯	HL_{00}、HL_{01}	Y000
			东西方向绿灯	HL_{10}、HL_{11}	Y001
			南北方向黄灯	HL_{20}、HL_{21}	Y002
			东西方向黄灯	HL_{30}、HL_{31}	Y003
			南北方向红灯	HL_{40}、HL_{41}	Y004
			东西方向红灯	HL_{50}、HL_{51}	Y005

十字路口交通信号灯控制 I/O 接线图如图 2-57 所示。

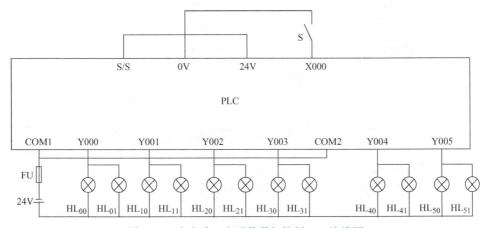

图 2-57　十字路口交通信号灯控制 I/O 接线图

3. 顺序功能图

根据控制要求，十字路口交通信号灯控制为 2 个分支的并行序列顺序控制。由表 2-14 交通信号灯变换规律可知，南北和东西两个方向都分为 5 步，其中闪亮用 2 步来表示，不亮 0.5s，亮

0.5s，并用一计数器计不亮和亮，即闪亮的次数，两个计数器的设定值均为3，闪亮3次是通过内部循环实现的，即利用计数器的当前值是否达到3，分出了两个选择，未达到3返回重复闪亮，达到3执行下一步，再加上初始步，整个控制过程共11步，绘制的顺序功能图如图2-58所示。

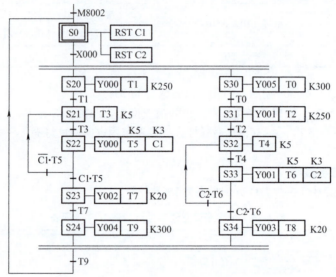

图 2-58 十字路口交通信号灯控制顺序功能图

4. 编制程序

利用步进指令将顺序功能图转换为梯形图，转换时一定要注意并行序列分支和汇合处的编程。梯形图如图2-59所示。

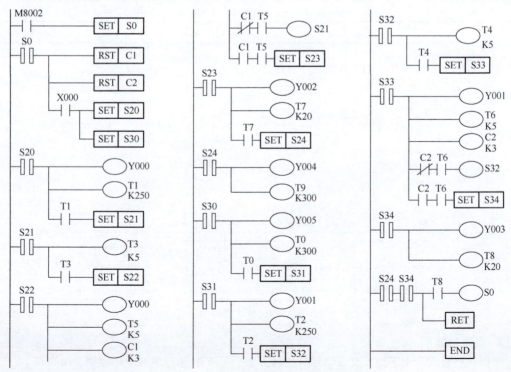

图 2-59 十字路口交通信号灯控制梯形图

5. 调试运行

利用 GX Developer 编程软件将编写的梯形图程序写入 PLC，按照图 2-57 进行 PLC 输入、输出端接线，调试运行，观察运行结果。

（四）分析与思考

1）如果用基本指令编程，十字路口交通灯控制梯形图应如何设计？
2）如果用单序列步进指令编程，十字路口交通灯控制程序应如何设计？

四、任务考核

本任务实施考核见表 2-16。

表 2-16 任务考核表

序号	考核内容	考核要求	评分标准	配分	得分
1	电路及程序设计	1）能正确分配 I/O，并绘制 I/O 接线图 2）根据控制要求，正确编制梯形图程序	1）I/O 分配错或少，每个扣 5 分 2）I/O 接线图设计不全或有错，每处扣 5 分 3）梯形图表达不正确或画法不规范，每处扣 5 分	40 分	
2	安装与连线	根据 I/O 分配，正确连接电路	1）连线错，每处扣 5 分 2）损坏元器件，每只扣 5~10 分 3）损坏连接线，每根扣 5~10 分	20 分	
3	调试与运行	能熟练使用编程软件编制程序写入 PLC，并按要求调试运行	1）不会熟练使用编程软件进行梯形图的编辑、修改、转换、写入及监视，每项扣 2 分 2）不能按照控制要求完成相应的功能，每缺一项扣 5 分	20 分	
4	安全操作	确保人身和设备安全	违反安全文明操作规程，扣 10~20 分	20 分	
5	合 计				

五、知识拓展——跳步、重复和循环序列编程

（一）部分重复的编程方法

某些情况下需要返回某个状态重复执行一段程序，可以采用部分重复的编程方法，如图 2-60 所示。

（二）同一分支内跳转的编程方法

在一条分支的执行过程中，由于某种原因需要跳过几个状态，执行下面的程序。此时，可以采用同一分支内跳转的编程方法，如图 2-61 所示。

（三）跳转到另一条分支的编程方法

某些情况下要求程序从一条分支的某个状态跳转到另一条分支的某个状态继续执行，此时可采用跳转到另一条分支的编程方法，如图 2-62 所示。

六、任务总结

本任务以十字路口交通信号灯为载体，介绍了并行序列分支和汇合的编程方法，然后以按

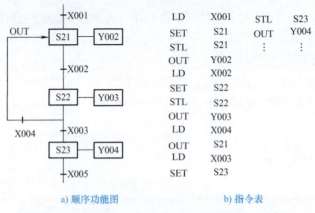

图 2-60　部分重复的编程方法

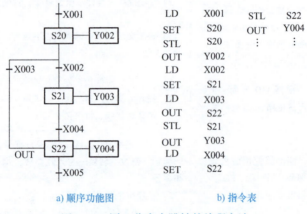

图 2-61　同一分支内跳转的编程方法

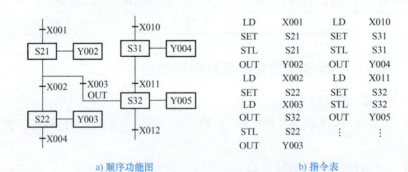

图 2-62　跳转到另一条分支的编程方法

钮式人行横道交通信号灯为例,分析了步进指令在并行序列编程中的具体应用。

梳理与总结

本项目通过三种液体混合的 PLC 控制、四节传送带的 PLC 控制、十字路口交通信号灯的 PLC 控制 3 个任务的学习与实践,达成掌握 FX_{3U} 系列 PLC 步进指令的编程应用。

1) 顺序功能图由步、有向连线、转移、转移条件和动作组成。顺序功能图的绘制是顺序控制设计法的关键,步进指令有步进梯形开始指令(STL)、步进返回指令(RET)2条。

2)顺序功能图的基本结构有单序列、选择序列和并行序列三种。

3)步进指令是 FX_{3U} 系列 PLC 专门用于具有顺序控制特点的系统设置的。在程序设计时,首先绘制顺序功能图,然后用步进指令和基本指令将功能图转换为梯形图,这种编程方法称为步进指令的编程方法。功能图转换为梯形图中的关键是每一步都是围绕驱动处理和转移处理这两个目标进行,而且是先进行驱动处理,后进行转移处理。每一步 STL 驱动的电路块一般都具有三个功能:驱动负载、指定转移条件和指定转移目标。

复习与提高

一、填空题

1. 顺序功能图组成的要素为_____、_____、_____、_____和_____。

2. 在顺序功能图中,转移实现必须满足的两个条件为_____和_____。

3. _____是构成顺序功能图的重要软元件,它必须与_____指令配合使用。

4. 与步进 STL 触点相连的触点应使用_____或_____指令。

5. 在顺序控制系统中,步进指令的编程原则是:先进行_____,后进行_____。转移处理是根据_____和转移_____实现向下一个状态的转移。

6. 顺序控制中,在运行开始时,必须使初始步激活成为活动步,一般可用_____或_____进行驱动。

7. FX_{3U} 系列 PLC 的状态继电器中,初始状态继电器为_____,通用状态继电器为_____。

8. 在使用步进指令编制步进梯形图时,若为顺序不连续转移(跳转),则不能使用 SET 指令进行状态转移,应改用_____指令进行状态转移。

9. 在步进梯形图中,对状态进行编程处理,必须使用_____,它表示这些处理(包括驱动、转移)均在该状态触点形成的_____上进行。

10. 在使用 GX Developer 编程软件编制 SFC 程序时,"TR"表示_____,"-- D"表示_____,"== D"表示_____,"-- C"表示_____,"== C"表示_____,"STEP"表示_____。

二、判断题

1. FX_{3U} 系列 PLC 步进指令中的每个状态继电器具有三个功能:负载驱动处理,指定转移条件,指定转移目标。(   )

2. 顺序控制中的选择序列指的是多个流程分支可同时执行的分支流程。(   )

3. 用 PLC 步进指令编程时,先分析控制过程,确定步进和转移条件,按规则画出顺序功能图;再根据顺序功能图画出梯形图;最后由梯形图写出指令表。(   )

4. 当状态继电器不用于步进顺序控制时,它可作为输出继电器用于程序中。(   )

5. 在步进触点后面的电路块中不允许使用主控或主控复位指令。(   )

6. 由于步进梯形指令具有主控和跳转作用,因此,不必每一条 STL 指令后面都加一条 RET 指令,只需在最后使用一条 RET 指令即可。(   )

7. 顺序控制程序中不允许出现双线圈输出。(   )

8. 顺序控制系统的 PLC 程序只能采用顺序功能图编写。(   )

9. 在步进梯形图中,一个SFC控制流程仅需一条RET指令,放在最后一个STL触点梯形图程序的最后一行。(   )

三、单项选择题

1. FX₃ᵤ系列PLC中步进梯形开始指令STL的目标元件是(   )。
   A. 输入继电器X   B. 输出继电器Y
   C. 状态继电器S   D. 辅助继电器M(特殊的辅助继电器除外)

2. FX₃ᵤ系列PLC中步进返回指令RET的功能是(   )。
   A. 程序的复位指令   B. 程序的结束指令
   C. 将步进触点由子母线返回到原来的左母线
   D. 将步进触点由左母线返回到原来的子母线

3. 下列不属于顺序功能图基本结构的是(   )。
   A. 单序列   B. 选择序列   C. 循环序列   D. 并行序列

4. (   )通常由初始步、一般步、有向连线、转移、转移条件和动作组成。
   A. 流程图   B. 顺序功能图   C. 梯形图   D. 功能块图

5. 在FX₃ᵤ系列PLC步进顺序控制中,SFC基本要素中的转移条件是(   )。
   A. 开关量信号   B. 组合逻辑开关信号   C. 状态开关信号   D. 模拟量信号

6. 在含有单序列SFC块的梯形图程序中,其(   )。
   A. 任何时候只有一个状态被激活   B. 任何时候只有两个状态同时被激活
   C. 任何时候可以有限个状态同时被激活   D. 任何时候同时被激活状态没有限制

7. FX₃ᵤ系列PLC的STL指令步进梯形图初始状态使用的软元件是(   )。
   A. S900～S999   B. S10～S19   C. S0～S9   D. S20～S499

8. FX₃ᵤ系列PLC的步进返回指令RET在SFC程序中的位置是(   )。
   A. END指令前   B. SFC程序流程最后   C. SFC程序任一位置   D. 初始状态后

9. 在步进梯形图中,当特殊辅助继电器M8040为ON后,则(   )。
   A. 停止程序运行   B. 停止输出执行
   C. 停止程序运行和输出执行   D. 停止状态转移

10. 在步进梯形图中,某一步状态的驱动处理应用"OUT Y000",则(   )。
    A. Y000驱动后将保持到被复位   B. Y000仅在本状态和下一状态中保持
    C. Y000仅在本状态中保持   D. Y000驱动后一直保持输出

11. (   )是转移条件满足时,同时执行几个分支,当所有分支都执行结束后,若转移条件满足,再转向汇合状态。
    A. 选择序列   B. 并行序列   C. 循环   D. 跳转

12. 在顺序功能图中,向前面状态进行转移的流程称为(   ),用箭头指向转移的目标状态。
    A. 选择序列   B. 并行序列   C. 循环   D. 跳转

四、简答题

1. 状态继电器分为哪几类?试收集资料并举例说明断电保护状态继电器的使用场合。
2. 什么是顺序功能图?它由哪几部分组成?顺序功能图分为哪几类?
3. 顺序控制中步的划分依据是什么?

五、程序转换题

试画出图2-63所示顺序功能图对应的梯形图。

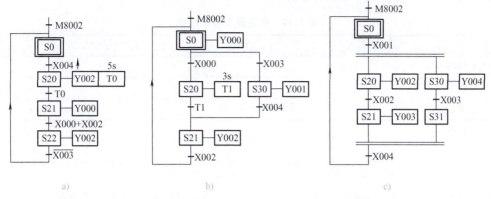

图 2-63 题五图

六、程序设计题

1. 试用步进指令编制三相异步电动机正反转控制的程序。

2. 试用步进指令编制三相异步电动机丫-△减压起停控制程序，假定三相异步电动机丫联结起动的时间为 10s。

3. 试用步进指令编制程序。要求：

1）按下起动按钮，电动机 M_1 立即起动，2s 后电动机 M_2 起动，再过 2s 后电动机 M_3 起动。

2）进入正常运行状态后，按下停止按钮，电动机 M_3 立即停止，5s 后电动机 M_2 停止，再过 1.5s 电动机 M_1 停止。不考虑起动过程的停止情况。

4. 设计一个汽车库自动门控制系统，具体控制要求：汽车到达车库门前，超声波开关接收到来车的信号，门电动机正转，门上升，当门升到顶点碰到上限位开关时，停止上升；汽车驶入车库后，光电开关发出信号，门电动机反转，门下降，当下降到下限位开关后，门电动机停止。试画出 PLC 控制的 I/O 接线图、顺序功能图及梯形图。

5. 两种液体混合控制，混合装置示意图如图 2-64 所示。控制要求如下：

1）在初始状态时，3 个容器都是空的，所有阀门均关闭，搅拌器未运行。

2）按下起动按钮，阀 1 和阀 2 得电运行，注入液体 A 和 B。

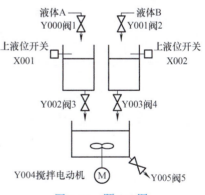

图 2-64 题 6-5 图

3）当两个容器的上液位开关闭合时，停止进料，开始放料。分别经过 3s（阀 3）、5s（阀 4）的延时，放料完毕。搅拌电动机开始工作，1min 后停止搅拌，混合液体开始放料（阀 5）。

4）10s 后，放料结束（关闭阀 5）。

试用步进指令设计控制程序。

6. 某液压动力滑台在初始状态时停在最左边，限位开关 SQ_1 接通，按下起动按钮 SB_1 后，动力滑台的进给运动如图 2-65 所示，工作一个循环后，返回并停在初始位置。电磁阀 $YV_1 \sim YV_4$ 的工作状态见表 2-17。试画出 PLC

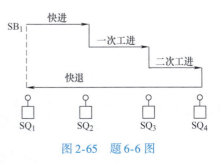

图 2-65 题 6-6 图

控制的 I/O 接线图、顺序功能图及梯形图。

表 2-17 电磁阀工作状态表

	YV_1	YV_2	YV_3	YV_4
进给	+	-	+	-
一次工进	+	-	-	-
二次工进	+	-	-	+
快退	-	+	-	-
停止	-	-	-	-

注：表中"+"表示电磁阀处于工作状态；"-"表示电磁阀处于非工作状态。

7. 用 PLC 控制工业洗衣机，要求按起动按钮后，洗衣机进水，当高位开关动作时，开始洗涤。先正向洗涤 20s，停 3s 后反向洗涤 20s，暂停 3s 后再正向洗涤 20s，停 3s，……，如此循环 3 次结束；然后排水，当水位下降到低水位时进行脱水（同时排水），脱水时间为 10s，完成一次大循环；经过 3 次大循环后，洗涤结束并报警，报警 6s 后自动停机。试绘制 PLC 控制的 I/O 接线图，并用步进指令设计其控制程序。

项目三　FX_{3U} 系列 PLC 常用功能指令的应用

教学目标	能力目标	1. 能分析较复杂的 PLC 控制系统 2. 能使用常用功能指令编制较简单的控制程序 3. 能使用 GX Developer 编程软件进行梯形图程序的输入 4. 能进行程序的离线和在线调试
	知识目标	1. 熟悉功能指令的基本格式 2. 掌握 FX_{3U} 系列 PLC 位元件和字元件的使用 3. 掌握常用功能指令的功能及编程应用
教学重点		传送与比较、循环与移位指令的编程
教学难点		四则运算、子程序调用指令的编程
教学方法、手段建议		采用项目教学法、任务驱动法、理实一体化教学法等开展教学。在教学过程中,教师讲授与学生讨论相结合,传统教学与信息化技术相结合,充分利用翻转课堂、微课等教学手段,将理论学习与实践操作融为一体,引导学生做中学、学中做,教、学、做合一
参考学时		24 学时

FX_{3U} 系列 PLC 除了基本指令和步进指令外,还有 209 条能完成各种功能的功能指令。下面将通过流水灯的 PLC 控制、8 站小车随机呼叫的 PLC 控制、抢答器的 PLC 控制、自动售货机的 PLC 控制 4 个任务介绍传送与比较、循环与移位、四则运算、子程序调用等常用功能指令的应用。

任务一　流水灯的 PLC 控制

一、任务导入

日常生活中经常看到广告牌上的各种彩灯在夜晚时灭时亮、有序变化,呈现出绚烂多姿的效果。本任务将以 8 组灯组成循环点亮的流水灯为例来分析如何通过 PLC 实现其控制。为此,首先学习功能指令的基本知识及应用。

二、知识链接

(一) 功能指令的表达形式

FX_{3U} 系列 PLC 的功能指令又称为应用指令,主要由助记符和操作数两部分组成。功能指令的表示形式与基本指令不同,一条基本指令只能完成一个特定操作,而一条功能指令却能完成一系列操作,相当于执行一个子程序,所以功能指令的功能强大,编程更简练,能用于运动控制、模拟量控制等场合。基本指令和梯形图符号之间是相互对应的,而功能指令采用梯形图和助记符相结合的形式,不含表达梯形图符号间相互关系的成分,而是直接表达本指令要做什么,也就是说,功能指令是一个能够实现某一特定功能的子程序。

1. 功能指令的编号和助记符

功能指令的表达形式如图 3-1 所示。

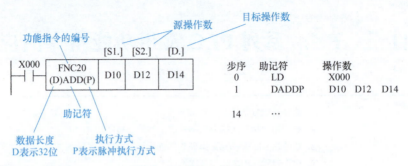

图 3-1　功能指令的表达形式

（1）功能指令的编号　FX₃ᵤ系列 PLC 功能指令的编号按 FNC0～FNC295 编制。

（2）助记符　功能指令的助记符又称为操作码，表示指令的功能，如 ADD、MOV 等。每一条功能指令都有一个编号和一个指令助记符，两者之间有严格的对应关系。

2. 数据长度及执行方式

（1）数据长度　功能指令可处理 16 位数据和 32 位数据，如图 3-2 所示。

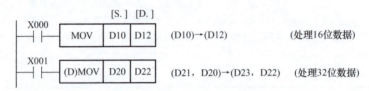

图 3-2　数据长度的表示方法

功能指令中，助记符前面加（D）（Double）表示 32 位数据，如（D）MOV。处理 32 位数据时，用元件号相邻的两个 16 位字元件组成，首地址用奇数、偶数均可，但建议首地址统一采用偶数编号。

需要说明的是，32 位计数器 C200～C255 的当前值寄存器不能用作 16 位数据的操作数，只能用作 32 位数据的操作数。

（2）执行方式　功能指令执行方式有连续执行方式和脉冲执行方式两种。

连续执行方式：每个扫描周期都重复执行一次。

脉冲执行方式：只在执行信号由 OFF→ON 时执行一次，在指令助记符后加（P）（Pulse）表示。

如图 3-3 所示，当 X000 为 ON 时，第一个逻辑行的指令在每个扫描周期都被重复执行一次。第二个逻辑行当 X001 由 OFF 变为 ON 时才有效，当 PLC 扫描到这一行时执行该传送指令。在不需要每个扫描周期都执行时，用脉冲执行方式可缩短程序处理时间。

对于上述两条指令，当 X000 和 X001 为 OFF 状态时，两条指令都不执行，目标操作数的内容保持不变，除非另行指定或使用其他指令使目标操作数的内容发生变化。

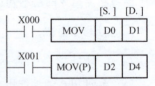

图 3-3　执行方式的表示方法

（D）和（P）可同时使用，如（D）MOV（P）表示 32 位数据的脉冲执行方式。另外，有些指令，如 XCH、INC、DEC、ALT 等，用连续执行方式时要特别留心。

3. 操作数

操作数指明参与操作的对象。操作数按功能分，有源操作数、目标操作数和其他操作数；按组成形式分，有位元件、位元件组合、字元件和常数。

(1) 源操作数 S 执行指令后数据不变的操作数。若使用变址功能时，表示为 [S.]，当源操作数不止 1 个时，可用 [S1.]、[S2.] 等表示。

(2) 目标操作数 D 执行指令后数据被刷新的操作数。若使用变址功能时，表示为 [D.]，当目标操作数不止 1 个时，可用 [D1.]、[D2.] 等表示。

(3) 其他操作数 m、n 补充注释的常数，用 K（十进制）和 H（十六进制）表示。两个或两个以上时可用 m1、m2、n1、n2 等表示。

（二）功能指令的数据结构

1. 位元件和字元件

(1) 位元件 只处理 ON 或 OFF 两种状态的元件称为位元件，如 X、Y、M、T、C、S、D□.b。

(2) 字元件 处理数据的元件称为字元件。一个字元件由 16 位二进制数组成，如定时器 T 和计数器 C 的当前值寄存器、数据寄存器 D、位组合元件等。字元件范围见表 3-1。

表 3-1 字元件范围

符　号	表　示　内　容
K4X	4 组输入继电器组合的字元件，也称为输入位元件组合
K4Y	4 组输出继电器组合的字元件，也称为输出位元件组合
K4M	4 组辅助继电器组合的字元件，也称为辅助位元件组合
K4S	4 组状态继电器组合的字元件，也称为状态位元件组合
T	定时器当前值寄存器
C	计数器当前值寄存器
D	数据寄存器
R	扩展寄存器
V、Z	变址寄存器
U□\G□	缓冲寄存器 BFM 字

需要说明的是，定时器 T 和计数器 C 具有双重性，它们的触点属于位元件，而设定值为字元件。

2. 位元件组合

位元件组合是通过多个位元件的组合进行数值处理，是 FX_{3U} 系列 PLC 通用的字元件。4 个连续位元件作为一个基本单元进行组合，称为位元件组合，代表 4 位 BCD 码，也表示 1 位十进制数，用 KnP 表示，K 为十进制常数的符号，n 为位元件组合的组数（n = 1 ~ 8），P 为位元件组合的起始编号位元件（首地址位元件），一般用 0 编号的元件。通常的表现形式为 KnX000、KnM0、KnS0、KnY000。

当一个 16 位数据传送到 K1M0、K2M0、K3M0 时，只传送相应的低位，高位数据溢出。

在处理一个 16 位操作数时，参与操作位元件组合由 K1 ~ K4 指定。若仅由 K1 ~ K3 指定，不足部分的高位作 0 处理，这意味着只能处理正数（符号位为 0）。

3. 文件寄存器（R）和扩展文件寄存器（ER）

文件寄存器（R）和扩展文件寄存器（ER）是 FX_{3U} 系列 PLC 特有的。文件寄存器（R）是对数据寄存器（D）的扩展，通过电池进行停电保持，FX_{3U} 系列 PLC 共有 32768 点文件寄存器（R0 ~ R32767）。而扩展文件寄存器（ER）是在 PLC 系统中使用了扩展的存储器盒时才可以使用的软元件，FX_{3U} 系列 PLC 共有 32768 点扩展文件寄存器（ER0 ~ ER32767）。使用存储器盒时，文件寄存器（R）的内容也可以保存在扩展文件寄存器（ER）中，而不必用电池保护。

文件寄存器（R）是一个 16 位的数据存储器，使用相邻的两个文件寄存器可以组成 32 位数据寄存器。扩展文件寄存器（ER）通常可以作为记录数据的保存位置和设定数据的保存位置使用，而且必须使用专用指令（FNC290~FNC295）进行操作才可以使用这种软元件。

4. 缓冲寄存器 BFM 字（U□\G□）

缓冲寄存器 BFM 字是缓冲寄存器的直接指定。FX$_{3U}$ 系列 PLC 读取缓冲存储器可用 FROM 和 TO 指令实现，还可以通过缓冲寄存器 BFM 字直接存取方式实现。缓冲寄存器 BFM 字表达形式为 U□\G□，其中，U□表示模块号，G□表示 BFM 通道号，如读取 0#模块 18#通道缓冲寄存器的值到 D0，可用指令 "MOV　U0\G18　D0" 完成。

5. 变址寄存器（V、Z）

变址寄存器（V、Z）用于改变操作数的地址，其作用是存放改变地址的数据。FX$_{3U}$ 系列 PLC 变址寄存器由 V0~V7、Z0~Z7 共 16 点 16 位变址寄存器构成。变址寄存器的使用如图 3-4 所示。

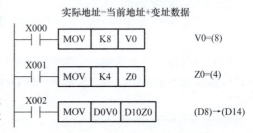

图 3-4　变址寄存器的使用

32 位数据运算时使用 V 和 Z 组合，V 为高 16 位，Z 为低 16 位，即 (V0, Z0)、(V1, Z1)、…、(V7, Z7)。通过修改变址寄存器的值，可以改变实际的操作数。变址寄存器也可以用来修改常数的值，例如，当 Z0 = 10 时，K30Z0 相当于常数 40。

（三）传送指令（MOV）

1. MOV 指令的使用要素

MOV 指令的名称、编号、位数、助记符、功能及操作数等使用要素见表 3-2。

表 3-2　MOV 指令的使用要素

指令名称	指令编号 （位数）	助记符	功能	操作数		程序步
				[S.]	[D.]	
传送	FNC12 (16/32)	MOV MOV (P)	将源操作数 [S.] 的数据送到指定的目标操作数 [D.] 中	K, H, KnX, KnY, KnM, KnS, T, C, D, R, U□\G□, V, Z	KnY, KnM, KnS, T, C, D, R, U□\G□, V, Z	5 步（16 位） 9 步（32 位）

2. MOV 指令的使用说明

1) MOV 指令将源操作数 [S.] 中的数据传送到目标操作数 [D.] 中去。
2) MOV 指令可以进行 32 位数据长度和脉冲型的操作。
3) 如果 [S.] 为十进制常数，执行该指令时自动转换成二进制数后再进行数据传送。
4) 当 X000 断开时，不执行 MOV 指令，数据保持不变。

3. MOV 指令的应用

MOV 指令的应用如图 3-5 所示。

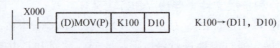

图 3-5　MOV 指令的应用

上面是一条 32 位脉冲型传送指令，当 X000 由 OFF 变为 ON 时，该指令执行的功能是把

K100 送入（D11，D10）中，即（D11，D10）= K100。在执行过程中，PLC 会将十进制常数 100 自动转换成二进制数写入（D11，D10）中。

（四）循环移位指令（ROR、ROL）

1. 循环移位指令（ROR、ROL）的使用要素

ROR、ROL 指令的名称、编号、位数、助记符、功能及操作数等使用要素见表 3-3。

表 3-3　ROR、ROL 指令的使用要素

指令名称	指令编号位数	助记符	功能	操作数 [D.]	n	程序步
循环右移	FNC30 (16/32)	ROR ROR（P）	使目标操作数的数据向右循环移 n 位	KnY, KnM, KnS, T, C, D, R, U□\G□, V, Z	K, H, D, R n≤16 (32)	5 步（16 位） 9 步（32 位）
循环左移	FNC31 (16/32)	ROL ROL（P）	使目标操作数的数据向左循环移 n 位			

2. ROR、ROL 指令的使用说明

1) 对于连续执行方式，在每个扫描周期都会进行一次循环移位动作，因此，ROR、ROL 指令在使用时，最好使用脉冲执行方式。

2) 当目标操作数采用位元件组合时，位元件的组数在 16 位指令中应为 K4，在 32 位指令时应为 K8，否则指令不能执行。

3) ROR、ROL 指令执行过程中，每次移出 [D.] 的低位（或高位）数据循环进入 [D.] 的高位（或低位），最后移出 [D.] 的那一位数值同时存入进位标志位 M8022 中。

3. ROR、ROL 指令的应用

图 3-6a 中，当 X000 由 OFF→ON 时，各数据向右循环移 3 位，即从高位移向低位，从低位移出的数据再循环进入高位，最后从最低位移出的"1"存入 M8022 中。

图 3-6b 中，当 X001 由 OFF→ON 时，各数据向左循环移 3 位，即从低位移向高位，从高位移出的数据再循环进入低位，最后从最高位移出的"1"存入 M8022 中。

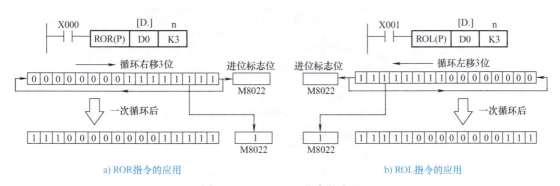

a) ROR指令的应用　　　　b) ROL指令的应用

图 3-6　ROR、ROL 指令的应用

三、任务实施

（一）任务目标

1) 熟练掌握循环移位指令和传送指令在程序中的应用。

2）学会 FX_{3U} 系列 PLC 的 I/O 接线方法。

3）根据控制要求编写梯形图程序。

4）熟练使用三菱 GX Developer 编程软件，编制梯形图程序并写入 PLC 进行调试运行，查看运行结果。

（二）设备与器材

本任务实施所需的设备与器材见表3-4。

表3-4 设备与器材

序号	名　　称	符号	型号规格	数量	备注
1	常用电工工具		十字螺钉旋具、一字螺钉旋具、尖嘴钳、剥线钳等	1套	表中所列设备、器材的型号规格仅供参考
2	计算机（安装 GX Developer 编程软件）			1台	
3	THPFSL-2 网络型可编程序控制器综合实训装置			1台	
4	流水灯模拟控制挂件			1个	
5	连接导线			若干	

（三）内容与步骤

1. 任务要求

8 组灯 $HL_1 \sim HL_8$ 组成的流水灯模拟控制面板如图3-7所示。按下起动按钮时，流水灯先以正序每隔1s依次点亮，即 $HL_1 \rightarrow HL_1$、$HL_2 \rightarrow HL_1$、HL_2、$HL_3 \rightarrow HL_1$、…，当8组灯全亮后，闪亮3s；然后以反序每隔1s依次点亮，即 $HL_8 \rightarrow HL_8$、$HL_7 \rightarrow HL_8$、HL_7、$HL_6 \rightarrow HL_8$、…，当 $HL_1 \sim HL_8$ 再亮后，闪亮3s，重复上述过程。当按下停止按钮时，流水灯立即熄灭。

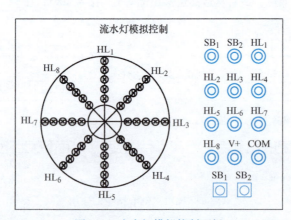

图3-7　流水灯模拟控制面板

2. I/O 分配与接线图

流水灯控制 I/O 分配见表3-5。

表 3-5 流水灯控制 I/O 分配表

输入			输出		
设备名称	符号	X 元件编号	设备名称	符号	Y 元件编号
起动按钮	SB_1	X000	流水灯 1	HL_1	Y000
停止按钮	SB_2	X001	流水灯 2	HL_2	Y001
			流水灯 3	HL_3	Y002
			流水灯 4	HL_4	Y003
			流水灯 5	HL_5	Y004
			流水灯 6	HL_6	Y005
			流水灯 7	HL_7	Y006
			流水灯 8	HL_8	Y007

流水灯控制 I/O 接线图如图 3-8 所示。

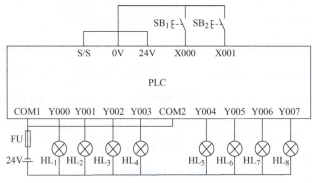

图 3-8　流水灯控制 I/O 接线图

3. 编制程序

根据控制要求编写梯形图程序，如图 3-9 所示。

4. 调试运行

利用 GX Developer 编程软件将编写的梯形图程序写入 PLC，按照图 3-8 进行 PLC 输入、输出端接线，调试运行，观察运行结果。

（四）分析与思考

1）在图 3-9 所示梯形图程序中，闪亮 3s 是如何实现的？8 组灯在闪亮时亮、灭各为多长时间？

2）在图 3-9 梯形图程序中，ROR、ROL 指令的目标操作数 K4Y000 能否改为 K2Y000？请说明理由。

3）如果本任务改为跑马灯的 PLC 控制，即 8 组灯每隔 1s 轮流点亮，其他条件不变，梯形图程序应如何编制？

四、任务考核

本任务实施考核见表 3-6。

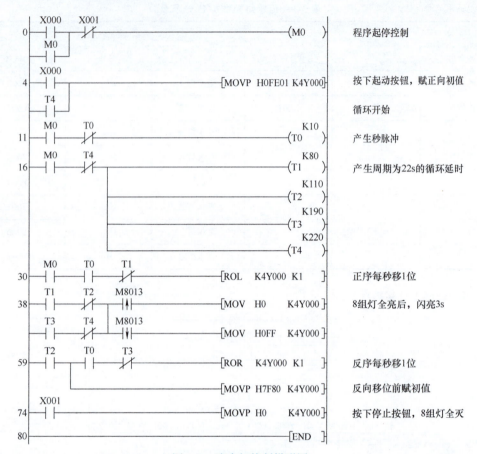

图 3-9 流水灯控制梯形图

表 3-6 任务考核表

序号	考核内容	考核要求	评分标准	配分	得分
1	电路及程序设计	1）能正确分配 I/O，并绘制 I/O 接线图 2）根据控制要求，正确编制梯形图程序	1）I/O 分配错或少，每个扣 5 分 2）I/O 接线图设计不全或有错，每处扣 5 分 3）梯形图表达不正确或画法不规范，每处扣 5 分	40 分	
2	安装与连线	根据 I/O 分配，正确连接电路	1）连线错，每处扣 5 分 2）损坏元器件，每只扣 5~10 分 3）损坏连接线，每根扣 5~10 分	20 分	
3	调试与运行	能熟练使用编程软件编制程序写入 PLC，并按要求调试运行	1）不会熟练使用编程软件进行梯形图的编辑、修改、转换、写入及监视，每项扣 2 分 2）不能按照控制要求完成相应的功能，每缺一项扣 5 分	20 分	
4	安全操作	确保人身和设备安全	违反安全文明操作规程，扣 10~20 分	20 分	
5	合　计				

五、知识拓展

（一）位移位指令（SFTR、SFTL）

1. SFTR、SFTL 指令的使用要素

SFTR、SFTL 指令的名称、编号、位数、助记符、功能及操作数等使用要素见表 3-7。

表 3-7 SFTR、SFTL 指令的使用要素

指令名称	指令编号（位数）	助记符	功能	操作数 [S.]	操作数 [D.]	操作数 n1	操作数 n2	程序步
位右移	FNC34（16）	SFTR SFTR（P）	将以[D.]为首地址的 n1 位位元件的状态向右移 n2 位，其高位由[S.]为首地址的 n2 位位元件的状态移入	X, Y, M, S, D□.b	Y, M, S	K, H	K, H, D, R	9 步
位左移	FNC35（16）	SFTL SFTL（P）	将以[D.]为首地址的 n1 位位元件的状态向左移 n2 位，其低位由[S.]为首地址的 n2 位位元件的状态移入					

2. SFTR、SFTL 指令的使用说明

1) SFTR、SFTL 指令的源操作数、目标操作数都是位元件，n1 指定目标操作数的长度，n2 指定源操作数的长度，也是移位的位数。

2) SFTR、SFTL 指令目标操作数的位元件不能为输入继电器（X）。

3) 移位数据的位数据长度和右（左）移的位点数 n2≤n1≤1024。

3. SFTR、SFTL 指令的应用

SFTR 指令和 SFTL 指令的应用如图 3-10 所示。

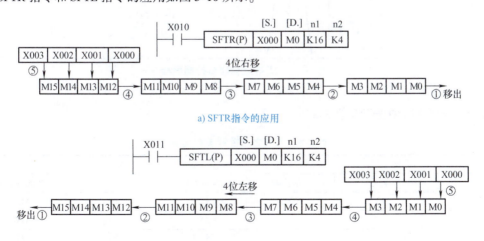

a) SFTR 指令的应用

b) SFTL 指令的应用

图 3-10 位移位指令的应用

图 3-10a 中，当 X010 由 OFF→ON 时，SFTR 指令（4 位 1 组）按以下顺序移位：X003 ~ X000→M15 ~ M12，M15 ~ M12→M11 ~ M8，M11 ~ M8→M7 ~ M4，M7 ~ M4→M3 ~ M0，M3 ~ M0 移出，即从高位移入，低位移出。

图 3-10b 中，当 X011 由 OFF→ON 时，SFTL 指令（4 位 1 组）按以下顺序移位：X003 ~ X000→M3 ~ M0，M3 ~ M0→M7 ~ M4，M7 ~ M4→M11 ~ M8，M11 ~ M8→M15 ~ M12，M15 ~ M12 移出，即从低位移入，高位移出。

（二）位移位指令的应用——天塔之光模拟控制

1. 控制要求

天塔之光模拟控制面板如图 3-11 所示。合上起动开关 S 后，系统会每隔 1s 按以下规律显示：HL_1→HL_1、HL_2→HL_1、HL_3→HL_1、HL_4→HL_1、HL_2→HL_1、HL_2→HL_1、HL_3→HL_1、HL_4→HL_1、HL_8→HL_1、HL_7→HL_1、HL_6→HL_1、HL_5→HL_1、HL_8→HL_1、HL_5→HL_1、HL_6→HL_1、HL_7→HL_1、HL_8→HL_1→HL_1、HL_1、HL_2、HL_3、HL_4→HL_1、HL_2、HL_3、HL_4、HL_5、HL_6、HL_7、HL_8→HL_1、……，如此循环，周而复始。断开起动开关系统立即停止。

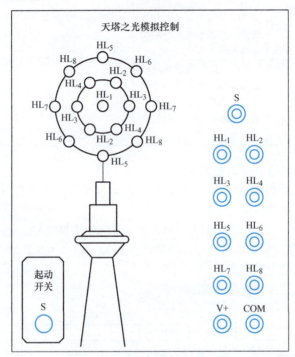

图 3-11 天塔之光模拟控制面板

2. I/O 分配

天塔之光控制 I/O 分配见表 3-8。

表 3-8 天塔之光控制 I/O 分配表

输　入			输　出		
设备名称	符号	X 元件编号	设备名称	符号	Y 元件编号
起动开关	S	X000	灯 1	HL_1	Y000
			灯 2	HL_2	Y001
			灯 3	HL_3	Y002
			灯 4	HL_4	Y003
			灯 5	HL_5	Y004
			灯 6	HL_6	Y005
			灯 7	HL_7	Y006
			灯 8	HL_8	Y007

3. 编制程序

根据控制要求编写梯形图，如图 3-12 所示。

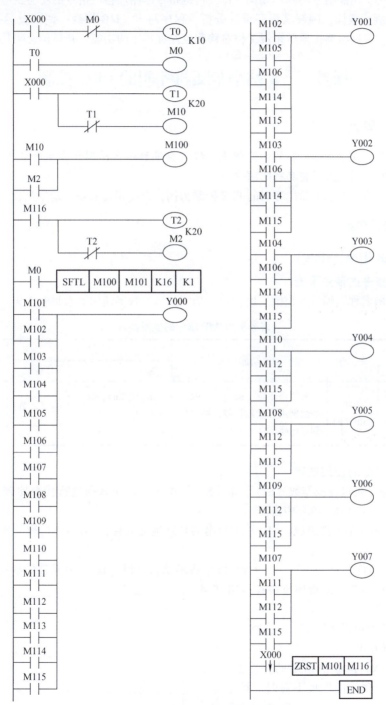

图 3-12　天塔之光模拟控制梯形图

4. 调试运行

利用 GX Developer 编程软件将编写的梯形图程序写入 PLC，按照表 3-8 的 I/O 分配进行 PLC 输入、输出端接线，调试运行，观察运行结果。

六、任务总结

本任务介绍了功能指令的基本知识,以及传送指令、循环移位指令的功能及应用;然后以流水灯的 PLC 控制为载体,围绕其程序设计分析、程序写入、I/O 接线、调试及运行开展任务实施,针对性强,目标明确;最后拓展了位右移和位左移指令的功能,并举例说明其具体的应用。

任务二　8 站小车随机呼叫的 PLC 控制

一、任务导入

在工业生产自动化程度较高的生产线上,经常会遇到一台送料车在生产线上根据各工位请求,前往相应的呼叫点进行装卸料的情况。
本任务以 8 站装料小车随机呼叫的 PLC 控制为例,介绍相关的功能指令及程序设计方法。

二、知识链接

(一) 比较指令 (CMP)

1. CMP 指令的使用要素

CMP 指令的名称、编号、位数、助记符、功能及操作数等使用要素见表 3-9。

表 3-9　CMP 指令的使用要素

指令名称	指令编号(位数)	助记符	功能	操作数			程序步
				[S1.]	[S2.]	[D.]	
比较	FNC10 (16/32)	CMP CMP (P)	将源操作数 [S1.]、[S2.] 的数据进行代数比较,结果送到目标操作数 [D.] 中	K, H, KnX, KnY, KnM, KnS, T, C, D, R, U□\G□, V, Z		Y, M, S, D□.b	7 步 (16 位) 13 步 (32 位)

2. CMP 指令的使用说明

1) CMP 指令是将源操作数 [S1.] 和 [S2.] 中的二进制数据进行代数比较,结果送到目标操作数 [D.] ~ [D.+2] 中去。

2) [D.] 由 3 个元件组成,[D.] 中给出的是首地址元件,[D.+1] 和 [D.+2] 为后面的相邻元件。

3) 当执行条件由 ON→OFF 时,CMP 指令将不执行,但 [D.] 中元件的状态将保持不变,如果要去除比较结果,需要用复位指令 RST 才能清除。

4) CMP 指令可以进行 16/32 位数据处理和连续/脉冲执行方式。

5) 如果 CMP 指令中指定的操作数不全、元件超出范围、软元件地址不对时,程序显示出错。

3. CMP 指令的应用

CMP 指令的应用如图 3-13 所示。
图 3-13 中所示的是 16 位连续型 CMP 指令,

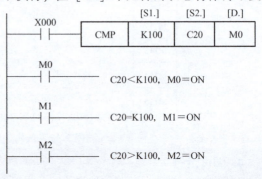

图 3-13　CMP 指令的应用

当 X000 为 ON 时,每一个扫描周期均执行一次比较,当计数器 C20 的当前值小于十进制常数 100 时,M0 闭合;当计数器 C20 的当前值等于十进制常数 100 时,M1 闭合;当计数器 C20 的当前值大于十进制常数 100 时,M2 闭合。当 X000 为 OFF 时,不执行 CMP 指令,但 M0、M1、M2 的状态保持不变。

(二) 区间比较指令 (ZCP)

1. ZCP 指令的使用要素

ZCP 指令的名称、编号、位数、助记符、功能及操作数等使用要素见表 3-10。

表 3-10 ZCP 指令的使用要素

指令名称	指令编号（位数）	助记符	功能	操作数				程序步
				[S1.]	[S2.]	[S.]	[D.]	
区间比较	FNC11 (16/32)	ZCP ZCP (P)	将一个源操作数 [S.] 与两个源操作数 [S1.] 和 [S2.] 的数据进行代数比较,结果送到目标操作数 [D.] 中	K,H,KnX,KnY,KnM,KnS,T,C,D,R,U□\G□,V,Z			Y,M,S,D□.b	9 步 (16 位) 17 步 (32 位)

2. ZCP 指令的使用说明

1) ZCP 指令是将源操作数 [S.] 的数据和两个源操作数 [S1.] 和 [S2.] 的数据进行比较,结果送到 [D.] 中。[D.] 由 3 个元件组成,[D.] 中为三个相邻元件的首地址元件。

2) ZCP 指令为二进制代数比较,并且 [S1.] < [S2.],如果 [S1.] > [S2.],则把 [S1.] 视为 [S2.] 处理。

3) 当执行条件由 ON→OFF 时,不执行 ZCP 指令,但 [D.] 中元件的状态保持不变,若要去除比较结果,需要用复位指令 RST 才能清除。

4) ZCP 指令可以进行 16/32 位数据处理和连续/脉冲执行方式。

3. ZCP 指令的应用

ZCP 指令的应用如图 3-14 所示。

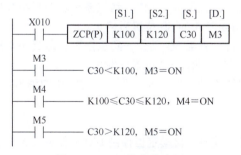

图 3-14 ZCP 指令的应用

图 3-14 中所示的是 16 位脉冲型 ZCP 指令,当 X010 由 OFF→ON 时,执行一次区间比较,当计数器 C30 的当前值小于十进制常数 100 时,M3 闭合;当计数器 C30 的当前值大于等于十进制常数 100 且小于等于十进制常数 120 时,M4 闭合;当计数器 C30 的当前值大于十进制常数 120 时,M5 闭合。当 X010 为 OFF 时,不执行 ZCP 指令,但 M3、M4、M5 的状态保持不变。

(三) 区间复位指令 (ZRST)

1. ZRST 指令的使用要素

ZRST 指令的名称、编号、位数、助记符、功能及操作数等使用要素见表 3-11。

表 3-11　ZRST 指令的使用要素

指令名称	指令编号（位数）	助记符	功能	操作数 [D1.]	操作数 [D2.]	程序步
区间复位	FNC40（16）	ZRST ZRST（P）	将目标操作数 [D1.] ~ [D2.] 指定元件编号范围内的同类元件成批复位	Y, M, S, T, C, D, R, U□\G□		5 步

2. ZRST 指令的使用说明

1）目标操作数 [D1.] 和 [D2.] 指定的元件为同类软元件，[D1.] 指定的元件编号应小于等于 [D2.] 指定的元件编号。若 [D1.] 指定的元件编号大于 [D2.] 指定的元件编号，则只有 [D1.] 指定的元件被复位。

2）单个位元件和字元件可以用 RST 指令复位。

3）ZRST 指令为 16 位处理指令，但是可在 [D1.] 和 [D2.] 中指定 32 位计数器。该指令不允许混合指定，即不能在 [D1.] 中指定 16 位计数器，而在 [D2.] 中指定 32 位计数器。

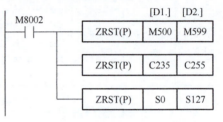

图 3-15　ZRST 指令的应用

3. ZRST 指令的应用

ZRST 指令的应用如图 3-15 所示。当 M8002 由 OFF→ON 时，执行区间复位指令。位元件 M500 ~ M599 成批复位，字元件 C235 ~ C255 成批复位，状态元件 S0 ~ S127 成批复位。

（四）应用举例

下面以小车自动选向、自动定位控制为例介绍相关指令的应用及程序设计。

某车间有 4 个工作台，小车往返于工作台之间选料。每个工作台设有一个限位开关（SQ）和一个呼叫按钮（SB）。具体控制要求如下：

1）初始时小车应停在 4 个工作台中的任意一个限位开关上。

2）设小车现暂停于 m 号工作台（此时 SQ_m 动作），此时 n 号工作台有呼叫（即 SB_n 动作）。

① 当 m > n 时，小车左行，直至 SQ_n 动作，到位停车。即当小车所停位置 SQ 的编号大于呼叫的 SB 的编号时，小车左行至呼叫的 SB 位置后停止。

② 当 m < n 时，小车右行，直至 SQ_n 动作，到位停车。即当小车所停位置 SQ 的编号小于呼叫的 SB 的编号时，小车右行至呼叫的 SB 位置后停止。

③ 当 m = n 时，小车原地不动。即当小车所停位置 SQ 的编号与呼叫的 SB 的编号相同时，小车不动作。

1. I/O 分配

根据控制要求，小车自动选向、自动定位控制 I/O 分配见表 3-12。

表 3-12　小车自动选向、自动定位控制 I/O 分配表

输入			输出		
设备名称	符号	X 元件编号	设备名称	符号	Y 元件编号
1#限位开关	SQ_1	X000	小车左行控制接触器	KM_1	Y000
2#限位开关	SQ_2	X001	小车右行控制接触器	KM_2	Y001
3#限位开关	SQ_3	X002			
4#限位开关	SQ_4	X003			

项目三　FX₃ᵤ系列PLC常用功能指令的应用

(续)

输入			输出		
设备名称	符号	X元件编号	设备名称	符号	Y元件编号
1#呼叫按钮	SB₁	X004			
2#呼叫按钮	SB₂	X005			
3#呼叫按钮	SB₃	X006			
4#呼叫按钮	SB₄	X007			

2. 编制程序

由控制要求可知，小车要实现自动选择运动方向和自动定位控制，首先要判断小车是否停在某一工作台，采用各工作台限位开关对应的输入继电器的位元件组合与十进制常数 0 进行比较，若小车停在某一工作台，则一定满足 K1X000 > K0，并将小车停在某工作台的位组合元件的值通过传送指令送入数据寄存器中；然后判断是否有工作台呼叫，采用各工作台呼叫按钮对应的输入继电器的位元件组合与十进制常数 0 进行比较，若有工作台呼叫，则一定满足 K1X004 > K0，并将工作台呼叫的位组合元件的值通过传送指令送入数据寄存器中。在判断小车停在某一工作台上，并且有某一工作台呼叫的条件下，将两数据寄存器的值进行比较，来判定小车的运动方向。梯形图程序如图 3-16 所示。

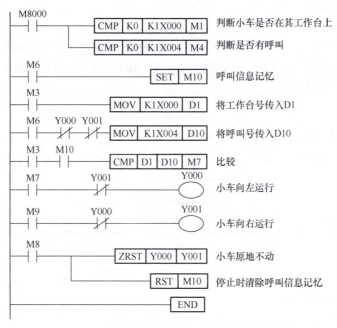

图 3-16　小车自动选向、自动定位控制梯形图

三、任务实施

（一）任务目标

1) 熟练掌握比较指令和传送指令在程序中的应用。
2) 根据控制要求编制梯形图程序。
3) 学会 FX₃ᵤ 系列 PLC 的 I/O 接线方法。

4）熟练使用三菱 GX Developer 编程软件，编制梯形图程序并写入 PLC 进行调试运行，查看运行结果。

（二）设备与器材

本任务实施所需设备与器材见表 3-13。

表 3-13　设备与器材

序号	名　称	符号	型号规格	数量	备注
1	常用电工工具		十字螺钉旋具、一字螺钉旋具、尖嘴钳、剥线钳等	1套	表中所列设备、器材的型号规格仅供参考
2	计算机（安装 GX Developer 编程软件）			1台	
3	THPFSL-2 网络型可编程序控制器综合实训装置			1台	
4	8站小车随机呼叫模拟控制挂件			1个	
5	连接导线			若干	

（三）内容与步骤

1. 任务要求

某车间有8个工作台，送料车往返于工作台之间送料，其模拟控制面板如图 3-17 所示。每个工作台设有一个限位开关（SQ）和一个呼叫按钮（SB）。具体控制要求如下：

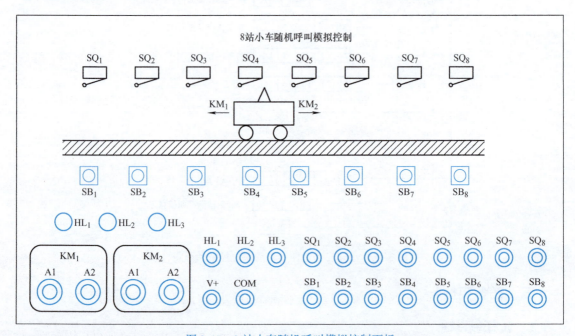

图 3-17　8 站小车随机呼叫模拟控制面板

1）送料车开始应能停留在 8 个工作台中任意一个限位开关的位置上。

2）设送料车现暂停于 m 号工作台（SQ_m 为 ON）处，此时 n 号工作台呼叫（SB_n 为 ON），当

m>n 时,送料车左行,直至 SQ$_n$ 动作,到位停车。即送料车所停位置 SQ 的编号大于呼叫按钮 SB 的编号时,送料车左行至呼叫位置后停止。

3) 当 m<n 时,送料车右行,直至 SQ$_n$ 动作,到位停车。

4) 当 m=n 时,即小车所停位置 SQ 的编号等于呼叫按钮 SB 的编号时,送料车原位不动。

5) 小车运行时呼叫无效。

6) 具有左行、右行指示,原位不动指示。

2. I/O 分配与接线图

8 站小车随机呼叫控制 I/O 分配见表 3-14。

表 3-14 8 站小车随机呼叫控制 I/O 分配表

输入			输出		
设备名称	符号	X 元件编号	设备名称	符号	Y 元件编号
1#限位开关	SQ$_1$	X000	小车左行控制接触器	KM$_1$	Y000
2#限位开关	SQ$_2$	X001	小车右行控制接触器	KM$_2$	Y001
⋮	⋮	⋮	小车左行指示	HL$_1$	Y004
7#限位开关	SQ$_7$	X006	小车右行指示	HL$_2$	Y005
8#限位开关	SQ$_8$	X007	小车原位指示	HL$_3$	Y006
1#呼叫按钮	SB$_1$	X010			
2#呼叫按钮	SB$_2$	X011			
⋮	⋮	⋮			
7#呼叫按钮	SB$_7$	X016			
8#呼叫按钮	SB$_8$	X017			

8 站小车随机呼叫控制 I/O 接线图如图 3-18 所示。

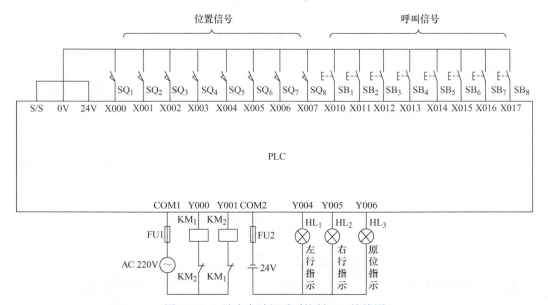

图 3-18 8 站小车随机呼叫控制 I/O 接线图

3. 编制程序

根据控制要求编写梯形图程序，如图 3-19 所示。

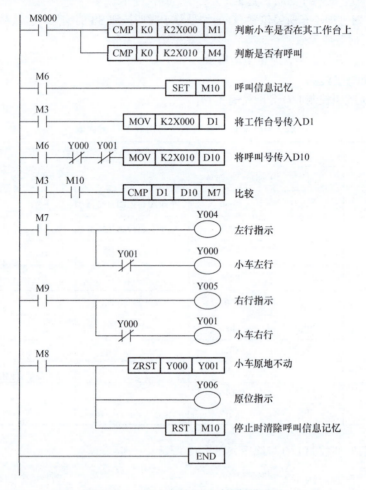

图 3-19　8 站小车随机呼叫控制梯形图

4. 调试运行

利用 GX Developer 编程软件将编写的梯形图程序写入 PLC，按照图 3-18 进行 PLC 输入、输出端接线，调试运行，观察运行结果。

（四）分析与思考

1）本任务程序中，判断小车呼叫前停止在某一工作台以及有某一工作台呼叫是如何实现的？

2）如果用基本指令编制梯形图，程序应如何编制？

3）本任务程序是否响应小车运行中的呼叫，如不响应，是如何实现的？

四、任务考核

本任务实施考核见表 3-15。

表 3-15 任务考核表

序号	考核内容	考核要求	评分标准	配分	得分
1	电路及程序设计	1）能正确分配 I/O，并绘制 I/O 接线图 2）根据控制要求，正确编制梯形图程序	1）I/O 分配错或少，每个扣 5 分 2）I/O 接线图设计不全或有错，每处扣 5 分 3）梯形图表达不正确或画法不规范，每处扣 5 分	40 分	
2	安装与连线	根据 I/O 分配，正确连接电路	1）连线错，每处扣 5 分 2）损坏元器件，每只扣 5~10 分 3）损坏连接线，每根扣 5~10 分	20 分	
3	调试与运行	能熟练使用编程软件编制程序写入 PLC，并按要求调试运行	1）不会熟练使用编程软件进行梯形图的编辑、修改、转换、写入及监视，每项扣 2 分 2）不能按照控制要求完成相应的功能，每缺一项扣 5 分	20 分	
4	安全操作	确保人身和设备安全	违反安全文明操作规程，扣 10~20 分	20 分	
5	合 计				

五、知识拓展

（一）触点比较指令

1. 触点比较指令的使用要素

触点比较指令的使用要素见表 3-16。

表 3-16 触点比较指令的使用要素

指令名称	指令编号（位数）	助记符	功能	操作数 [S1.]	操作数 [S2.]	程序步
取触点比较	FNC224 (16/32)	LD = LD(D) =	[S1.] = [S2.] 时起始触点接通	K, H, KnX, KnY, KnM, KnS, T, C, D, R, U□\G□, V, Z		LD = :5 步 LD(D) = :9 步
	FNC225 (16/32)	LD > LD(D) >	[S1.] > [S2.] 时起始触点接通			LD > :5 步 LD(D) > :9 步
	FNC226 (16/32)	LD < LD(D) <	[S1.] < [S2.] 时起始触点接通			LD < :5 步 LD(D) < :9 步
	FNC228 (16/32)	LD <> LD(D) <>	[S1.] ≠ [S2.] 时起始触点接通			LD <> :5 步 LD(D) <> :9 步
	FNC229 (16/32)	LD <= LD(D) <=	[S1.] ≤ [S2.] 时起始触点接通			LD <= :5 步 LD(D) <= :9 步
	FNC230 (16/32)	LD >= LD(D) >=	[S1.] ≥ [S2.] 时起始触点接通			LD >= :5 步 LD(D) >= :9 步

（续）

指令名称	指令编号(位数)	助记符	功能	操作数 [S1.]	操作数 [S2.]	程序步
与触点比较	FNC232 (16/32)	AND = AND(D) =	[S1.] = [S2.]时串联触点接通	K, H, KnX, KnY, KnM, KnS, T, C, D, R, U□\G□, V, Z		AND = :5步 AND(D) = :9步
	FNC233 (16/32)	AND > AND(D) >	[S1.] > [S2.]时串联触点接通			AND > :5步 AND(D) > :9步
	FNC234 (16/32)	AND < AND(D) <	[S1.] < [S2.]时串联触点接通			AND < :5步 AND(D) < :9步
	FNC236 (16/32)	AND <> AND(D) <>	[S1.] ≠ [S2.]时串联触点接通			AND <> :5步 AND(D) <> :9步
	FNC237 (16/32)	AND <= AND(D) <=	[S1.] ≤ [S2.]时串联触点接通			AND <= :5步 AND(D) <= :9步
	FNC238 (16/32)	AND >= AND(D) >=	[S1.] ≥ [S2.]时串联触点接通			AND >= :5步 AND(D) >= :9步
或触点比较	FNC240 (16/32)	OR = OR(D) =	[S1.] = [S2.]时并联触点接通	K, H, KnX, KnY, KnM, KnS, T, C, D, R, U□\G□, V, Z		OR = ：5步 OR (D) = ：9步
	FNC241 (16/32)	OR > OR(D) >	[S1.] > [S2.]时并联触点接通			OR > ：5步 OR (D) > ：9步
	FNC242 (16/32)	OR < OR(D) <	[S1.] < [S2.]时并联触点接通			OR < ：5步 OR (D) < ：9步
	FNC244 (16/32)	OR <> OR(D) <>	[S1.] ≠ [S2.]时并联触点接通			OR <> ：5步 OR (D) <> ：9步
	FNC245 (16/32)	OR <= OR(D) <=	[S1.] ≤ [S2.]时并联触点接通			OR <= ：5步 OR (D) <= ：9步
	FNC246 (16/32)	OR >= OR(D) >=	[S1.] ≥ [S2.]时并联触点接通			OR >= ：5步 OR (D) >= ：9步

2. 触点比较指令的使用说明

1）触点比较指令 LD =、LD（D）=~ OR >=、OR（D）>=（FNC224~FNC246 共18条）用于将两个源操作数［S1.］、［S2.］的数据进行比较，根据比较结果决定触点的通断。

2）取触点比较指令和基本指令取指令类似，用于和左母线连接或用于分支中的第一个触点。

3）与触点比较指令和基本指令与指令类似，用于和前面的触点组和单触点串联。

4）或触点比较指令和基本指令或指令类似，用于和前面的触点组或单触点并联。

3. 触点比较指令的应用

触点比较指令的应用如图3-20所示。

在图3-20中，当C1的当前值等于100时该触点闭合，当D0的数值不等于-5时该触点闭合，当（D11，D10）的数值大于等于1000时该触点闭合。此时，在X000由OFF→ON时，Y000产生输出。

项目三　FX₃ᵤ系列PLC常用功能指令的应用

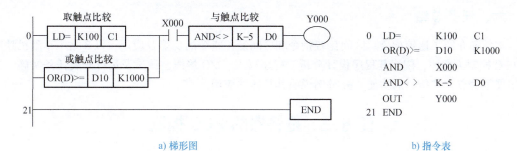

a) 梯形图　　　　　　　　　　　　　　　　　　　　b) 指令表

图 3-20　触点比较指令的应用

(二) 触点比较指令的应用——简易定时报时器程序

1. 控制要求

应用计数器与触点比较指令，构成24h可设定定时时间的控制器，15min为一设定定格，共96个时间定格。

控制器的控制要求：早上6：30，电铃（Y000）每秒响1次，6次后自动停止；9：00～17：00，起动住宅报警系统（Y001）；18：00开园内照明（Y002）；22：00关园内照明（Y002）。

2. I/O 分配

简易定时报时器控制I/O分配见表3-17。

表 3-17　简易定时报时器控制 I/O 分配表

输 入			输 出		
设备名称	符号	X元件编号	设备名称	符号	Y元件编号
起停开关	S₁	X000	电铃	HA	Y000
15min 快速调整开关	S₂	X001	住宅报警	HC	Y001
格数调整开关	S₃	X002	园内照明	HL	Y002

3. 编制程序

根据控制要求编制梯形图程序，如图3-21所示。

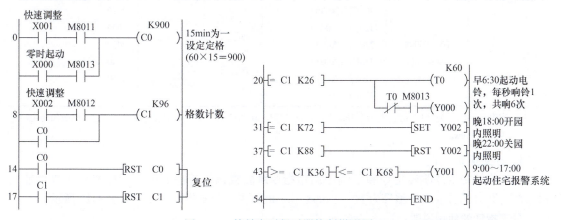

图 3-21　简易定时报时器控制梯形图

六、任务总结

本任务介绍了比较指令、区间比较指令和区间复位指令的功能及应用，以 8 站小车随机呼叫的 PLC 控制为载体，围绕其程序设计分析、程序写入、I/O 接线、调试及运行开展任务实施，最后拓展了触点比较指令的功能，并举例说明其具体的应用。

任务三　抢答器的 PLC 控制

一、任务导入

在知识竞赛或其他比赛场合，经常使用快速抢答器。抢答器的设计方法与采用的元器件有很多种，可以采用数字电子技术中学过的各种门电路芯片与组合逻辑电路芯片搭建电路完成，也可以利用单片机为控制核心组成系统实现，还可以用 PLC 控制完成。在这里仅介绍利用 PLC 作为控制设备来实现抢答器的控制。

二、知识链接

（一）指针（P、I）

在执行 PLC 程序的过程中，当某条件满足时，需要跳过一段不需要执行的程序，或者调用一个子程序，或者执行制定的中断程序，此时需要用一操作标记来标明所操作的程序段，这一操作标记称为指针。

在 FX_{3U} 系列 PLC 中，指针用来指示分支指令的跳转目标和中断程序的入口标号，分为分支用指针（P）和中断用指针（I）两类，其中，中断用指针又可分为输入中断用指针、定时器中断用指针和计数器中断用指针三种，其编号均采用十进制数分配。

FX_{3U}、FX_{3UC} 系列 PLC 的指针种类及地址编号见表 3-18。

表 3-18　FX_{3U}、FX_{3UC} 系列 PLC 的指针种类及地址编号

PLC 系列	分支用指针	中断用指针		
		输入中断用指针	定时器中断用指针	计数器中断用指针
FX_{3U}、FX_{3UC}	P0 ~ P4095 4096 点	I00□（X000） I10□（X001） I20□（X002） I30□（X003） 6 点 I40□（X004） I50□（X005）	I6□□ I7□□　3 点 I8□□	I010 I020 I030 I040　6 点 I050 I060

注：表中当"□"为"1"时，表示上升沿中断；当"□"为"0"时，表示下降沿中断。"□□"内数值为定时范围 10~99ms。

1. 分支指针（P）

分支指针是条件跳转指令和子程序调用指令跳转或调用程序时的位置标签（入口地址）。FX_{3U} 系列 PLC 的分支指针编号为 P0 ~ P4095，共 4096 点。分支指针的使用如图 3-22 所示。

分支指针的使用说明：

1）指针 P63 为 END 指令跳转用特殊指针，当出现"CJ P63"时，驱动条件成立后，马上跳转到 END 指令处，执行 END 指令功能。因此，P63 不能作为程序入口地址标号进行编程。如果对标号 P63 编程，PLC 会发生程序错误并停止运行。

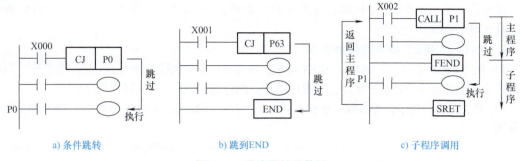

a) 条件跳转　　　　　b) 跳到END　　　　　c) 子程序调用

图 3-22　分支指针的使用

2）分支指针 P 必须和条件跳转指令 CJ 或子程序调用指令 CALL 组合使用。条件跳转时分支指针 P 在主程序区；子程序调用时分支指针 P 在子程序区。

3）在 GX Developer 编程软件上输入梯形图时，分支指针的输入方法为：找到需跳转的程序或调用的子程序首行，将光标移到该行左母线外侧，直接输入分支指针标号即可。

2. 中断指针（I）

中断指针用来指明某一中断源的中断程序入口，分为输入中断用指针、定时器中断用指针、计数器中断用指针。中断指针的使用如图 3-23 所示。

（1）输入中断用指针　只接收来自特定的输入地址号（X000～X005）的输入信号，而不受 PLC 扫描周期的影响。地址编号为 I00□（X000）、I10□（X001）、I20□（X002）、I30□（X003）、I40□（X004）、I50□（X005），共 6 点。

例如：指针 I100，表示输入 X001 从 ON→OFF 变化时，执行标号 I100 之后的中断程序，并由 IRET 指令结束该中断程序。

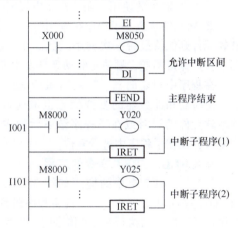

图 3-23　中断指针的使用

（2）定时器中断用指针　用于在各指定的中断循环时间（10～99ms）执行中断子程序。地址编号为 I6□□、I7□□、I8□□，共 3 点。

（3）计数器中断用指针　根据 PLC 内部的高速计数器的比较结果执行中断子程序，用于利用高速计数器优先处理计数结果的控制。地址编号为 I010、I020、I030、I040、I050、I060，共 6 点。

（二）子程序调用和子程序返回指令（CALL、SRET）

1. CALL、SRET 指令的使用要素

CALL、SRET 指令的使用要素见表 3-19。

表 3-19　CALL、SRET 指令的使用要素

指令名称	指令编号（位数）	助记符	功能	操作数 [D.]	程序步
子程序调用	FNC01（16）	CALL CALL（P）	当执行条件满足时，CALL 指令使程序跳到指针标号处，子程序被执行	P0～P62 P64～P4095	CALL、CALL（P）：3 步 标号 P：1 步
子程序返回	FNC02	SRET	返回主程序	无	1 步

注意：由于 P63 为 CJ（FNC00）专用（END 跳转），所以不可以作为 CALL（FNC01）指令的指针使用。

2. CALL、SRET 指令的使用说明

1）使用 CALL 指令，必须对应 SRET 指令。当 CALL 指令执行条件为 ON 时，指令使主程序跳到指令指定的标号处执行子程序，子程序结束，执行 SRET 指令后返回主程序。

2）为了区别主程序，将主程序排在前面，子程序排在后面，并以主程序结束指令 FEND 给予分隔。

3）各子程序用分支指针 P0 ~ P62、P64 ~ P4095 表示。条件跳转指令（CJ）用过的指针标号，子程序调用指令不能再用。不同位置的 CALL 指令可以调用同一指针的子程序，但指针的标号不能重复标记，即同一指针标号只能出现一次。

4）CALL 指令可以嵌套，但整体而言最多只允许 5 层嵌套，即在子程序内的调用子程序指令最多允许使用 4 次。

5）子程序内使用的软元件。

① 定时器 T 的使用。在子程序中规定使用的定时器为 T192 ~ T199 和 T246 ~ T249。

② 软元件状态。子程序在调用时，其中各软元件的状态受程序执行的控制。但当调用结束，其软元件则保持最后一次调用的状态不变，如果这些软元件的状态没有受到其他程序的控制，则会长期保持不变，哪怕是驱动条件发生变化，软元件状态也不会改变。

在程序中对定时器、计数器执行 RST 指令后，定时器和计数器的复位状态也被保持，对这些软元件编程时或在子程序结束后的主程序中复位，或在子程序中进行复位。

3. CALL、SRET 指令的应用

CALL、SRET 指令的应用如图 3-24 所示。当 X000 为 ON 时，CALL 指令使主程序跳到 P10 处执行子程序，当执行 SRET 指令时，返回到主程序，执行 CALL 指令的下一步，一直执行到主程序结束指令 FEND。

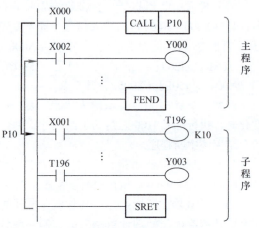

图 3-24 CALL、SRET 指令的应用

（三）主程序结束指令（FEND）

1. FEND 指令的使用要素

FEND 指令的使用要素见表 3-20。

表 3-20 FEND 指令的使用要素

指令名称	指令编号	助记符	功能	操作数	程序步
主程序结束	FNC06	FEND	表示主程序结束和子程序开始	无	1 步

2. FEND 指令的使用说明

1）FEND 指令表示主程序结束，子程序开始。程序执行到 FEND 指令时，进行输出处理、输入处理、监视定时器刷新，完成后返回第 0 步。

2）在使用 FEND 指令时应注意，子程序或中断子程序必须写在 FEND 指令与 END 指令之间。

3）在有跳转指令的程序中，用 FEND 指令作为主程序和跳转程序的结束。

4）在子程序调用指令（CALL）中，子程序应放在 FEND 之后且用 SRET 指令返回。

项目三　FX₃ᵤ系列PLC常用功能指令的应用　143

5）当主程序中有多个 FEND 指令时，副程序区的子程序和中断服务程序块必须写在最后一个 FEND 指令和 END 指令之间。

6）FEND 指令不能出现在 FOR……NEXT 循环程序中，也不能出现在子程序中，否则程序会出错。

3. FEND 指令的应用

FEND 指令的应用如图 3-25 所示。

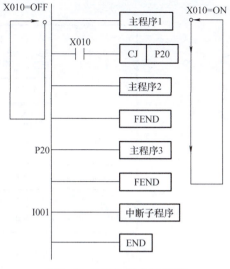

图 3-25　FEND 指令的应用

三、任务实施

（一）任务目标

1）熟练掌握指针、子程序调用、主程序结束等指令在程序中的应用。

2）学会 FX₃ᵤ 系列 PLC 的 I/O 接线方法。

3）根据控制要求编写梯形图程序。

4）熟练使用三菱 GX Developer 编程软件，编制梯形图程序并写入 PLC 进行调试运行，查看运行结果。

（二）设备与器材

本任务所需设备与器材见表 3-21。

表 3-21　设备与器材

序号	名　称	符号	型号规格	数量	备注
1	常用电工工具		十字螺钉旋具、一字螺钉旋具、尖嘴钳、剥线钳等	1套	表中所列设备、器材的型号规格仅供参考
2	计算机（安装 GX Developer 编程软件）			1台	
3	THPFSL-2 网络型可编程序控制器综合实训装置			1台	
4	抢答器模拟控制挂件			1个	
5	连接导线			若干	

（三）内容与步骤

1. 任务要求

某智力竞赛抢答器模拟控制面板如图 3-26 所示，有 3 支参赛队伍，分为儿童队（1号队）、学生队（2号队）、成人队（3号队），其中儿童队2人，成人队2人，学生队1人，主持人1人。在儿童队、学生队、成人队桌面上分别安装指示灯 HL_1、HL_2、HL_3，抢答按钮 SB_{11}、SB_{12}、SB_{21}、SB_{31}、SB_{32}，主持人桌面上安装允许抢答指示灯 HL_0 和抢答开始按钮 SB_0、复位按钮 SB_1。具体控制要求如下：

1）当主持人按下 SB_0 后，指示灯 HL_0 亮，表示抢答开始，参赛队方可开始按下抢答按钮抢答，否则抢答无效。

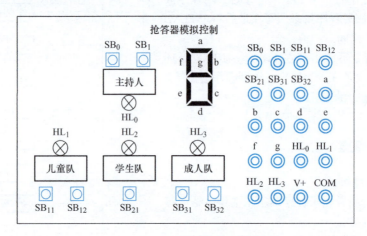

图 3-26　抢答器模拟控制面板

2）为了公平，要求儿童队只需 1 人按下按钮，其对应的指示灯亮，而成人队需要两人同时按下 2 个按钮对应的指示灯才亮。

3）当 1 个问题回答完毕，主持人按下 SB_1，系统复位。

4）某队抢答成功时，LED 数码管显示抢答队的编号并联锁，其他队抢答无效。

5）抢答开始后，时间超过 30s 仍无人抢答，此时指示灯 HL_0 以 1s 周期闪烁，提示抢答时间已过，此题作废。

2. I/O 分配与接线图

抢答器控制 I/O 分配见表 3-22。

表 3-22　抢答器控制 I/O 分配表

输入			输出		
设备名称	符号	X 元件编号	设备名称	符号	Y 元件编号
抢答开始按钮	SB_0	X000	7 段显示数码管	a~g	Y000~Y006
复位按钮	SB_1	X001	允许抢答指示灯	HL_0	Y010
儿童队抢答按钮 1	SB_{11}	X002	儿童队指示灯	HL_1	Y011
儿童队抢答按钮 2	SB_{12}	X003	学生队指示灯	HL_2	Y012
学生队抢答按钮	SB_{21}	X004	成人队指示灯	HL_3	Y013
成人队抢答按钮 1	SB_{31}	X005			
成人队抢答按钮 2	SB_{32}	X006			

抢答器控制 I/O 接线图如图 3-27 所示。

3. 编制程序

根据控制要求编写梯形图程序，如图 3-28 所示。

4. 调试运行

利用 GX Developer 编程软件将编写的梯形图程序写入 PLC，按照图 3-27 进行 PLC 输入、输出端接线，调试运行，观察运行结果。

（四）分析与思考

1）试分析抢答器梯形图程序中，抢答成功队队号显示编程的思路。

项目三　FX₃ᵤ系列PLC常用功能指令的应用

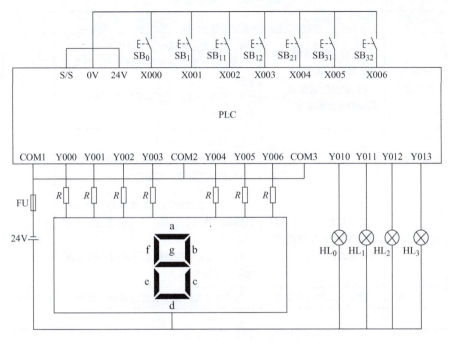

图 3-27　抢答器控制 I/O 接线图

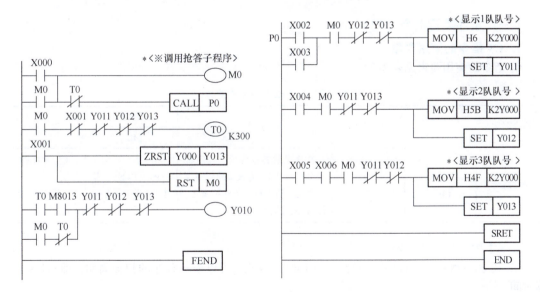

图 3-28　抢答器控制梯形图

2）本控制程序中，抢答开始后无人抢答，要求指示灯 HL_0 以 1s 周期闪烁。如果用两个定时器实现闪烁控制，程序应如何修改？

3）图 3-27 中，7 段数码管采用的是哪一种接线方式？

四、任务考核

本任务实施考核见表 3-23。

表 3-23　任务考核表

序号	考核内容	考核要求	评分标准	配分	得分
1	电路及程序设计	1）能正确分配 I/O，并绘制 I/O 接线图 2）根据控制要求，正确编制梯形图程序	1）I/O 分配错或少，每个扣 5 分 2）I/O 接线图设计不全或有错，每处扣 5 分 3）梯形图表达不正确或画法不规范，每处扣 5 分	40 分	
2	安装与连线	根据 I/O 分配，正确连接电路	1）连线错，每处扣 5 分 2）损坏元器件，每只扣 5~10 分 3）损坏连接线，每根扣 5~10 分	20 分	
3	调试与运行	能熟练使用编程软件编制程序写入 PLC，并按要求调试运行	1）不会熟练使用编程软件进行梯形图的编辑、修改、转换、写入及监视，每项扣 2 分 2）不能按照控制要求完成相应的功能，每缺一项扣 5 分	20 分	
4	安全操作	确保人身和设备安全	违反安全文明操作规程，扣 10~20 分	20 分	
5			合　计		

五、知识拓展

（一）条件跳转指令（CJ）

1. CJ 指令的使用要素

CJ 指令的使用要素见表 3-24。

表 3-24　CJ 指令的使用要素

指令名称	指令编号（位数）	助记符	功能	操作数 [D.]	程序步
条件跳转	FNC00（16）	CJ CJ（P）	在满足跳转条件后，程序将跳到以指针 Pn 为入口的程序段中执行，直到跳转条件不满足，跳转停止执行	P0~P4095，其中 P63 跳转到 END	CJ，CJ（P）：3 步 标号 P：1 步

2. CJ 指令的使用说明

1）CJ 指令跳过部分程序不执行（不扫描），因此，可以缩短程序的扫描周期，即程序的运算时间。

2）两条或多条 CJ 指令可以使用同一标号的指针，但必须注意：标号不能重复，如果使用了重复标号，则程序出错。

3）CJ 指令除了可以往后跳转外，也可以往前面的指针跳转，但必须注意：CJ 指令后的 END 指令将有可能无法扫描，因此会引起警告时钟出错。

4）当 CJ 指令跳转到程序的结束点 END 指令时，指针用 P63，但 END 指令处不标记分支指针 P63，否则程序出错。

5）CJ 指令可以采用连续和脉冲执行方式。

6）如果积算型定时器和计数器的 RST 指令在跳转程序之内，即使跳转程序生效，RST 指令仍然有效。

7）跳转区域的软元件状态变化。

① 位元件 Y、M、S 的状态将保持跳转前状态不变。

② 如果通用型定时器或普通计数器被驱动后发生跳转，则暂停计时和计数并保持当前值不变，跳转指令不执行时定时器或计数器继续工作。对于正在计时的通用定时器 T192～T199 跳转时仍继续计时。

③ 对于积算型定时器 T246～T255 和高速计数器 C225～C255，如果被驱动后再发生跳转，则即使该段程序被跳过，计时和计数仍然继续，其延时触点也能动作。

3. CJ 指令的应用

CJ 指令的应用如图 3-29 所示。当 X000 为 ON 时，每一个扫描周期，PLC 都将跳转到标号为 P0 处的程序执行；当 X000 为 OFF 时，不执行跳转，PLC 按顺序逐行扫描程序执行。

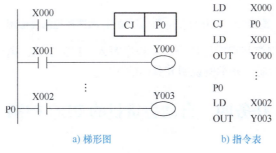

图 3-29 CJ 指令的应用

（二）三相异步电动机手动/自动选择控制程序

1. 控制要求

某台三相异步电动机具有手动/自动两种操作方式。SA 是操作方式选择开关，当 SA 断开时，选择手动操作方式；当 SA 闭合时，选择自动操作方式。两种操作方式如下：

手动操作方式：按起动按钮 SB_1，电动机起动运行；按停止按钮 SB_2，电动机停止。

自动操作方式：按起动按钮 SB_1，电动机连续运行 1min 后，自动停机，若按停止按钮 SB_2，电动机立即停机。

2. I/O 分配

三相异步电动机手动/自动选择控制 I/O 分配见表 3-25。

表 3-25 三相异步电动机手动/自动选择控制 I/O 分配表

输入			输出		
设备名称	符号	X 元件编号	设备名称	符号	Y 元件编号
起动按钮	SB_1	X001	交流接触器	KM	Y000
停止按钮	SB_2	X002			
选择开关	SA	X003			

3. 编制程序

三相异步电动机手动/自动选择控制梯形图如图 3-30 所示。

六、任务总结

本任务介绍了指针、主程序结束指令、子程序调用和子程序返回指令的功能及应用，以抢答

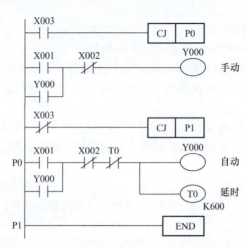

图 3-30　三相异步电动机手动/自动选择控制梯形图

器的 PLC 控制为载体，围绕其程序设计分析、程序写入、I/O 接线、调试及运行开展任务实施，最后拓展了跳转指令的功能，并举例说明其具体的应用。

任务四　自动售货机的 PLC 控制

一、任务导入

自动售货机是能根据投入的钱币自动付货的机器。自动售货机是商业自动化的常用设备，它不受时间、地点的限制，能节省人力、方便交易，是一种全新的商业零售形式，又被称为 24h 营业的微型超市。自动售货机可分为三种：饮料自动售货机、食品自动售货机和综合自动售货机。

本任务通过饮料自动售货机 PLC 控制的实现，学习相关功能指令的功能、程序的设计分析和调试运行。

二、知识链接

（一）加法与减法指令（ADD、SUB）

1. ADD、SUB 指令的使用要素

ADD、SUB 指令的名称、编号、位数、助记符、功能及操作数等使用要素见表 3-26。

表 3-26　ADD、SUB 指令的使用要素

指令名称	指令编号（位数）	助记符	功能	操作数			程序步数
				[S1.]	[S2.]	[D.]	
加法	FNC20（16/32）	ADD ADD（P）	将指定源操作数中的二进制数相加，结果送到指定的目标操作数中	K, H, KnX, KnY, KnM, KnS, T, C, D, R, U□\G□, V, Z		KnY, KnM, KnS, T, C, D, R, U□\G□, V, Z	7 步（16 位）
减法	FNC21（16/32）	SUB SUB（P）	将指定源操作数中的二进制数相减，结果送到指定的目标操作数中				13 步（32 位）

2. ADD、SUB 指令的使用说明

1) 各数据的最高位作为符号位（"0"为正，"1"为负），运算为二进制代数运算。

2) ADD、SUB 指令进行二进制数加减时，可以进行 16/32 位数据处理。16 位运算时，数据范围为 -32768 ~ +32767；32 位运算时，数据范围为 -2147483648 ~ +2147483647。

3) 如果运算结果为"0"，则零标志位 M8020 为"1"；如果运算结果小于 -32768（16 位运算）或 -2147483648（32 位运算），则借位标志位 M8021 为"1"；如果运算结果超过 32767（16 位运算）或 2147483647（32 位运算），则进位标志位 M8022 为"1"。在 32 位运算中，被指定的字元件是低 16 位元件，下一个连续编号的字元件为高 16 位元件。

4) ADD、SUB 指令可以采用连续/脉冲执行方式。

3. ADD、SUB 指令的应用

ADD、SUB 的应用如图 3-31 所示。当 X000 由 OFF→ON 时，执行 16 位加法运算，即（D0）+（D2）→（D4）。当 X001 为 ON 时，每一个扫描周期都执行一次 32 位减法运算，即（D11，D10）-（D13，D12）→（D15，D14）。

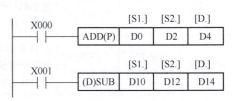

图 3-31 ADD、SUB 指令的应用

（二）7 段译码指令（SEGD）

1. SEGD 指令的使用要素

SEGD 指令的名称、编号、位数、助记符、功能及操作数等使用要素见表 3-27。

表 3-27 SEGD 指令的使用要素

指令名称	指令编号（位数）	助记符	功能	操作数 [S.]	操作数 [D.]	程序步数
7 段译码	FNC73（16）	SEGD SEGD（P）	将源操作数 [S.] 中指定元件的低 4 位所确定的十六进制数（0~F）进行译码，结果存于目标操作数 [D.] 指定元件低 8 位中，以驱动 7 段数码管，[D.] 的高 8 位保持不变	K,H,KnX,KnY,KnM,KnS,T,C,D,R,U□\G□,V,Z	KnY,KnM,KnS,T,C,D,R,U□\G□,V,Z	5 步

2. SEGD 指令的使用说明

1) SEGD 指令是对 4 位二进制数编码，若源操作数大于 4 位，则只对最低 4 位编码。

2) SEGD 指令的译码范围为 1 位十六进制数字 0~9、A~F。

3. SEGD 指令的应用

SEGD 指令的应用如图 3-32 所示。当 X000 闭合时，对十进制常数 5 执行 SEGD 指令，并将译码 H6D 存入输出位元件组合 K2Y000，即输出继电器 Y007~Y000 的位状态为 01101101。

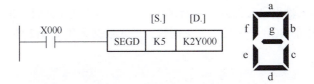

图 3-32 SEGD 指令的应用

（三）数据变换指令（BCD、BIN）

1. BCD、BIN 指令的使用要素

BCD、BIN 指令的名称、编号、位数、助记符、功能、操作数等使用要素见表 3-28。

表 3-28　BCD、BIN 指令的使用要素

指令名称	指令编号（位数）	助记符	功能	操作数 [S.]	操作数 [D.]	程序步数
BCD 转换	FNC18（16/32）	BCD BCD（P）	将源操作数 [S.] 中的二进制数转换成 BCD 码，结果送到 [D.] 中	KnX,KnY,KnM,KnS,T,C,D,R,U□\G□,V,Z	KnY,KnM,KnS,T,C,D,R,U□\G□,V,Z	5 步(16 位) 9 步(32 位)
BIN 转换	FNC19（16/32）	BIN BIN（P）	将源操作数 [S.] 中的 BCD 码转换成二进制数，结果送到 [D.] 中			

2. BCD、BIN 指令的使用说明

1）BCD 指令是将源操作数中的数据转换成 8421BCD 码存入目标操作数中。在目标操作数中每 4 位表示 1 位十进制数，从低位到高位分别表示个位、十位、百位、千位、……，16 位数表示的范围为 0～9999，32 位数表示的范围为 0～99999999。

2）BCD 指令常用于将 PLC 中的二进制数变换成 BCD 码输出驱动 LED 显示器。

3）BIN 指令是将源操作数中的 BCD 码转换成二进制数存入目标操作数中。常数 K、H 不能作为本指令的操作数。如果源操作数不是 BCD 码就会出错。BIN 指令常用于将 BCD 数字开关的设定值输入到 PLC 中。

在 PLC 中，参加运算和存储的数据无论是以十进制数形式输入还是以十六进制数形式输入，都是以二进制数的形式存在。如果直接使用 SEGD 指令对数据进行编码，则会出错。例如，十进制数 21 的二进制数形式为 0001 0101，对高 4 位应用 SEGD 指令编码，则得到"1"的 7 段显示码；对低 4 位应用 SEGD 指令编码，则得到"5"的 7 段显示码，显示的数码"15"是十六进制数，而不是十进制数 21。显然，要想显示"21"，就要先将二进制数 0001 0101 转换成反映十进制进位关系（即逢十进一）的 0010 0001，然后对高 4 位"2"和低 4 位"1"分别用 SEGD 指令编出 7 段显示码。

这种用二进制形式反映十进制进位关系的代码称为 BCD 码，它是用 4 位二进制数来表示 1 位十进制数。8421BCD 码从低位起每 4 位为一组，高位不足 4 位补 0，每组表示 1 位十进制数。

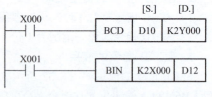

图 3-33　BCD、BIN 指令的应用

3. BCD、BIN 指令的应用

BCD、BIN 指令的应用如图 3-33 所示。当 X000 为 ON 时，BCD 指令执行，将数据寄存器 D10 中的数据转换成 8421BCD 码，存入输出位元件组合 K2Y000 中。当 X001 为 ON 时，BIN 指令执行，将输入位元件组合 K2X000 中的 BCD 码转换成二进制数，送入数据寄存器 D12 中。

三、任务实施

（一）任务目标

1）熟练掌握加法、减法指令，数据变换及 7 段译码指令在程序中的应用。

项目三 FX$_{3U}$系列PLC常用功能指令的应用 | 151

2）学会 FX$_{3U}$ 系列 PLC 的 I/O 接线方法。
3）根据控制要求编写梯形图程序。
4）熟练使用三菱 GX Developer 编程软件，编制梯形图程序并写入 PLC 进行调试运行，查看运行结果。

（二）设备与器材

本任务所需设备与器材见表 3-29。

表 3-29 设备与器材

序号	名　称	符号	型号规格	数量	备注
1	常用电工工具		十字螺钉旋具、一字螺钉旋具、尖嘴钳、剥线钳等	1 套	表中所列设备、器材的型号规格仅供参考
2	计算机（安装 GX Developer 编程软件）			1 台	
3	THPFSL-2 网络型可编程序控制器综合实训装置			1 台	
4	自动售货机模拟控制挂件			1 个	
5	连接导线			若干	

（三）内容与步骤

1. 任务要求

自动售货机模拟控制面板如图 3-34 所示。M1、M2、M3 三个投币按钮表示投入自动售货机的货币面值，币值采用 LED 7 段数码管显示（如按下 M1 则显示 1），自动售货机里有汽水（3 元/

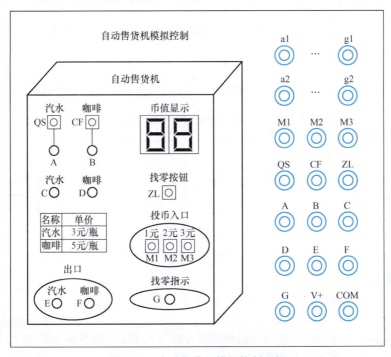

图 3-34 自动售货机模拟控制面板

瓶）和咖啡（5元/瓶）两种饮料，当币值显示大于或等于这两种饮料的价格时，发光二极管 C 或 D 会点亮，表明可以购买饮料；当按下汽水按钮或咖啡按钮表明购买饮料，此时与之对应的发光二极管 A 或 B 闪亮，表明已经购买了汽水或咖啡，同时出口延时 3s，发光二极管 E 或 F 点亮，表明饮料已从售货机取出；按下 ZL 按钮表示找零，此时显示器清零，找零出口发光二极管 G 点亮，表明退币，1s 后系统复位。

2. I/O 分配与接线图

自动售货机控制 I/O 分配见表 3-30。

表 3-30 自动售货机控制 I/O 分配表

输入			输出		
设备名称	符号	X 元件编号	设备名称	符号	Y 元件编号
1 元投币按钮	M1	X000	汽水指示	C	Y001
2 元投币按钮	M2	X001	咖啡指示	D	Y002
3 元投币按钮	M3	X002	购买到汽水	A	Y003
汽水选择按钮	QS	X003	购买到咖啡	B	Y004
咖啡选择按钮	CF	X004	汽水出口	E	Y005
找零按钮	ZL	X005	咖啡出口	F	Y006
			找零指示	G	Y007
			显示余额个位	a1 ~ g1	Y010 ~ Y016
			显示余额十位	a2 ~ g2	Y020 ~ Y026

自动售货机控制 I/O 接线图如图 3-35 所示。

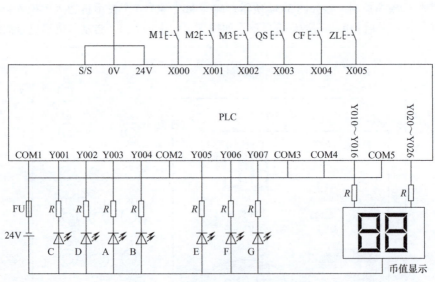

图 3-35 自动售货机控制 I/O 接线图

3. 编制程序

根据控制要求编写梯形图程序，如图 3-36 所示。

4. 调试运行

利用 GX Developer 编程软件将编写的梯形图程序写入 PLC，按照图 3-35 进行 PLC 输入、输出端接线，调试运行，观察运行结果。

项目三 FX₃ᵤ系列PLC常用功能指令的应用

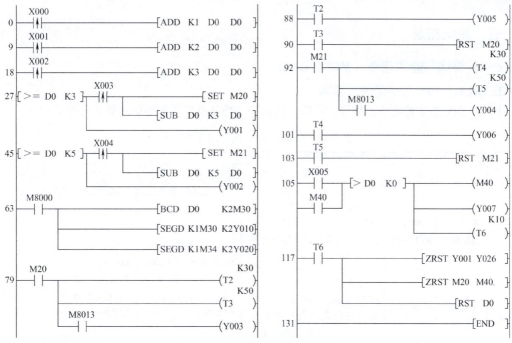

图 3-36 自动售货机控制梯形图

(四) 分析与思考

1) 在图 3-36 所示梯形图程序中，投币按钮、购买汽水及购买咖啡按钮对应的输入信号为什么使用的均为脉冲上升沿指令，如果不使用脉冲上升沿指令，还可以如何表示？

2) 如果汽水 5 元一瓶，咖啡 8 元一瓶，梯形图程序应如何修改？

3) 如果用比较指令，本任务梯形图程序应如何编制？

四、任务考核

本任务实施考核见表 3-31。

表 3-31 任务考核表

序号	考核内容	考核要求	评分标准	配分	得分
1	电路及程序设计	1) 能正确分配 I/O，并绘制 I/O 接线图 2) 根据控制要求，正确编制梯形图程序	1) I/O 分配错或少，每个扣 5 分 2) I/O 接线图设计不全或有错，每处扣 5 分 3) 梯形图表达不正确或画法不规范，每处扣 5 分	40 分	
2	安装与连线	根据 I/O 分配，正确连接电路	1) 连线错，每处扣 5 分 2) 损坏元器件，每只扣 5~10 分 3) 损坏连接线，每根扣 5~10 分	20 分	
3	调试与运行	能熟练使用编程软件编制程序写入 PLC，并按要求调试运行	1) 不会熟练使用编程软件进行梯形图的编辑、修改、转换、写入及监视，每项扣 2 分 2) 不能按照控制要求完成相应的功能，每缺一项扣 5 分	20 分	
4	安全操作	确保人身和设备安全	违反安全文明操作规程，扣 10~20 分	20 分	
5	合 计				

五、知识拓展

（一）乘法与除法指令（MUL、DIV）

1. MUL、DIV 指令的使用要素

MUL、DIV 指令的名称、编号、位数、助记符、功能及操作数等使用要素见表 3-32。

表 3-32 MUL、DIV 指令的使用要素

指令名称	指令编号（位数）	助记符	功能	操作数 [S1.]	操作数 [S2.]	操作数 [D.]	程序步数
乘法	FNC22 (16/32)	MUL MUL (P)	将指定源操作数 [S1.]、[S2.] 中的二进制数相乘，结果送到指定的目标操作数 [D.] 中	K、H、KnX、KnY、KnM、KnS、T、C、D、R、U□\G□、V、Z（V、Z 只适用于 16 位运算）		KnY、KnM、KnS、T、C、D、R、U□\G□（只适用于 16 位运算）	7 步(16 位) 13 步(32 位)
除法	FNC23 (16/32)	DIV DIV (P)	将指定源操作数中的二进制数 [S1.] 除以 [S2.]，商送到指定的目标操作数 [D.] 中，余数送到 [D.] 的下一元件中				

2. MUL、DIV 指令的使用说明

1）在乘法运算中，如果目标操作数的位数小于运算结果的位数，只能保存结果的低位。

2）在 MUL 和 DIV 指令中，操作数中的数据均为有符号的二进制数，最高位为符号位（"0"为正数；"1"为负数）。

3）使用 MUL 和 DIV 指令时，如果运算结果为"0"，则零标志位 M8304 为"1"。

4）使用 DIV 指令时，如果运算结果超过 32767（16 位运算）或者 2147483647（32 位运算），则进位标志位 M8306 为"1"。

5）使用 DIV 指令时，除数不能为"0"，否则指令不能执行，错误标志位 M8067 为"1"。

6）在 MUL 指令中，当目标元件为位元件时，其组合只能进行 K1～K8 的指定，在 16 位运算中，可以将乘积用 32 个位元件表示，若指定为 K4，则只能取得乘积运算的低 16 位。但在 32 位运算中，乘积为 64 位，若指定为 K8，则只能得到低 32 位的结果，而不能得到高 32 位的结果。要想得到全部结果，则可利用传送指令，分别将高 32 位和低 32 位送至位元件中。

7）变址寄存器 V 不能作为 MUL 和 DIV 指令的目标操作数，而变址寄存器 Z 可以作为 MUL 和 DIV 指令的目标操作数使用，但仅适用于 16 位数据运算。

3. MUL、DIV 指令的应用

MUL、DIV 指令的应用如图 3-37 所示。

在图 3-37a 中，当 X000 为 ON 时，数据寄存器 D0 中的 16 位数据乘以数据寄存器 D2 中的 16 位数据，乘积为 32 位数据，送入（D5, D4）组成的双字元件中。当 X001 为 ON 时，32 位数据（D1, D0）乘以 32 位数据（D3, D2），乘积为 64 位数据，送入（D7, D6, D5, D4）中。

在图 3-37b 中，当 X000 为 ON 时，数据寄存器 D0 中的 16 位数据除以数据寄存器 D2 中的 16 位数据，商和余数为 16 位数据，分别送入（D4）、（D5）中。当 X001 为 ON 时，32 位数据（D1, D0）除以 32 位数据（D3, D2），商和余数为 32 位数据，分别送入（D5, D4）、（D7, D6）中。

项目三　FX3U系列PLC常用功能指令的应用　155

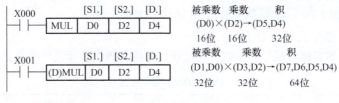

a) MUL 指令的应用

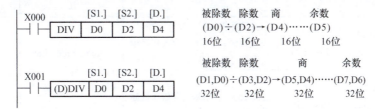

b) DIV 指令的应用

图 3-37　MUL、DIV 指令的应用

（二）使用乘法与除法指令实现的 8 盏灯循环点亮控制

1. 控制要求

使用乘法和除法指令实现 8 盏灯的移位点亮循环。控制要求：一组灯共 8 盏，接于 Y000～Y007，当 X000 为 ON 时，灯正序每隔 1s 单个移位，接着灯反序每隔 1s 单个移位，并不断循环；当 X001 为 ON 时，立即停止。

2. 编制程序

使用乘法和除法指令实现的 8 盏灯循环点亮控制梯形图程序如图 3-38 所示。

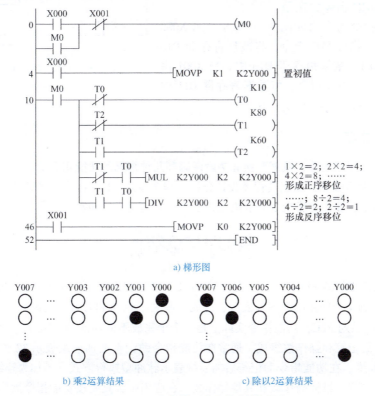

图 3-38　8 盏灯循环点亮控制梯形图

(三) 二进制加 1 与二进制减 1 指令 (INC、DEC)

1. INC、DEC 指令的使用要素

INC、DEC 指令的名称、编号、位数、助记符、功能及操作数等使用要素见表 3-33。

表 3-33　INC、DEC 指令的使用要素

指令名称	指令编号（位数）	助记符	功能	操作数 [D.]	程序步数
二进制加 1	FNC24 (16/32)	INC INC (P)	将目标操作数 [D.] 中的二进制数加 1，结果仍存放在目标操作数 [D.] 中	KnY, KnM, KnS, T, C, D, R, U□\G□, V, Z	3 步 (16 位) 5 步 (32 位)
二进制减 1	FNC25 (16/32)	DEC DEC (P)	将目标操作数 [D.] 中的二进制数减 1，结果仍存放在目标操作数 [D.] 中		

2. INC、DEC 指令的使用说明

1) INC、DEC 指令可以采用连续/脉冲执行方式，实际应用中主要采用脉冲执行方式。

2) INC、DEC 指令可以进行 16/32 位运算，并且为二进制运算。

3) 在 16 位 (32 位) 运算中，+32767 (或 +2147483647) 再加 1，则变成 -32768 (或 -2147483648)；-32768 (或 -2147483648) 再减 1，则变成 +32767 (或 +2147483647)，为循环计数。

4) 加 1、减 1 的运算结果不影响标志位，也就是说这两条指令和零标志、借位标志、进位标志无关。

3. INC、DEC 指令的应用

INC、DEC 指令的应用如图 3-39 所示。当 X000 由 OFF→ON 时，执行 INC 指令，将数据寄存器 D10 中的二进制数加 1，结果仍存于 D10 中。当 X001 由 OFF→ON 时，执行 DEC 指令，将数据寄存器 D11 中的二进制数减 1，结果仍存于 D11 中。

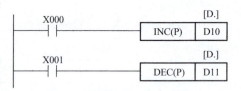

图 3-39　INC、DEC 指令的应用

六、任务总结

本任务介绍了加减运算、数据变换和 7 段译码等几种常见的功能指令的功能及应用，以自动售货机的 PLC 控制为载体，围绕其程序设计分析、程序写入、I/O 接线、调试及运行开展任务实施。通过学习不难发现，功能指令为解决较为复杂的问题提供了便利。

梳理与总结

本项目通过流水灯的 PLC 控制、8 站小车随机呼叫的 PLC 控制、抢答器的 PLC 控制和自动售货机的 PLC 控制 4 个任务的学习与实践，达成掌握 FX$_{3U}$ 系列 PLC 常用功能指令的编程应用。

1) 对于 FX$_{3U}$ 系列 PLC，功能指令实际上是一个个完成不同功能的子程序。功能指令一般由功能指令代码、助记符和操作数组成，通常在功能指令助记符前加前缀表示 32 位数据长度，不加为 16 位数据长度，在功能指令助记符后加后缀表示脉冲型执行方式，不加为连续型执行方式。操作数分为源操作数、目标操作数和其他操作数。在应用中，只要按功能指令操作数的要求填入相应的操作数，然后在程序中驱动它们（实际上是调用相应子程序），就会完成该功能指令所代

表的功能操作。

2）FX_{3U} 系列 PLC 的功能指令可分为程序流程类、传送与比较类、四则与逻辑运算类、循环与移位类、数据处理类、高速处理类、方便指令类、外部设备类、数据传送类、浮点运算类、定位控制类、时钟运算类、扩展功能类、其他指令类、数据块处理类、字符串控制类、触点比较类、数据表处理类、外部设备通信（变频器通信）类、扩展文件寄存器控制类。

3）功能指令在程序编制过程中需要遵循基本指令的基本规则。此外还应注意以下几点：

① 功能指令的使用次数限制。部分功能指令在程序中有使用次数的限制，如果超出使用次数的限制，程序结果有可能出现异常情况，如 CALL 指令嵌套时最多 5 层；FOR NEXT 指令嵌套时最多 5 层；PLSY、PLSR 指令总数不超过 3 次（FX_{3U}、FX_{3UC} 系列 PLC）等。

② 软元件的重复使用。功能指令需要占用大量的软元件，而在使用这些功能指令时，有时只指定起始的软元件，因此在使用时一定要注意软元件的分配，避免出现重复使用的问题。部分功能指令和高速计数器需占用指定的软元件编号（地址），在编程时如果需要使用这些功能指令或高速计数器，就必须预留出这些软元件。

③ 特殊辅助继电器和特殊数据寄存器。很多功能指令都需要设置特殊辅助继电器和特殊数据寄存器。在编程过程中，需正确设置和使用这些特殊软元件，否则程序可能不能正确执行。特殊辅助继电器和特殊数据寄存器在功能指令中的用途请参考相关文献。

④ 变址操作。多数功能指令都可以进行变址操作，这对编制程序非常有用：一方面可以提高编程效率，使程序简化；另一方面可以减少程序空间，提高系统的运行速度。但要注意字位（D□.b）、位元件组合（Kn□）、缓冲寄存器 BFM 字（U□\G□），以及特殊辅助继电器和特殊数据寄存器不能进行变址操作。

复习与提高

一、填空题

1. FX_{3U} 系列 PLC 每一条功能指令有一个_____和一个_____，两者之间有严格的对应关系。

2. FX_{3U} 系列 PLC 功能指令的操作数分为_____、_____和_____，其中作为补充注释说明的操作数是_____。

3. FX_{3U} 系列 PLC 中数据寄存器都是_____位的，其中最高位为_____位，当为"1"时表示_____，当为"0"时表示_____。也可以用两个数据寄存器组合来存储_____位数据。

4. FX_{3U} 系列 PLC 的位元件有____、____、____、____、____、____、____。

5. FX_{3U} 系列 PLC 的字元件有_____、_____、_____、_____、_____、_____。

6. 功能指令的执行方式分为_____、_____。

7. 位元件组合 K2X000 由____组位元件构成，组成的位元件是_____。

8. 缓冲寄存器 BFM 字 U1\G16 表示的含义是_____。

9. FX_{3U} 系列 PLC 条件跳转指令的操作数为_____。

10. 变址寄存器 V、Z 在 32 位运算变址时，V 和 Z 组合使用，_____为高 16 位，_____为低 16 位。

11. 在二进制乘法运算时，当源操作数（乘数和被乘数）为 16 位数据时，则目标操作数（积）为_____。

12. 当 PLC 执行比较指令"COMP C10 K150 Y000"后，得到的结果是：如果 C10 ____ K150，_____1，若 C10 _____ K150，_____1，若 C10 ____ K150，_____1。

13. 当 PLC 执行左循环移位指令 "ROL D0 K2" 后，如果程序执行前 D0 = K7，执行一次移位后，D0 = _____。

14. INC 指令每执行一次，其目标操作数的值将_____；而 DEC 指令每执行一次，其目标操作数的值将_____。

15. 1 位 BCD 码对应_____位二进制数，8 位 BCD 码取值范围用十六进制数表示为_____。BCD 码 0101 1001 0111 1000 对应的十进制数为_____。

16. 7 段译码指令的功能是对源操作数中的低_____所对应的_____进行译码，结果存于目标操作数指定元件的低 8 位，以驱动_____。

二、判断题

1. 功能指令由助记符与操作数两部分组成。（ ）
2. 助记符又称为操作码，用来表示指令的功能，即告诉 PLC 要做什么。（ ）
3. 操作数用来指明参与操作的对象，即告诉 PLC 对哪些元件进行操作。（ ）
4. 在含有子程序的程序中，CALL 指令调用的子程序可以放在 END 指令前任意位置。（ ）
5. 功能指令助记符前加 "D" 表示处理 32 位数据；不加 "D" 表示处理 16 位数据。（ ）
6. 位元件 D10.6 的含义是 D10 的第 6 个二进制位。（ ）
7. 执行指令 "MOV K100 D10" 的功能是将 K100 写入 D10 中。（ ）
8. 执行触点比较指令 "LD > = C20 K50" 的功能是当计数器 C20 的当前值大于等于十进制数 50 时，该触点接通一个扫描周期。（ ）
9. K4Y000 表示以 Y000 为首地址的 16 个元件组合，即 Y000 ~ Y015。（ ）
10. 当 PLC 的工作模式由 RUN→STOP 时，通用数据寄存器内存储的数据也不会被清零。（ ）
11. 在 PLC 运行过程中，二进制加 1 指令每一扫描周期其目标操作数中的二进制数自动加 1。（ ）
12. PLC 执行区间比较指令 "ZRST X000 X004" 后，X000 ~ X004 的状态值均变为 "0"。（ ）

三、单项选择题

1. 使用传送指令 MOV 后（   ）。
   A. 源操作数的内容传送到目标操作数中，且源操作数的内容清零
   B. 目标操作数的内容传送到源操作数中，且目标操作数的内容清零
   C. 源操作数的内容传送到目标操作数中，且源操作数的内容不变
   D. 目标操作数的内容传送到源操作数中，且目标操作数的内容不变

2. PLC 执行位右移指令 "SFTR（P） X000 M0 K12 K3" 一次后，目标操作数［D.］对应的位元件组合是（   ）。
   A. M8 M7 M6 M5 M4 M3 M2 M1 M0 X002 X001 X000
   B. X002 X001 X000 M11 M10 M9 M8 M7 M6 M5 M4 M3
   C. M0 M1 M2 M11 M10 M9 M8 M7 M6 M5 M4 M3
   D. M8 M7 M6 M5 M4 M3 M2 M1 M0 M11 M10 M9

3. 位元件组合 K4M10 中，仅 M17 为 "1"，其余均为 "0"，且 D10 = K128，则执行比较指令 "CMP D10 K4M10 Y000" 后，输出为 ON 的是（   ）。
   A. Y002   B. Y001   C. Y000   D. 都不为 ON

4. 下列表示字元件的是（   ）。
   A. M0   B. Y002   C. S20   D. C5

5. 比较指令 CMP 的目标操作数指定为 M10，则（   ）被自动占有。
   A. M10 ~ M12   B. M10   C. M10 ~ M13   D. M11 ~ M12

6. 下列属于 PLC 的清零程序的是（　　）。
A. RST　S20　S30　　B. ZRST　T0　T20　　C. RST　C10　C15　　D. ZRST　X000　X017
7. FX_{3U} 系列 PLC 分支指针 P 的范围是（　　）。
A. P0 ~ P4095　　B. P0 ~ P63　　C. P0 ~ P64　　D. P0 ~ P127
8. 程序流向控制指令包括（　　）。
A. 条件跳转指令　　B. 中断指令　　C. 循环指令　　D. 比较指令
9. PLC 执行 "ZRST　T10　T15" 程序后，完成的功能是（　　）。
A. T10 ~ T15 的当前值为 "0"，触点不复位
B. T10 ~ T15 的设定值为 "0"，触点不复位
C. T10 ~ T15 的当前值为 "0"，触点复位
D. T10 ~ T15 的设定值为 "0"，触点复位
10. 二进制减 1 指令的助记符是（　　）。
A. SUB　　B. ADD　　C. DEC　　D. INC
11. PLC 执行 "OUT　D10. C" 程序后（　　）。
A. D10 的 b12 位置 "1"　　B. D10 为 K0
C. D10 全为 "1"　　D. D10 的 b11 位置 "1"
12. 在执行乘法和除法运算时，如果运算结果为零，则零标志位（　　）为 "1"。
A. M8020　　B. M8305　　C. M8306　　D. M8304

四、简答题

1. 什么是位元件？什么是字元件？两者有什么区别？FX_{3U} 系列 PLC 分别有哪些位元件和字元件？
2. 位元件是如何组成字元件的？试举例说明。
3. 32 位数据寄存器是如何构成的？在指令的表达形式上有什么特点？
4. 下列软元件是什么类型的软元件？其中 K4X000、K2M10 分别由哪几位组成？
　　　X000　　D10　　S9　　K4X000　　T0　　C20　　K2M10
5. 功能指令的组成要素有哪几个？其执行方式有哪几种？操作数有哪几类？
6. PLC 执行指令 "MOV　K5　K1Y000" 后，Y000 ~ Y003 的位状态是什么？
7. PLC 执行指令 "DMOV　HB5C9A　D10" 后，D10、D11 中存储的数据各是多少？
8. 图 3-40 功能指令梯形图中，X000、(D)、(P)、D0、D4 分别代表什么？该指令有何功能？程序步有几步？

图 3-40　题 4-8 图

五、程序设计题

1. 试用 MOV 指令编制三相异步电动机Y-△减压起动程序，假定三相异步电动机Y联结起动的时间为 10s。用位移位指令应如何编制程序？
2. 试用 CMP 指令实现下列功能：X000 为脉冲输入信号，当输入脉冲大于 5 时，Y001 为 ON；反之，Y000 为 OFF。试画出其梯形图。
3. 试用条件跳转指令设计一个既能点动控制，又能自锁控制（连续运行）的电动机控制程序。假定 X000 = ON 时实现点动控制，X000 = OFF 时实现自锁控制。
4. 3 台电动机相隔 10s 起动，各运行 15s 停止，循环往复。试用传送比较指令完成程序设计。
5. 试用比较传送指令设计一个自动控制小车运行方向的系统，如图 3-41 所示。工作要求如下：

1）当小车所停位置 SQ 的编号大于呼叫位置 SB 的编号时，小车向左运行至等于呼叫位置时停止。

2）当小车所停位置 SQ 的编号小于呼叫位置 SB 的编号时，小车向右运行至等于呼叫位置时停止。

3）当小车所停位置 SQ 的编号与呼叫位置 SB 的编号相同时，小车不动作。

6. 设计一程序，将 K85 传送到 D0，K23 传送到 D10，并完成以下操作：

1）求 D0 与 D10 的和，结果送到 D20 存储。

2）求 D0 与 D10 的差，结果送到 D30 存储。

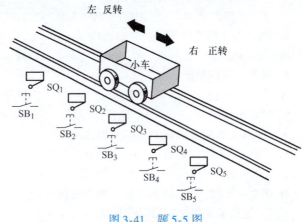

图 3-41 题 5-5 图

3）求 D0 与 D10 的积，结果送到 D40、D41 存储。

4）求 D0 除以 D10 的商和余数，结果送到 D50、D51 存储。

7. 某灯光广告牌有 $HL_1 \sim HL_{16}$ 16 盏灯接于 K4Y000，要求按下起动按钮 X000 时，灯先以正序每隔 1s 轮流点亮，当 HL_{16} 亮后，停 2s；然后以反序每隔 1s 轮流点亮，当 HL_1 再亮后，停 2s，重复上述过程。当按下停止按钮 X001 时，停止工作。试分别用循环移位和位移位指令设计该流水灯光控制程序。

8. "礼花之光"板由 21 个发光二极管排成 4 层组成。最中间一层为 Y000，第二层由 Y001 ~ Y004 组成，第三层由 Y005 ~ Y014 组成，最外一层由 Y015 ~ Y024 组成。要求按下起动按钮后出现由里向外按 1s 时间间隔循环点亮，运行过程中按下停止按钮全部熄灭。试绘制 I/O 接线图及梯形图。

9. 设计 1 台计时精度精确到秒的闹钟控制程序，要求每天早晨 6：30 提醒按时起床，晚上 10：30 提示按时就寝。

10. 试用乘、除法指令实现 16 盏流水灯的移位点亮循环。要求按下起动按钮 SB_1 时，16 盏灯先正序每隔 1s 单个移位，接着 16 盏灯反序每隔 1s 单个移位并不断循环；当按下停止按钮 SB_2 时，立即停止。

11. 设计简单的霓虹灯程序。要求 4 盏灯在每一瞬间有 3 盏灯点亮，1 盏灯熄灭，并且按顺序排列熄灭。每盏灯点亮、熄灭的时间分别为 0.5s，如图 3-42 所示。试绘制 I/O 接线图及梯形图。

图 3-42 题 5-11 图

12. 用 PLC 实现 9s 倒计时控制，要求按下开始按钮后，7 段数码管显示"9"，松开按钮后按每秒递减，减到"0"时停止，然后再次从"9"开始倒计时，不断循环，无论何时按下停止按钮，7 段数码管显示当前值，再次按下开始按钮，7 段数码管从当前值继续递减。试绘制 I/O 接线图及梯形图。

项目四　FX$_{3U}$系列PLC模拟量控制与通信功能的实现

教学目标	能力目标	1. 能正确选择、安装、连接特殊功能模块与通信模块 2. 学会模拟量输入/输出的接线方法 3. 能完成FX$_{3U}$系列PLC FX$_{3U}$-485-BD通信板的硬件连接及通信网络参数设置 4. 能根据控制要求，编制N:N网络通信程序 5. 能进行程序的离线和在线调试
	知识目标	1. 熟悉PLC特殊功能模块、通信模块的分类和用途 2. 熟悉FX$_{3U}$系列PLC串行通信接口标准 3. 掌握模拟量输入/输出适配器FX$_{3U}$-3A-ADP及FX$_{3U}$-485-BD通信板的使用方法 4. 掌握N:N网络通信控制程序的编制
教学重点		FX$_{3U}$-3A-ADP通信板的使用；N:N网络通信控制程序的编制
教学难点		FX$_{3U}$-3A-ADP通信板的使用
教学方法、手段建议		采用项目教学法、任务驱动法、理实一体化教学法等开展教学。在教学过程中，教师讲授与学生讨论相结合，传统教学与信息化技术相结合，充分利用翻转课堂、微课等教学手段，将理论学习与实践操作融为一体，引导学生做中学、学中做，教、学、做合一
参考学时		12学时

本项目通过三相异步电动机变频调速的PLC控制、3台三相异步电动机的PLC N:N网络通信控制两个任务的学习和训练，掌握模拟量输入/输出适配器FX$_{3U}$-3A-ADP、FX$_{3U}$-485-BD通信板的使用及N:N网络通信的程序编制。

任务一　三相异步电动机变频调速的PLC控制

一、任务导入

在"电机与电气控制技术应用"课程中已学习了关于三相异步电动机的变极调速控制，随着变频技术的发展，在调速控制中变频调速的应用越来越广泛。

本任务以三相异步电动机变频调速的PLC控制为例，学习模拟量控制的实现。

二、知识链接

（一）特殊功能模块概述

对于三菱FX$_{3U}$系列PLC来说，除了开关量输入/输出功能外，其他的特殊功能都可以通过功能扩展板、特殊适配器、特殊功能模块来实现。其中种类最为丰富的扩展设备是特殊功能模块。

特殊功能模块是为了实现某种特殊功能，如模拟量输入A-D转换、模拟量输出D-A转换、高速输入、脉冲输出定位、通信等模块，带有其自身的CPU和特殊处理电路，只与基本单元进行数据通信。

特殊功能模块中都含有内存（缓冲存储器），用来存储外部写入的数据和向外部输出的数据。每个缓冲存储器由 16 位组成，类似于数据寄存器 D。

FX_{3U} 系列 PLC 常用的模拟量输入/输出模块为：

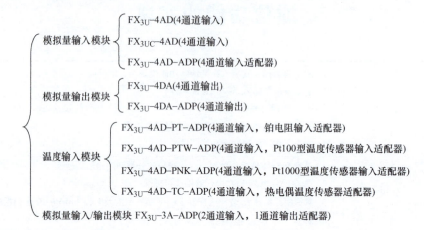

模拟量特殊适配器分为模拟量输入适配器、模拟量输出适配器、模拟量输入/输出适配器三种。

模拟量特殊适配器使用特殊软元件与可编程序控制器进行数据交换。

对于 FX_{3U} 系列 PLC，特殊适配器连接在其左侧。连接特殊适配器时需要功能扩展板，最多可以连接 4 台模拟量特殊适配器。使用高速输入/输出特殊适配器时，应将模拟量特殊适配器连接在高速输入/输出特殊适配器的后面。

FX_{3U} 系列 PLC 与特殊适配器的连接如图 4-1 所示。

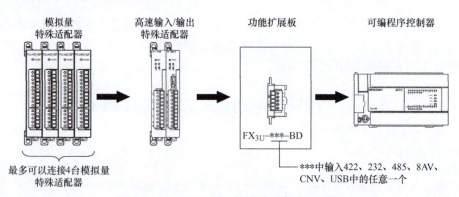

图 4-1　FX_{3U} 系列 PLC 与特殊适配器的连接

（二）FX_{3U} - 3A – ADP 型模拟量输入/输出适配器

1. 性能规格

FX_{3U} - 3A – ADP 型模拟量输入/输出适配器的外形及端子排列分别如图 4-2、图 4-3 所示，性能规格见表 4-1。

FX_{3U}、FX_{3UC} 系列 PLC 左侧最多可连接 4 台 FX_{3U} 3A – ADP（包括其他模拟量功能扩展板和模拟量特殊适配器），可以实现电压输入、电流输入、电压输出、电流输出。各通道的 A - D 转换值被自动写入 FX_{3U}、FX_{3UC} 系列 PLC 的特殊数据寄存器中。D - A 转换值根据 FX_{3U}、FX_{3UC} 系列 PLC 中特殊数据寄存器的值而自动输出。

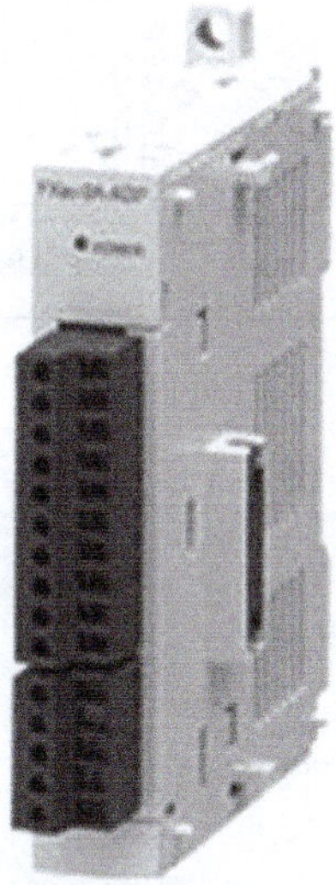

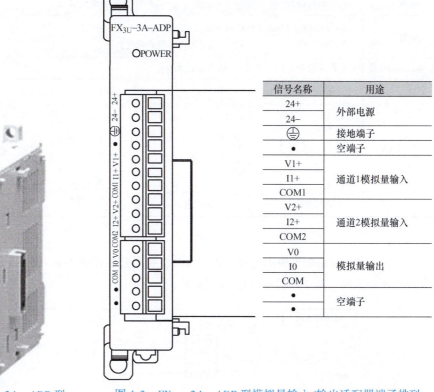

图 4-2 FX_{3U}－3A－ADP 型模拟量输入/输出适配器外形

信号名称	用途
24+	外部电源
24−	
⏚	接地端子
•	空端子
V1+	通道1模拟量输入
I1+	
COM1	
V2+	通道2模拟量输入
I2+	
COM2	
V0	模拟量输出
I0	
COM	
•	空端子
•	

图 4-3 FX_{3U}－3A－ADP 型模拟量输入/输出适配器端子排列

表 4-1 FX_{3U}－3A－ADP 型模拟量输入/输出适配器性能规格

规格		电压输入	电流输入	电压输出	电流输出
输入/输出点数		2 通道		1 通道	
模拟量输入/输出范围		DC 0 ~ 10V（输入电阻 198.7kΩ）	DC 4 ~ 20mA（输入电阻 250kΩ）	DC 0 ~ 10V（外部负载 5kΩ ~ 1MΩ）	DC 4 ~ 20mA（外部负载 500Ω 以下）
最大绝对输入		−0.5V，+5V	−2mA，+30mA	—	—
数字量输入/输出		12 位二进制数			
分辨率		2.5mV(10V×1/4000)	5μA(16mA×1/3200)	2.5mV(10V×1/4000)	4μA(16mA×1/4000)
综合准确度	环境温度(25±5)℃	针对满量程:10(1±0.5%)V(±50mV)	针对满量程:16(1±0.5%)mA(±80μA)	针对满量程:10(1±0.5%)V(±50mV)	针对满量程:16(1±0.5%)mA(±80μA)
	环境温度0~55℃	针对满量程:10(1±1.0%)V(±100mV)	针对满量程:16(1±1.0%)mA(±160μA)	针对满量程:10(1±1.0%)V(±100mV)	针对满量程:16(1±1.0%)mA(±160μA)
A－D 转换时间		90μs×使用输入通道数＋50μs×使用输出通道数（以运算周期为单位更新资料）			
隔离方式		1）模拟量输入/输出部分和 PLC 之间通过光电隔离 2）电源和模拟量输入之间通过 DC－DC 转换器隔离 3）各通道间不隔离			

(续)

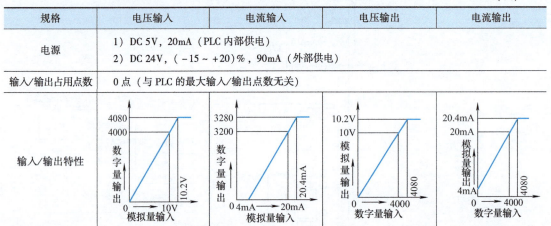

规格	电压输入	电流输入	电压输出	电流输出
电源	1) DC 5V, 20mA（PLC 内部供电） 2) DC 24V,（-15~+20)%, 90mA（外部供电）			
输入/输出占用点数	0 点（与 PLC 的最大输入/输出点数无关）			
输入/输出特性				

2. 接线

$FX_{3U}-3A-ADP$ 型适配器模拟量输入和输出的接线图分别如图 4-4、图 4-5 所示。接线时注意：使用电流输入时，端子 V□+ 与 I□+ 应短接。

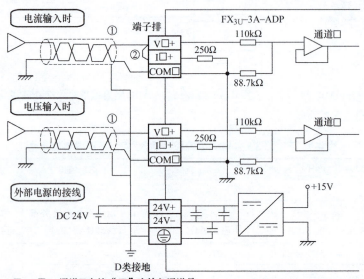

① 模拟量的输入线使用 2 芯的屏蔽双绞电缆，与其他动力线或者易于受感应的线分开布线。
② 电流输入时，务必将 V□+ 端子和 I□+ 端子短接。

图 4-4 $FX_{3U}-3A-ADP$ 型适配器模拟量输入接线图

3. 编程举例

（1）转换数据的获取和写入

1）A-D 转换数据的获取。
① 输入的模拟量数据被转换成数字量，并被保存在 FX_{3U} 系列 PLC 的特殊软元件中。
② 通过向特殊软元件写入数值，可以设定平均次数或者指定输入模式。
③ 依照从基本单元开始的连续顺序分配特殊软元件，每台分配特殊辅助继电器、特殊数据寄存器各 10 个，$FX_{3U}-3A-ADP$ 转换数据的获取/写入如图 4-6 所示。

项目四 FX₃ᵤ系列PLC模拟量控制与通信功能的实现

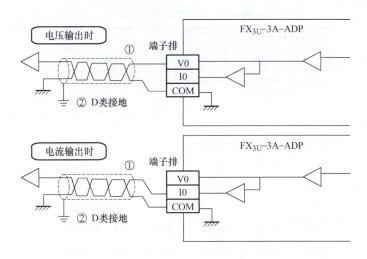

图 4-5 FX₃ᵤ-3A-ADP 型适配器模拟量输出接线图

① 模拟量的输出线使用 2 芯的屏蔽双绞电缆，与其他动力线或者易于受感应的线分开布线。
② 屏蔽线在信号接收侧应进行单侧接地。

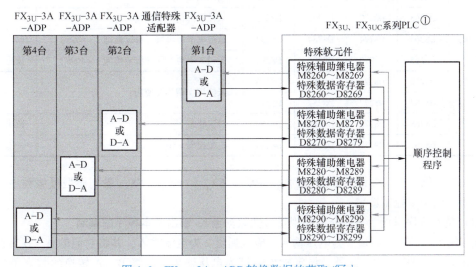

图 4-6 FX₃ᵤ-3A-ADP 转换数据的获取/写入

① 连接 FX₃ᵤ、FX₃ᵤC-32MT-LT（-2）PLC 时，需要功能扩展板。

2) D-A 转换数据的写入。
① 输入的数字量数据被转换成模拟量，并输出。
② 通过向特殊软元件写入数值，可以设定输出保持。
③ 依照从基本单元开始的连续顺序分配特殊软元件，每台分配特殊辅助继电器、特殊数据寄存器各 10 个，如图 4-6 所示。

从最靠近基本单元处开始，依次为第 1 台、第 2 台、……。注意：高速输入/输出特殊适配器以及通信特殊适配器、CF 卡特殊适配器不包含在内。

（2）特殊软元件　FX₃ᵤ、FX₃ᵤC 系列 PLC 连接 FX₃ᵤ-3A-ADP 时，与之相关的特殊软元件的分配见表 4-2。

表 4-2 特殊软元件分配表

特殊软元件	软元件编号				内容	属性
	第1台	第2台	第3台	第4台		
特殊辅助继电器	M8260	M8270	M8280	M8290	通道1输入模式切换	读出/写入
	M8261	M8271	M8281	M8291	通道2输入模式切换	读出/写入
	M8262	M8272	M8282	M8292	输出模式切换	读出/写入
	M8263	M8273	M8283	M8293	未使用（请不要使用）	—
	M8264	M8274	M8284	M8294		
	M8265	M8275	M8285	M8295		
	M8266	M8276	M8286	M8296	输出保持解除设定	读出/写入
	M8267	M8277	M8287	M8297	设定输入通道1是否使用	读出/写入
	M8268	M8278	M8288	M8298	设定输入通道2是否使用	读出/写入
	M8269	M8279	M8289	M8299	设定输出通道是否使用	读出/写入
特殊数据寄存器	D8260	D8270	D8280	D8290	通道1输出数据	读出
	D8261	D8271	D8281	D8291	通道2输出数据	读出
	D8262	D8272	D8282	D8292	输出设定数据	读出/写入
	D8263	D8273	D8283	D8293	未使用（请不要使用）	—
	D8264	D8274	D8284	D8294	通道1平均次数（设定范围1~4095）	读出/写入
	D8265	D8275	D8285	D8295	通道2平均次数（设定范围1~4095）	读出/写入
	D8266	D8276	D8286	D8296	未使用（请不要使用）	—
	D8267	D8277	D8287	D8297		
	D8268	D8278	D8288	D8298	错误状态	读出/写入
	D8269	D8279	D8289	D8299	机型代码=50	读出

有关特殊软元件的介绍请参照《FX_{3S}、FX_{3G}、FX_{3GC}、FX_{3U}、FX_{3UC}系列微型可编程序控制器用户手册（模拟量控制篇）》。

（3）基本程序举例　下面介绍模拟量转换数据输入/输出基本程序的编制。

设定第1台的输入通道1为电压输入、输入通道2为电流输入，并将它们的A－D转换值分别保存在D100、D101中。此外，设定输出通道为电压输出，并将D－A转换的数字值保存在D102中，如图4-7所示。

即使不在D100、D101中保存输入数据，也可以在定时器、计数器的设定值或者PID指令等中直接使用D8260、D8261。

三、任务实施

（一）任务目标

1）熟练掌握FX_{3U}－3A－ADP型模拟量输入/输出适配器的接线和使用。

2）学会FX_{3U}系列PLC的I/O接线方法。

3）根据控制要求编写梯形图程序。

4）熟练使用三菱GX Developer编程软件，编制梯形图程序并写入PLC进行调试运行，查看运行结果。

项目四 FX₃U系列PLC模拟量控制与通信功能的实现 | 167

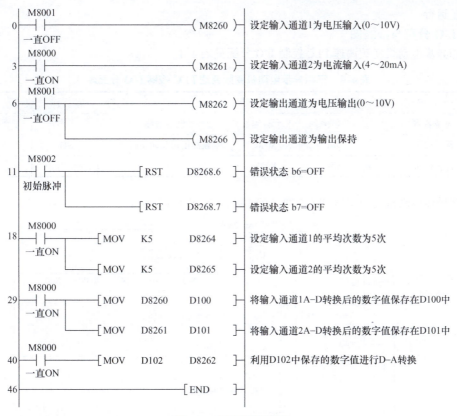

图 4-7 基本程序举例

(二) 设备与器材

本任务实施所需设备与器材见表 4-3。

表 4-3 设备与器材

序号	名 称	符号	型号规格	数量	备注
1	常用电工工具		十字螺钉旋具、一字螺钉旋具、尖嘴钳、剥线钳等	1套	表中所列设备、器材的型号规格仅供参考
2	计算机（安装 GX Developer 编程软件）			1台	
3	PLC		三菱 FX₃U-48MR	1台	
4	模拟量输入/输出适配器		FX₃U-3A-ADP	1台	
5	变频器挂件（三菱 FR-E740 型变频器）			1个	
6	三相异步电动机	M		1台	
7	连接导线			若干	

(三) 内容与步骤

1. 任务要求

三相异步电动机的变频调速 PLC 控制要求如下：按下起动按钮，电动机先以 10Hz 频率正向运行，10s 后以 20Hz 频率运行，20s 后以 30Hz 频率运行，30s 后以 40Hz 频率运行，40s 后以 50Hz 频率运行，50s 后又重新开始运行，循环两次后自动停止，运行过程中按下停止按钮电动机立即停止运行。

2. I/O 分配与接线图

三相异步电动机变频调速 PLC 控制 I/O 分配见表 4-4。

表 4-4　三相异步电动机变频调速 PLC 控制 I/O 分配表

输入			输出		
设备名称	符号	X 元件编号	设备名称	符号	Y 元件编号
起动按钮	SB_1	X000	变频器正转起动控制端子	STF	Y000
停止按钮	SB_2	X001			

三相异步电动机变频调速 PLC 控制 I/O 接线图如图 4-8 所示。

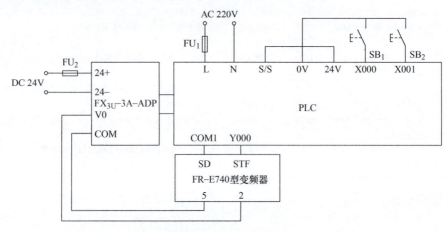

图 4-8　三相异步电动机变频调速 PLC 控制 I/O 接线图

3. 编制程序

根据控制要求编制梯形图程序,如图 4-9 所示。

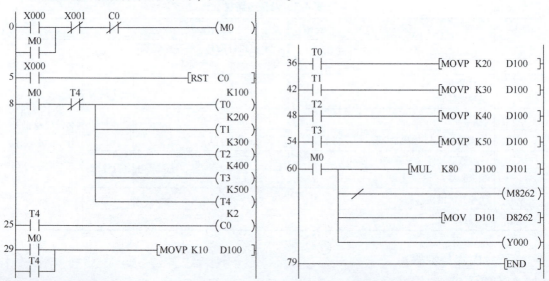

图 4-9　三相异步电动机变频调速 PLC 控制梯形图

4. 设置变频器参数

FR－E740 变频器参数设置见表 4-5。

项目四　FX₃U系列PLC模拟量控制与通信功能的实现

表4-5　FR-E740变频器参数设置

序号	参数号	参数名称	设置值	初始值	功能和含义	备注
1	P.7	加速时间	2s	5s	电动机加速时间	
2	P.8	减速时间	1s	5s	电动机减速时间	
3	P.61	基准电流	0.18A	9999A	以设定值（电动机额定电流）为基准	
4	P.73	模拟量输入选择	0	1	端子2输入（0~5V）	
5	P.83	电动机额定电压	380V	400V	电动机额定电压	
6	P.79	运行模式选择	2	0	外部运行模式	

5. 调试运行

利用GX Developer编程软件将编写的梯形图程序写入PLC，按照图4-8进行PLC输入、输出端接线，调试运行，观察运行结果。

（四）分析与思考

1）在图4-9所示梯形图程序中，D100乘以K80表示什么意思？如果将图中10s、20s、30s、40s设定频率的程序使用触点比较指令编程，程序应如何修改？

2）本任务中若要求三相异步电动机反向运行，I/O接线图和程序应如何修改？

四、任务考核

本任务实施考核见表4-6。

表4-6　任务考核表

序号	考核内容	考核要求	评分标准	配分	得分
1	电路及程序设计	1）能正确分配I/O，并绘制I/O接线图　2）根据控制要求，正确编制梯形图程序	1）I/O分配错或少，每个扣5分　2）I/O接线图设计不全或有错，每处扣5分　3）梯形图表达不正确或画法不规范，每处扣5分	40分	
2	安装与连线	根据I/O分配，正确连接电路	1）连线错，每处扣5分　2）损坏元器件，每只扣5~10分　3）损坏连接线，每根扣5~10分	20分	
3	调试与运行	能熟练使用编程软件编制程序写入PLC，并按要求调试运行	1）不会熟练使用编程软件进行梯形图的编辑、修改、转换、写入及监视，每项扣2分　2）不能按照控制要求完成相应的功能，每缺一项扣5分	20分	
4	安全操作	确保人身和设备安全	违反安全文明操作规程，扣10~20分	20分	
5	合　　计				

五、知识拓展

特殊功能模块使用缓冲存储区（BFM），它连接在FX₃U系列PLC的右侧，与PLC进行数据交换。FX₃U系列PLC最多可以连接8台特殊功能模块。

（一）FX₃U-4AD型模拟量输入模块

1. 功能简介

FX₃U-4AD型模拟量输入模块连接在FX₃U、FX₃UC系列PLC上，是将4通道的模拟量电压/电流转换为数字量的模拟量特殊功能模块。FX$_{3UC}$-4AD 不能连接在 FX$_{3U}$ 系列 PLC 上。

1）FX$_{3U}$、FX$_{3UC}$ 系列 PLC 最多可以连接 8 台模拟量输入模块（包括其他特殊功能模块）。

2）可以对各通道指定电压输入、电流输入。

3）A-D 转换值保存在 4AD 的缓冲存储区（BFM）中。

4）通过数字滤波器的设定，可以读取稳定的 A-D 转换值。

5）各通道中最多可以存储 1700 次 A-D 转换值的历史记录。

2. 系统构成

FX$_{3U}$-4AD 的系统构成如图 4-10 所示。

3. 性能规格

FX$_{3U}$-4AD 型模拟量输入模块性能规格见表 4-7。

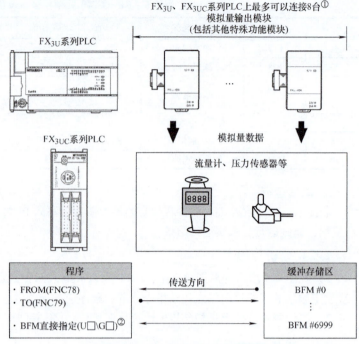

图 4-10 FX$_{3U}$-4AD 的系统构成

① 连接在 FX$_{3UC}$-32MT-LT（-2）上时，最多可以连接 7 台模拟量输出模块。

② 仅支持 FX$_{3U}$、FX$_{3UC}$ 系列 PLC。

表 4-7 FX$_{3U}$-4AD 型模拟量输入模块性能规格

规格		电压输入	电流输入
输入点数		4 通道	
模拟量输入范围		DC -10～+10V（输入电阻 200kΩ）	DC -20～+20mA，DC 4～+20mA（输入电阻 250Ω）
最大绝对输入		±15V	±30mA
偏置值①		-10～+9V②	-20～+17mA③
增益值①		-9～+10V②	-17～+30mA③
数字量输出		带符号 16 位二进制数	带符号 15 位二进制数
分辨率④		0.32mV（20V×1/64000） 2.5mV（20V×1/8000）	1.25μA（40mA×1/32000） 5.00μA（40mA×1/8000）
综合精度	环境温度（25±5）℃	针对满量程:20(1±0.3%)V(±60mV)	针对满量程:40(1±0.5%)mA(±200μA)；4～20mA 输入时也相同(±200μA)
	环境温度 0～55℃	针对满量程:20(1±0.5%)V(±100mV)	针对满量程:40(1±1%)mA(±400μA)；4～20mA 输入时也相同(±400μA)
A-D 转换时间		500μs×使用通道数（在 1 个通道以上使用数字滤波器时，5ms×使用通道数）	
绝缘方式		1）模拟量输入部分和 PLC 之间通过光电耦合器隔离 2）模拟量输入部分和电源之间通过 DC-DC 转换器隔离 3）各通道间不隔离	
电源		1）DC 5V，110mA（PLC 内部供电） 2）DC 24（1±10%）V，90mA（外部供电）	
输入/输出占用点数		8 点（在 PLC 的输入、输出点数中的任意一侧计算点数）	

项目四 FX₃U系列PLC模拟量控制与通信功能的实现 | 171

(续)

规格	电压输入	电流输入
输入特性	可以对各通道分别制定电压输入或电流输入 输入模式设定： 0 输入形式：电压输入 模拟量输入范围：$-10 \sim +10V$ 数字量输出范围：$-32000 \sim +32000$ 偏置/增益调整： 可以 数字值 +32640 +32000 输入电压 $-10V$ 0 $+10V$ $+10.2V$ $-10.2V$ -32000 -32640	输入模式设定： 6 输入形式：电流输入 模拟量输入范围：$-20 \sim +20mA$ 数字量输出范围：$-16000 \sim +16000$ 偏置/增益调整：可以 数字值 +16320 +16000 输入电流 $-20mA$ 0 $+20mA$ $+20.4mA$ $-20.4mA$ -16000 -16320

① 即使调整偏置/增益，分辨率也不改变。此外，使用直接显示模式时，不能进行偏置/增益调整。
② 偏置/增益需要满足：1V≤（增益-偏置）。
③ 偏置/增益需要满足：3mA≤（增益-偏置）≤30mA。
④ 即使调整偏置/增益，分辨率也不改变。

4. 接线

（1）端子排列　FX₃U-4AD 的端子排列如图 4-11 所示。

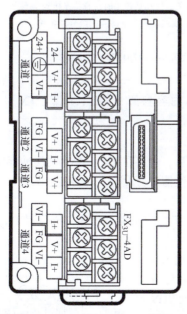

信号名称	用途
24+	DC 24V电源
24-	
⏚	接地端子
V+	通道1模拟量输入
VI-	
I+	
FG	
V+	通道2模拟量输入
VI-	
I+	
FG	
V+	通道3模拟量输入
VI-	
I+	
FG	
V+	通道4模拟量输入
VI-	
I+	

图 4-11　FX₃U-4AD 的端子排列

（2）模拟量输入接线　模拟量输入的每个通道可以使用电压输入、电流输入。FX₃U-4AD 的模拟量输入接线如图 4-12 所示。

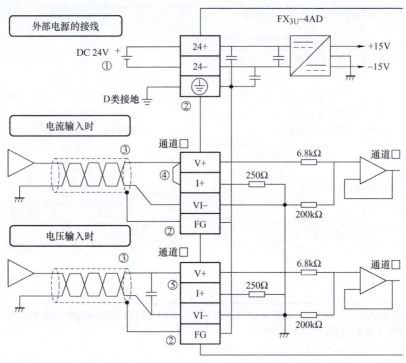

图 4-12　FX$_{3U}$-4AD 的模拟量输入接线

① 连接的基本单元为 FX$_{3U}$ 系列 PLC（AC 电源型）时，可以使用 DC 24V 供给电源。
② 在内部连接 FG 端子和 ⏚ 端子。没有通道 1 用的 FG 端子。使用通道 1 时，直接连接到 ⏚ 端子。
③ 模拟量的输入线使用 2 芯的屏蔽双绞电缆，与其他动力线或者易于受感应的线分开布线。
④ 电流输入时，务必将 V + 端子和 I + 端子短接。
⑤ 输入电压有电压波动或者外部接线上有噪声时，需连接 0.1～0.47μF/25V 的电容。

5. 缓冲存储区（BFM）

有关于 FX$_{3U}$-4AD 中的缓冲存储区（BFM），具体内容参阅《FX$_{3S}$、FX$_{3G}$、FX$_{3GC}$、FX$_{3U}$、FX$_{3UC}$ 系列微型可编程序控制器用户手册（模拟量控制篇）》。

下面对常用的缓冲存储区进行说明：

1）将 FX$_{3U}$-4AD 中输入的模拟量信号转换成数字值后，保存在 FX$_{3U}$-4AD 的缓冲存储区中。

2）通过从基本单元向 FX$_{3U}$-4AD 的缓冲存储区写入数值进行设定，来切换电压输入/电流输入或者调整偏置/增益。

3）用 FROM/TO 指令或者应用指令的缓冲存储区直接指定来编写程序，执行对 FX$_{3U}$-4AD 中的缓冲存储区的读出/写入。

（1）［BFM #0］输入模式的设定　设定通道 1～4 的输入模式。

输入模式的设定采用 4 位十六进制（HEX）码，对各位分配各通道的编号。通过在各位中设定 0～8、F 的数值，可以改变输入模式，如图 4-13 所示。

初始值（出厂时）：H0000；数据的处理：十六进制（H）。

各通道模拟量输入模式的种类见表 4-8。

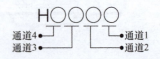

图 4-13　各通道输入模式的设定

表 4-8 各通道模拟量输入模式的种类

设定值 [HEX]	输入模式	模拟量输入范围	数字量输出范围
0	电压输入	-10 ~ +10V	-32000 ~ +32000
1	电压输入	-10 ~ +10V	-4000 ~ +4000
2①	电压输入（模拟量值直接显示）	-10 ~ +10V	-10000 ~ +10000
3	电流输入	4 ~ 20mA	0 ~ 16000
4	电流输入	4 ~ 20mA	0 ~ 4000
5①	电流输入（模拟量值直接显示）	4 ~ 20mA	4000 ~ 20000
6	电流输入	-20 ~ +20mA	-16000 ~ +16000
7	电流输入	-20 ~ +20mA	-4000 ~ +4000
8①	电流输入（模拟量值直接显示）	-20 ~ +20mA	-20000 ~ +20000
9 ~ E	不可以设定	—	—
F	通道不使用		

① 不能改变偏置/增益值。

1）输入模式设定时的注意事项：

① 进行输入模式设定（变更）后，模拟量输入特性会自动变更。此外，通过改变偏置/增益值，可以用特有的值设定特性（分辨率不变）。

② 指定为模拟量值直接显示（表 4-8 中的注①）时，不能改变偏置/增益值。

③ 输入模式的指定需要约 5s。改变输入模式时，需经过 5s 以上再执行各设定的写入。

④ 不能设定所有的通道同时都不使用（HFFFF）。

2）EEPROM 写入时的注意事项：

① 如果向 BFM #0、#19、#21、#22、#125 ~ #129 以及 #198 中写入设定值，则执行向 FX_{3U}-4AD 内的 EEPROM 写入数据。

② EEPROM 的允许写入次数在 1 万次以下，所以不要编写每个运算周期或者高频率地向这些 BFM 写入数据的程序。

（2）[BFM #2 ~ #5] 平均次数的设定 将通道数据（通道 1 ~ 4：BFM #10 ~ #13）从即时值变为平均值时，需要设定平均次数（通道 1 ~ 4：BFM #2 ~ #5）。

设定范围：1 ~ 4095；初始值：K1；数据的处理：十进制（K）。

平均次数的设定值和动作的关系见表 4-9。

表 4-9 平均次数的设定值和动作的关系

平均次数 （BFM #2 ~ #5）	通道数据（BFM #10 ~ #13）的种类	错误内容
0 以下	即时值数据（每次 A-D 转换处理时更新通道数据）	设定值变为 K0，会发生平均次数设定不良（BFM #29 b10）的错误
1（初始值）	即时值数据（每次 A-D 转换处理时更新通道数据）	—
2 ~ 400	平均值数据（每次 A-D 转换处理时计算平均值，并更新通道数据）	—
401 ~ 4095	平均值数据（每次达到平均次数，就计算 A-D 转换数据的平均值，并更新通道数据）	—
4096 以上	平均值数据（每次达到平均次数，就计算 A-D 转换数据的平均值，并更新通道数据）	设定值变为 4096，会发生平均次数设定不良（BFM #29 b10）的错误

1)用途。在测定信号中含有像电源频率那样比较缓慢的波动噪声时,可以通过平均化来获得稳定的数据。

2)平均次数设定时的注意事项:

① 使用平均次数时,对于使用平均次数的通道,务必设定其数字滤波器的设定(通道1~4:BFM #6~#9)为"0"。此外,使用数字滤波器功能时,务必将使用通道的平均次数(BFM #2~#5)设定为"1"。设定值为"1"以外的值,且数字滤波器(通道1~4:BFM #6~#9)设定为0以外的值时,会发生数字滤波器设定不良(BFM #29 b11)的错误。

② 任何一个通道中使用了数字滤波器功能,所有通道的A-D转换时间都变为5ms。

③ 设定的平均次数在设定范围之外时,会发生平均次数设定不良(BFM #29 b10)的错误。

④ 如果设定了平均次数,则不能使用数据历史记录功能。

(3)[BFM #6~#9]数字滤波器的设定 通道数据(通道1~4:BFM #10~#13)中使用数字滤波器时,在数字滤波器设定(通道1~4:BFM #6~#9)中设定数字滤波器值。

如果使用数字滤波器功能,那么模拟量输入值、数字滤波器的设定值,以及数字量输出值(通道数据)之间有如下关系:

1)数字滤波器值(通道1~4:BFM #6~#9)>模拟量信号的波动(波动幅度未满10个采样)。与数字滤波器设定值相比,模拟量信号(输入值)的波动较小时,转换为稳定的数字量输出值,并保存到通道数据(通道1~4:BFM #10~#13)中。

2)数字滤波器值(通道1~4:BFM #6~#9)<模拟量信号的波动。与数字滤波器设定值相比,模拟量信号(输入值)的波动较大时,将跟随模拟量信号变化的数字量输出值保存到相应通道的通道数据(通道1~4:BFM #10~#13)中,如图4-14所示。

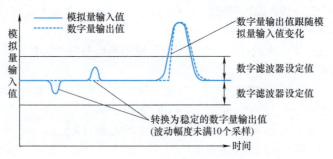

图4-14 数字滤波器

数字滤波器的设定值与动作的关系见表4-10。

表4-10 数字滤波器的设定值与动作的关系

设 定 值	动 作
未满0	数字滤波器功能无效,设定错误(BFM #29 b11 ON)
0	数字滤波器功能无效
1~1600	数字滤波器功能有效
1601以上	数字滤波器功能无效,设定错误(BFM #29 b11 ON)

1)用途。测定信号中含有陡峭的尖峰噪声等时,与平均次数相比,使用数字滤波器可以获得更稳定的数据。

2)数字滤波器设定时的注意事项:

① 务必将使用通道的平均次数（通道 1~4：BFM #2~#5）设定为"1"。平均次数的设定值为"1"以外的值，且数字滤波器设定为"0"以外的值时，会发生数字滤波器设定不良（BFM #29 b11）的错误。

② 如果某通道中使用了数字滤波器功能，则所有通道的 A-D 转换时间都变为 5ms。

③ 数字滤波器设定在 0~1600 范围以外时，会发生数字滤波器设定不良（BFM #29 b11）的错误。

（4）[BFM #10~#13] 通道数据　保存 A-D 转换后的数字值。数据的处理：十进制（K）。

根据平均次数（通道 1~4：BFM #2~#5）或者数字滤波器的设定（通道 1~4：BFM #6~#9），通道数据（通道 1~4：BFM #10~#13）及数据的更新时序见表 4-11。

表 4-11　通道数据及数据的更新时序

平均次数 （BFM #2~#5）	数字滤波器功能 （BFM #6~#9）	通道数据（BFM #10~#13）的更新时序	
^	^	通道数据的种类	更新时序
0 以下	0 （不使用）	即时值数据 设定值变为"0"，会发生平均次数设定不良（BFM #29 b10）的错误	每次 A-D 转换处理都更新数据，更新时序的时间为 更新时间 = 500μs① × 使用通道数
1	0（不使用）	即时值数据	每次 A-D 转换处理都更新数据，更新时序的时间为 更新时间 = 5ms × 使用通道数
^	1~1600 （使用）	即时值数据 使用数字滤波器功能	^
2~400	0 （不使用）	平均值数据	每次 A-D 转换处理都更新数据，更新时序的时间为 更新时间 = 500μs① × 使用通道数
401~4095	^	平均值数据	每次按平均次数处理 A-D 转换时更新数据，更新时序的时间为 更新时间 = 500μs① × 使用通道数 × 平均次数
4096 以上	^	平均值数据 设定值变为 4096，会发生平均次数设定不良（BFM #29 b10）的错误	^

① 500μs 为 A-D 转换时间。但是，即使 1 个通道使用数字滤波器功能时，所有通道的 A-D 转换时间都变为 5ms。

（5）缓冲存储区的读出/写入方法　FX$_{3U}$-4AD 缓冲存储区的读出/写入方法有缓冲存储区直接指定和 FROM/TO 指令两种。

1）缓冲存储区直接指定（FX$_{3U}$、FX$_{3UC}$ 系列 PLC 的情况下）。缓冲存储区直接指定是将下列的设定软元件指定为直接功能指令的源操作数或者目标操作数，如图 4-15 所示。

图 4-15　缓冲存储区直接指定

使用缓冲存储区直接指定时，需要支持 FX$_{3U}$、FX$_{3UC}$ 系列 PLC 的软件。

下面通过两个例子对缓冲存储区直接指定进行说明。

【例 1】　图 4-16 所示程序是将单元号 1 的缓冲存储区（BFM #10）的内容乘以十进制常数（K10），并将结果读出到数据寄存器（D10、D11）中。

【例 2】　图 4-17 所示程序是将数据寄存器（D20）加上数据（K10），并将结果写入单元号 1 的缓冲存储区（BFM #6）中。

2）FROM/TO 指令（FX$_{3U}$、FX$_{3UC}$ 系列 PLC 的情况下）。

① BFM 读出指令（FROM 指令：BFM→PLC，读取）。FROM 指令（FNC78）的功能是实现

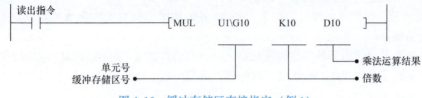

图 4-16 缓冲存储区直接指定（例 1）

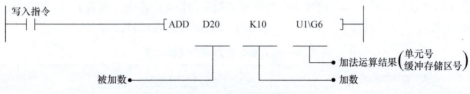

图 4-17 缓冲存储区直接指定（例 2）

将特殊功能模块缓冲存储区（BFM）指定位的内容读到 PLC 基本单元中。FROM 指令的使用要素见表 4-12。

表 4-12 FROM 指令的使用要素

指令名称	指令编号（位数）	助记符	操作数				程序步
			m1	m2	[D.]	n	
特殊功能模块读出	FNC78（16/32）	FROM FROM（P）	D, R, K, H	D, R, K, H	KnY, KnM, KnS, T, C, D, V, Z	D, R, K, H	9 步（16 位）17 步（32 位）

表 4-12 中各操作数表示的意义如下：

m1：特殊功能模块/单元编号（范围 0~7）。由靠近基本单元开始向右顺次编号为 No0~No7。特殊功能模块通过扁平电缆连接在 PLC 右边的扩展总线上，最多可以连接 8 块特殊功能模块/单元。

m2：特殊功能模块/单元缓冲存储区编号（16 位：m2 = 0~32766；32 位：m2 = 0~32765）。

[D.]：读出数据存放的地址。

n：读出的点数，用 n 指定传送的字点数（16 位：n = 0~32767；32 位：n = 0~16383）。

FROM 指令的使用如图 4-18 所示。当 X000 = 1 时，将特殊功能模块/单元 1 号缓冲存储区（BFM）#10、#11 读出存到 PLC 的 D10 和 D11 中。

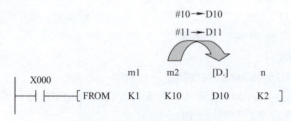

图 4-18 FROM 指令的使用

② BFM 写入指令（TO 指令：PLC→BFM，写入）。TO 指令（FNC79）的功能是由 PLC 基本单元向特殊功能模块缓冲存储区 BFM 写入数据。TO 指令的使用要素见表 4-13。

项目四 FX₃ᵤ系列PLC模拟量控制与通信功能的实现

表 4-13 TO 指令的使用要素

指令名称	指令编号（位数）	助记符	操作数				程序步
			m1	m2	[S.]	n	
特殊功能模块写入	FNC79 (16/32)	TO TO (P)	D, R, K, H	D, R, K, H	K, H, KnX, KnY, KnM, KnS, T, C, D, V, Z	D, R, K, H	9 步 (16 位) 17 步 (32 位)

表 4-13 中各操作数表示的意义如下：

m1：特殊功能模块/单元编号（范围 0~7）。

m2：特殊功能单元/模块缓冲存储区编号（16 位：m2 = 0~32766；32 位：m2 = 0~32765）。

[S.]：源数据存放的地址。

n：写入的点数，用 n 指定写入的字点数（16 位：n = 0~32767；32 位：n = 0~16383）。

TO 指令的使用如图 4-19 所示。当 X000 = 1 时，将 PLC 的 D10 和 D11 的数据写入特殊功能模块/单元 0 号缓冲存储区（BFM）的#10、#11 中。

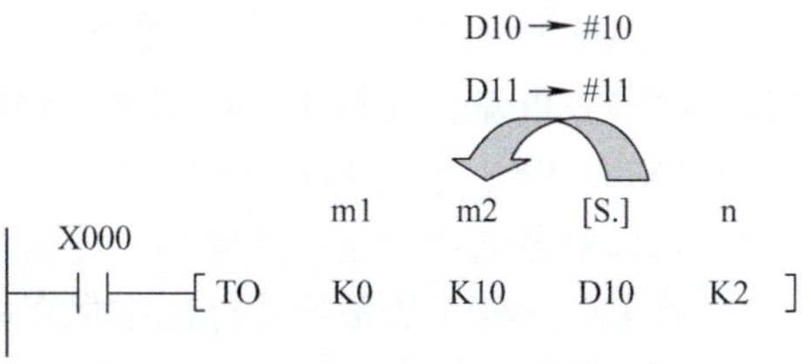

（6）编程举例

1）系统构成。FX₃ᵤ系列 PLC 连接 FX₃ᵤ-4AD（单元号：0）。

图 4-19 TO 指令的使用

2）输入模式。设定通道 1、通道 2 为模式 0（电压输入，-10~+10V→-32000~+32000）；设定通道 3、通道 4 为模式 3（电流输入，4~20mA→0~16000）。

3）平均次数设定。设定通道 1~4 的平均次数为 10 次。

4）数字滤波器设定。设定通道 1~4 的数字滤波器功能无效（初始值）。

5）软元件的分配见表 4-14。

表 4-14 软元件的分配

软元件	内 容
D0	通道 1 的 A-D 转换数字值
D1	通道 2 的 A-D 转换数字值
D2	通道 3 的 A-D 转换数字值
D3	通道 4 的 A-D 转换数字值

用缓冲存储区直接指定编程，如图 4-20 所示。

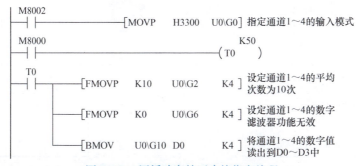

图 4-20 用缓冲存储区直接指定编程

用 FROM/TO 指令编程，如图 4-21 所示。

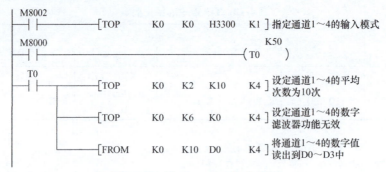

图 4-21　用 FROM/TO 指令编程

（二）FX_{3U}-4DA 型模拟量输出模块

1. 功能简介

FX_{3U}-4DA 连接在 FX_{3U}、FX_{3UC} 系列 PLC 上，是将来自 PLC 的 4 个通道的数字量值转换成模拟量值（电压/电流）并输出的模拟量特殊功能模块。

1) FX_{3U}、FX_{3UC} 系列 PLC 上最多可以连接 8 台模拟量输出模块（包括其他特殊功能模块）。

2) 可以对各通道指定电压输出、电流输出。

3) 将 FX_{3U}-4DA 的缓冲存储区中保存的数字量值转换成模拟量值（电压、电流），并输出。

4) 可以用数据表格的方式，预先对输出形式进行设定，然后根据该数据表格进行模拟量输出。

2. 系统构成

FX_{3U}-4DA 的系统构成如图 4-22 所示。

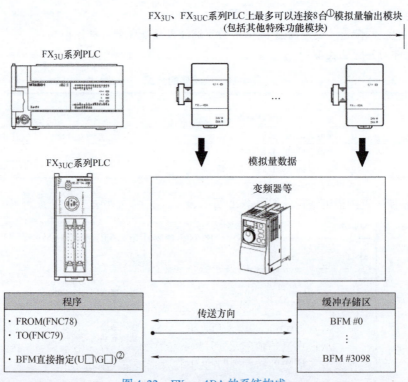

图 4-22　FX_{3U}-4DA 的系统构成

① 连接在 FX_{3UC}-32MT-LT（-2）PLC 上时，最多可以连接 7 台模拟量输出模块。
② 仅支持 FX_{3U}、FX_{3UC} 系列 PLC。

3. 性能规格

FX_{3U}-4DA 型模拟量输出模块的性能规格见表 4-15。

表 4-15 FX_{3U}-4DA 型模拟量输出模块的性能规格

规格		电压输出	电流输出
输出点数		4 通道	
模拟量输出范围		DC -10 ~ +10V（外部负载 1kΩ ~ 1MΩ）	DC 0 ~ 20mA、4 ~ 20mA（外部负载 500Ω 以下）
偏置值		-10 ~ +9V①②	0 ~ 17mA①③
增益值		-9 ~ +10V①②	3 ~ 30mA①③
数字量输入		带符号 16 位二进制数	15 位二进制数
分辨率		0.32mV（20V/64000）④	0.63μA（20mA/32000）④
综合精度	环境温度（25±5）℃	针对满量程:20(1±0.3%)V(±60mV)	针对满量程:20(1±0.3%)mA(±60μA)
	环境温度 0 ~ 55℃	针对满量程:20(1±0.5%)V(±100mV)	针对满量程:20(1±0.5%)mA(±100μA)
	备注	包括负载变化的修正功能	
D-A 转换时间		1ms（与使用的通道数无关）	
隔离方式		1) 模拟量输出部分和 PLC 之间通过光电耦合器隔离 2) 模拟量输出部分和电源之间通过 DC-DC 转换器隔离 3) 各通道间不隔离	
电源		1) DC 5V, 120mA（PLC 内部供电） 2) DC 24 (1±10%) V, 160mA（外部供电）	
输入/输出占用点数		8 点（在 PLC 的输入、输出点数中的任意一侧计算点数）	
输出特性		可以对各通道分别指定电压输出、电流输出 输出模式 0 时：+10.2V / +10V / +32640 / -32000 / 0 / +32000 / -32640 / -10V / -10.2V 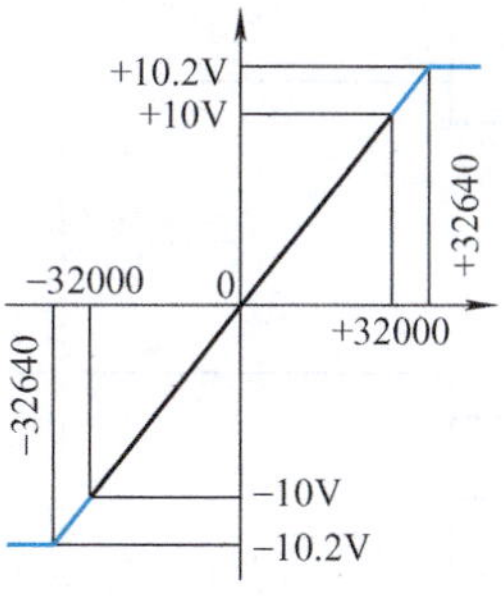	输出模式 2（虚线为模式 3）时：20.4mA / 20mA / 4mA / 0 / 32000 / 32640 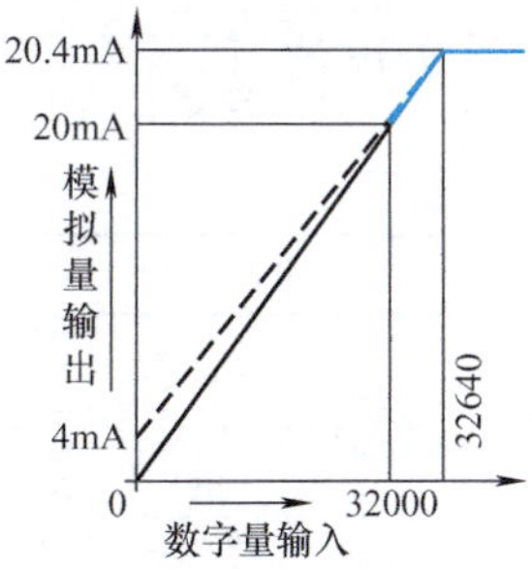

① 即使调整偏置/增益，分辨率也不变。此外，使用模拟量值指定模式时，不能进行偏置/增益调整。
② 偏置/增益需要满足 1V≤（增益－偏置）≤10V。
③ 偏置/增益需要满足 3mA≤（增益-偏置）≤30mA。
④ 即使调整偏置/增益，分辨率也不变。

4. 接线

（1）端子排列　FX_{3U}-4DA 的端子排列如图 4-23 所示。

（2）模拟量输出接线　模拟量输出的每个通道可以使用电压输出、电流输出。FX_{3U}-4DA 的模拟量输出接线如图 4-24 所示。

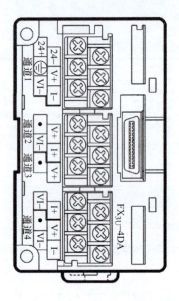

信号名称	用途
24+	DC 24V电源
24−	
⏚	接地端子
V+	
VI−	通道1模拟量输出
I−	
•	不要接线
V+	
VI−	通道2模拟量输出
I−	
•	不要接线
V+	
VI−	通道3模拟量输出
I+	
•	不要接线
V+	
VI−	通道4模拟量输出
I−	

图 4-23 FX_{3U}-4DA 的端子排列

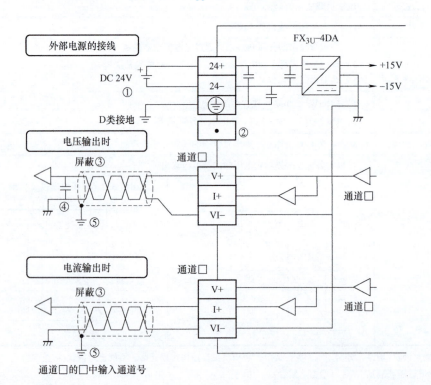

图 4-24 FX_{3U}-4DA 的模拟量输出接线

① 连接的基本单元为 FX_{3G}、FX_{3U} 系列 PLC（AC 电源型）时，可以使用 DC 24V 供给电源。
② 不要对·端子接线。
③ 模拟量的输出线使用 2 芯的屏蔽双绞电缆，与其他动力线或者易于受感应的线分开布线。
④ 输出电压有噪声或者波动时，在信号接收侧附近连接 0.1~0.47μF/25V 的电容。
⑤ 将屏蔽线在信号接收侧进行单侧接地。

5. 缓冲存储区（BFM）

（1）[BFM #0] 输出模式的设定　设定通道 1~4 的输出模式。

输出模式的设定采用 4 位十六进制（HEX）码，对各位分配各通道的编号。通过在各位中设定 0~4、F 的数值，可以改变输出模式，如图 4-25 所示。

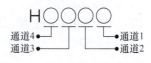

图 4-25　各通道输出模式的设定

各通道模拟量输出模式的种类见表 4-16。

表 4-16　各通道模拟量输出模式的种类

设定值 [HEX]	输出模式	模拟量输出范围	数字量输入范围
0	电压输出	-10~+10V	-32000~+32000
1①	电压输出模拟量值 mV 指定模式	-10~+10V	-10000~+10000
2	电流输出	0~20mA	0~32000
3	电流输出	4~20mA	0~32000
4①	电流输出模拟量值 μA 指定模式	0~20mA	0~20000
5~E	无效（设定值不变化）		
F	通道不使用		

① 不能改变偏置/增益值。

1）输出模式设定时的注意事项：

① 改变输出模式时，输出停止；输出状态（BFM #6）中自动写入 H0000。输出模式的变更结束后，输出状态（BFM #6）自动变为 H1111，并恢复输出。

② 输出模式的设定需要约 5s。改变了输出模式时，需经过 5s 以上再执行各设定的写入。

③ 改变了输出模式时，在以下的缓冲存储区中，对各输出模式以初始值进行初始化。

BFM #5（PLC 在 STOP 时的输出设定）⊖

BFM #10~#13（偏置数据）⊖

BFM #14~#17（增益数据）⊖

BFM #28（断线检测状态）⊖

BFM #32~#35（PLC 在 STOP 时的输出数据）⊖

BFM #38（上下限值功能设定）⊖

BFM #41~#44（上下限值功能的下限值）⊖

BFM #45~#48（上下限值功能的上限值）⊖

BFM #50（根据负载电阻设定输出修正功能）⊖

④ 不能设定所有的通道同时都不使用（HFFFF）。

2）EEPROM 写入时的注意事项：

如果向 BFM #0、#5、#10~#17、#19、#32~#35、#50~#54、#60~#63 中写入设定值，则执行向 FX$_{3U}$-4DA 内的 EEPROM 写入数据。在向这些 BFM 中写入设定值后，不要马上切断电源。

⊖ 仅输出模式改变了的通道，其相应的位被初始化。

⊖ 仅输出模式改变了的通道，其相应的 BFM 被初始化。

⊖ 仅在从电流输出模式（模式 2、3、4）变为电压输出模式（模式 0、1）时被初始化。

EEPROM 的允许写入次数在 1 万次以下，所以不要编写每个运算周期或者高频率地向这些 BFM 写入数据的程序。

（2）［BFM #1~#4］输出数据的设定　针对希望输出的模拟量数据向 BFM #1~#4 中输入数字值，见表 4-17。

表 4-17　输出模拟量数据对应的 BFM 输入

BFM 编号	内　容	BFM 编号	内　容
#1	通道 1 的输出数据	#3	通道 3 的输出数据
#2	通道 2 的输出数据	#4	通道 4 的输出数据

（3）［BFM #5］PLC 在 STOP 时的输出设定　设定 PLC 在 STOP 时通道 1~4 的输出见表 4-18。各通道输出模式的设定如图 4-26 所示。

表 4-18　PLC 在 STOP 时的输出设定

设定值［HEX］	输出内容	设定值［HEX］	输出内容
0	保持 RUN 时的最终值	2	输出 BFM #32~#35 中设定的输出数据①
1	输出偏置值①	3~F	无效（设定值不变化）

① 因输出模式（BFM #0）不同，输出也各异。

1）进行 PLC 在 STOP 时的输出设定时，应注意：
改变设定值时，输出停止；输出状态（BFM #6）中自动写入 H0000。
变更结束后，输出状态（BFM #6）自动变为 H1111，并恢复输出。

图 4-26　各通道输出模式的设定

2）EEPROM 写入时的注意事项：
如果向 BFM #0、#5、#10~#17、#19、#32~#35、#50~#54、#60~#63 中写入设定值，则执行向 FX$_{3U}$-4DA 内的 EEPROM 写入数据。在向这些 BFM 中写入设定值后，不要马上切断电源。EEPROM 的允许写入次数在 1 万次以下，所以不要编写每个运算周期或者高频率地向这些 BFM 写入数据的程序。

6. 编程举例

（1）系统构成　在 FX$_{3U}$ 系列 PLC 上连接 FX$_{3U}$-4DA（单元号：0）。

（2）输出模式　设定通道 1、通道 2 为模式 0（电压输出：-10~+10V）；设定通道 3 为模式 3（电流输出：4~20mA）；设定通道 4 为模式 2（电流输出：0~20mA）。
FX$_{3U}$、FX$_{3UC}$ 系列 PLC 中使用传送指令和 BFM 写入指令的编程示例如图 4-27a、b 所示。

六、任务总结

本任务以三相异步电动机变频调速的 PLC 控制为载体，进行 FX$_{3U}$-3A-ADP 型模拟量输入/输出适配器模块应用等相关知识的学习。在此基础上分析控制程序的设计方法，然后输入程序调试运行，达到会使用模拟量输入/输出适配器实现模拟量控制的目的。

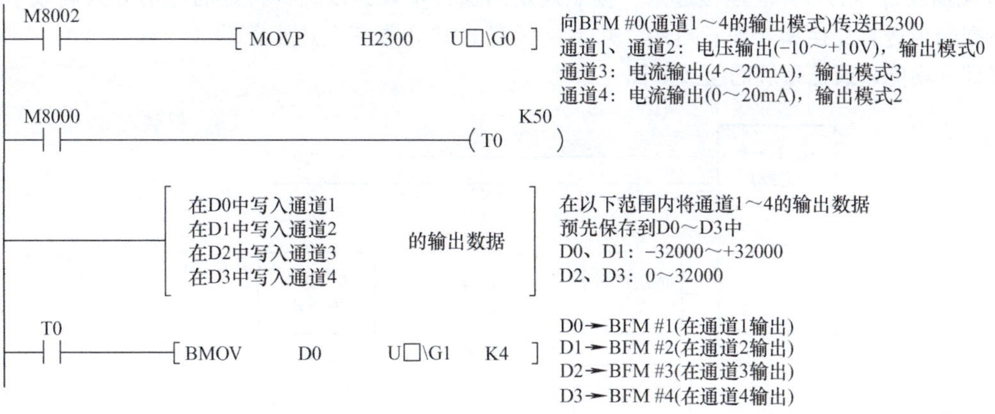

项目四 FX₃ᵤ系列PLC模拟量控制与通信功能的实现

```
M8002
─┤├──────────────────[ MOVP   H2300   U□\G0 ]    向BFM #0(通道1~4的输出模式)传送H2300
                                                  通道1、通道2：电压输出(-10~+10V)，输出模式0
M8000                                             通道3：电流输出(4~20mA)，输出模式3
─┤├──────────────────────────────( T0  K50 )     通道4：电流输出(0~20mA)，输出模式2

        ┌在D0中写入通道1┐                        在以下范围内将通道1~4的输出数据
        │在D1中写入通道2│  的输出数据             预先保存到D0~D3中
        │在D2中写入通道3│                        D0、D1：-32000~+32000
        └在D3中写入通道4┘                        D2、D3：0~32000

T0                                                D0→BFM #1(在通道1输出)
─┤├──────────────[ BMOV   D0   U□\G1   K4 ]      D1→BFM #2(在通道2输出)
                                                  D2→BFM #3(在通道3输出)
                                                  D3→BFM #4(在通道4输出)
```

a) 使用传送指令编程

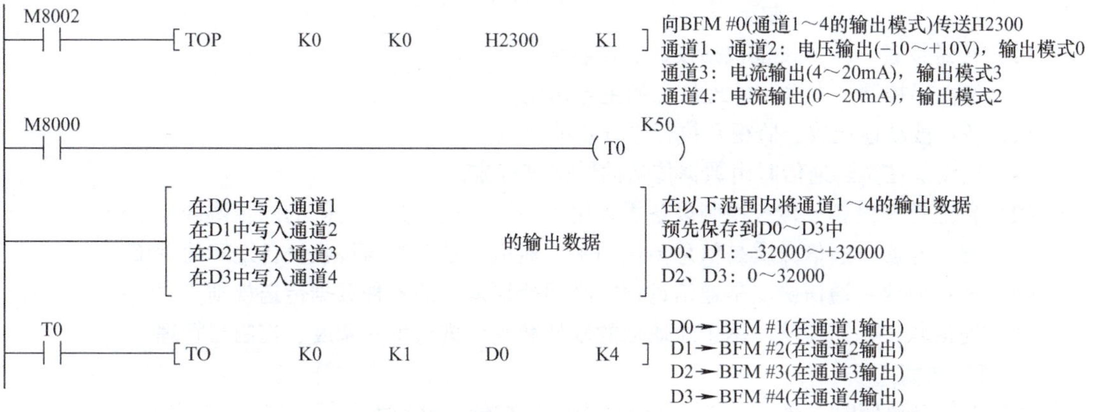

```
M8002
─┤├────────────[ TOP   K0   K0   H2300   K1 ]    向BFM #0(通道1~4的输出模式)传送H2300
                                                  通道1、通道2：电压输出(-10~+10V)，输出模式0
                                                  通道3：电流输出(4~20mA)，输出模式3
M8000                                             通道4：电流输出(0~20mA)，输出模式2
─┤├──────────────────────────────( T0  K50 )

        ┌在D0中写入通道1┐                        在以下范围内将通道1~4的输出数据
        │在D1中写入通道2│  的输出数据             预先保存到D0~D3中
        │在D2中写入通道3│                        D0、D1：-32000~+32000
        └在D3中写入通道4┘                        D2、D3：0~32000

T0                                                D0→BFM #1(在通道1输出)
─┤├──────────────[ TO   K0   K1   D0   K4 ]      D1→BFM #2(在通道2输出)
                                                  D2→BFM #3(在通道3输出)
                                                  D3→BFM #4(在通道4输出)
```

b) 使用BFM写入指令编程

图 4-27　编程示例（FX₃ᵤ、FX₃ᵤc系列 PLC）

任务二　3台三相异步电动机的 PLC N:N 网络控制

一、任务导入

如果把 PLC 与 PLC、PLC 与计算机或 PLC 与其他智能装置通过传输介质连接起来，就可以实现通信或组建网络，构成功能更强、性能更好的控制系统，从而可以提高 PLC 的控制能力及控制范围，实现综合、协调控制，同时，便于计算机管理及对控制数据的处理，提供友好的人机界面操控平台，使自动控制从设备级发展到生产线级，甚至工厂级，实现智能化工厂（Smart Factory）的目标。

本任务以 3 台三相异步电动机的 PLC N:N 网络控制为例，学习 N:N 网络组建的方法。

二、知识链接

（一）通信基础

1. 通信系统的组成

当任意 2 台设备之间有信息交换时，它们之间就产生了通信。PLC 通信是指 PLC 与 PLC、PC、其他控制设备或远程 I/O 之间的信息交换。PLC 通信的任务就是将地理位置不同的 PLC、

PC、各种现场设备等通过介质连接起来，按照规定的通信协议，以某种特定的通信方式高效率地完成数据的传送、交换和处理。当然，并不是所有的 PLC 都有上述全部功能，有些小型 PLC 只有上述部分功能。通信系统的组成如图 4-28 所示。

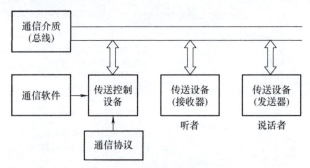

图 4-28　通信系统的组成

（1）传送设备　传送设备包括发送、接收设备。

主设备：起控制、发送和处理信息的主导作用。

从设备：被动地接收、监视和执行主设备的信息。

主、从设备在实际通信时由数据传送的结构来确定。

（2）传送控制设备　传送控制设备主要用于控制发送与接收之间的同步协调。

（3）通信介质　通信介质是信息传送的基本通道，是发送与接收设备之间的桥梁。

（4）通信协议　通信协议是通信过程中必须严格遵守的各种数据传送规则。

（5）通信软件　通信软件用于对通信的软件和硬件进行统一调度、控制与管理。

2. 通信方式

在数据信息通信时，通信方式按同时传送的位数分，可分为并行通信和串行通信。

（1）并行通信　并行通信是指所传送的数据是以字节或字为单位，同时发送或接收。

并行通信除了有 8 根或 16 根数据线、1 根公共线外，还需要有通信双方联络用的控制线。并行通信传送速度快，但是传送线的根数多，抗干扰能力较差，一般用于近距离数据传送，如 PLC 的基本单元、扩展单元和特殊功能模块之间的数据传送。

（2）串行通信　串行通信是以二进制的位为单位，一位一位地顺序发送或接收数据。

串行通信的特点是仅需 1 根或 2 根传送线，传送速度较慢，适合多数位、长距离通信。计算机和 PLC 都有专用的串行通信接口，如 RS-232C 或 RS-485 接口。在工业控制中，计算机之间的通信方式一般采用串行通信方式。

串行通信可以分为异步通信和同步通信两类。

1）同步通信。同步通信是一种以字节（一个字节由 8 位二进制数组成）为单位传送数据的通信方式，一次通信只传送一帧信息。同步通信的信息帧与异步通信的字符帧不同，通常含有 1～2 个数据字符。

信息帧均由同步字符、数据字符和校验字符（CRC）组成。其中，同步字符位于帧开头，用于确定数据字符的开始；数据字符在同步字符之后，个数没有限制，由所需传送的数据块长度决定；校验字符有 1～2 个，用于接收端对接收到的字符序列进行正确性校验。

同步通信的缺点是要求发送时钟和接收时钟保持严格同步。

2）异步通信。在异步通信中，数据通常以字符或者字节为单位组成字符帧传送。字符帧由发送端逐帧发送，通过传输线被接收设备逐帧接收。发送端和接收端可以由各自的时钟来控制数据的发送和接收，这两个时钟源彼此独立，互不同步。

异步通信的数据格式如图 4-29 所示。

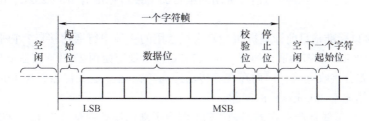

图 4-29　异步通信的数据格式

起始位：位于字符帧开头，占 1 位，始终为逻辑 0 电平，用于向接收设备表示发送端开始发送一帧信息。

数据位：紧跟在起始位之后，可以设置为 5 位、6 位、7 位、8 位，低位在前，高位在后。

奇偶校验位：位于数据位之后，仅占 1 位，用于表示串行通信中采用奇校验还是偶校验。

接收端检测到传输线上发送过来的低电平逻辑 0（即字符帧起始位）时，确定发送端已开始发送数据，每当接收端收到字符帧中的停止位时，就知道一帧字符已经发送完毕。

异步通信的优点是不需要传送同步脉冲，字符帧长度也不受限制；缺点是字符帧中包含了起始位和停止位，因此降低了有效数据的传输速率。

3. 数据传送方向

在通信线路上，通信方式按照数据传送方向，可以分为单工、半双工、全双工，如图 4-30 所示。

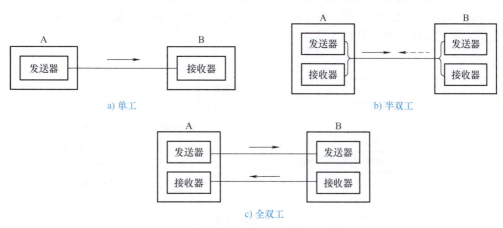

图 4-30　数据传送方向示意图

(1) 单工通信方式　单工通信方式是指信息的传送始终保持同一方向，而不能进行反向传送，即只允许数据按照一个固定方向传送，通信两端中的一端为接收端，另一端为发送端，传送方向不可更改，如图 4-30a 所示。其中 A 端只能作为发送端，B 端只能作为接收端。

(2) 半双工通信方式　半双工通信是指信息可在两个方向上传输，但同一时刻只限于一个方向传送，如图 4-30b 所示。其中 A 端发送 B 端接收，或者 B 端发送 A 端接收。

(3) 全双工方式　全双工通信能在两个方向上同时发送和接收，如图 4-30c 所示。A 端和 B 端同时作为发送端和接收端。

PLC 使用半双工或全双工异步通信方式。

4. PLC 常用串行通信接口标准

PLC 通信主要采用串行异步通信，常用的串行通信接口标准有 RS-232C、RS-422 和 RS-485 等。

RS-232C 接口标准是目前计算机和 PLC 中最常用的一种串行通信接口，它是美国电子工业协会（EIA）于 1969 年公布的通信协议。RS-232C 接口规定使用 25 针连接器或 9 针连接器，它采用单端驱动非差分接收电路，因而存在着传输距离不太远（最大传输距离 15m）和传输速率不太高（最高传输速率 20kbit/s）的问题。

针对 RS-232C 总线标准存在的问题，EIA 制定了新的串行通信标准 RS-422，它采用平衡驱动差分接收电路，抗干扰能力强，在传输速率为 100kbit/s 时，最大通信距离为 1200m。

RS-485 是 RS-422 的变形。RS-422 采用全双工，而 RS-485 则采用半双工。RS-485 是一种多主发送器标准，在通信线路上最多可以使用 32 对差分驱动器/接收器。传输线采用差分信道，干扰抑制性极好，又因为其阻抗低无接地问题，所以传输距离可达 1200m，传输速率可达 10Mbit/s。

RS-422/RS-485 接口一般采用 9 针的 D 形连接器。普通计算机一般不配备 RS-422 和 RS-485 接口，但工业控制计算机和小型 PLC 上都设有 RS-422 或 RS-485 通信接口。

5. 计算机、PLC、变频器及触摸屏之间的通信口及通信线

1）计算机目前采用 RS-232 通信口。
2）三菱 FX_{3U} 系列 PLC 目前采用 RS-422 通信口。
3）三菱 FR 变频器采用 RS-422 通信口。
4）F940GOT 触摸屏有两个通信口，一个采用 RS-232；另一个采用 RS-422/485。

计算机与三菱 FX_{3U} 系列 PLC 之间通信必须采用带有 RS-232/422 转换的 SC-09 专用通信电缆；而 PLC 与变频器之间的通信，由于通信接口不同，需要在 PLC 上配置 FX_{3U}-485-BD 通信板。它们之间的通信连接如图 4-31 所示。

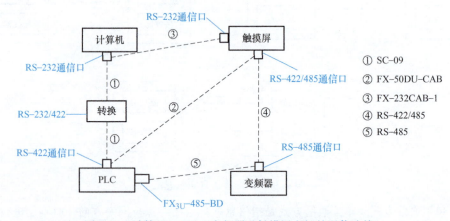

图 4-31 计算机、PLC、变频器及触摸屏之间的通信连接

6. 通信介质

通信介质就是在通信系统中位于发送端与接收端之间的物理通路。

通信介质有双绞线、同轴电缆和光纤等。其中，双绞线往往采用金属包皮或金属网包裹以进行屏蔽；同轴电缆由内、外层两层导体组成。

（二）FX_{3U} 系列 PLC 的通信类型

FX_{3U} 系列 PLC 的通信类型见表 4-19。

项目四 FX₃ᵤ系列PLC模拟量控制与通信功能的实现 | 187

表 4-19 FX$_{3U}$ 系列 PLC 的通信类型

CC-Link 通信	功能	1）对于以 MELSEC A、QnA、Q 系列 PLC 作为主站的 CC-Link 系统而言，FX$_{3U}$ 系列 PLC 可以作为远程设备站进行连接 2）可以构建以 FX$_{3U}$ 系列 PLC 为主站的 CC-Link 系统
	用途	生产线的分散控制和集中管理，与上位机网络之间的信息交换等
N:N 网络通信	功能	可以在 FX$_{3U}$ 系列 PLC 之间进行简单的数据链接
	用途	生产线的分散控制和集中管理等
并联链接通信	功能	可以在 FX$_{3U}$ 系列 PLC 之间进行简单的数据链接
	用途	生产线的分散控制和集中管理等
计算机链接通信	功能	可以将计算机等作为主站，FX$_{3U}$ 系列 PLC 作为从站进行连接
	用途	数据的采集和集中管理等
无协议通信	功能	可以与具备 RS-232C 或者 RS-485 接口的各种设备，以无协议的方式进行数据交换
	用途	与计算机、条形码阅读器、打印机、各种测量仪表之间进行数据交换
Modbus 通信	功能	Modbus 通信网络可以是 RS-485 通信，实现 1 台主站控制 32 台从站，也可以是 RS-232C 通信，使用 1 台主站控制 1 台从站
	用途	用于各种数据采集和过程控制等
变频器通信	功能	可以通过通信控制变频器
	用途	运行监控、控制值的写入及参数的参考与变更等

（三）N:N 网络通信

1. FX$_{3U}$ 系列 PLC N:N 网络通信的构成

FX$_{3U}$ 系列 PLC 的 N:N 网络通信是把最多 8 台 PLC 通过 RS-485 通信连接在一起，组成一个小型的通信系统，如图 4-32 所示。其中 1 台 PLC 为主站，其余 7 台 PLC 为从站，每台 PLC 都必须配置 FX$_{3U}$-485-BD 通信板，系统中的各台 PLC 能够通过相互连接的软元件进行数据共享，达到协同运行的要求。系统中的 PLC 可以是不同的型号，各种型号的 PLC 可以组合成三种模式，即模式 0、模式 1 和模式 2。PLC 中的一些特殊寄存器可以设定系统的通信参数，如站点号的设定、从站数目的设定、模式选择以及通信超时的设定，设定完成之后，用户就可以根据自己的需要在主从站的 PLC 中编制要进行数据共享的程序。

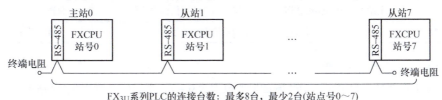

图 4-32 N:N 网络通信构成示意图

2. N:N 网络通信有关的辅助继电器和数据寄存器

在每台 PLC 的辅助继电器和数据寄存器中分别有一片系统指定的共享数据区，网络中的每一台 PLC 都会分配自己的共享辅助继电器和数据寄存器。N:N 网络所使用的从站数量不同、工作模式不同，共享的软元件点数和范围也不同，可以通过刷新范围来确定。共享软元件在各 PLC

之间进行数据通信,并且可以在所有的 PLC 中监视这些软元件。

对于某一台 PLC 来说,分配给它的共享数据区数据会自动地传送到其他站的相同区域,而分配给其他 PLC 共享数据区中的数据是其他站自动传送来的。对于某一台 PLC 的用户程序来说,在使用其他站自动传送来的数据时,就像读写自己内部的数据区一样方便。共享数据区中的数据与其他 PLC 中的对应数据在时间上有一定的延迟,数据传送周期与网络中的站数和传送数据的数量有关(延迟时间为 18~131ms)。

组建 N:N 网络时,必须设定软元件,N:N 网络通信的特殊辅助继电器和特殊数据寄存器分别见表 4-20、表 4-21。

表 4-20　N:N 网络通信的特殊辅助继电器

软元件编号	名　称	内　容	属　性	响应类型
M8038	N:N 网络参数设置	用来设置 N:N 网络参数	只读	主、从站
M8183	主站通信错误	当主站点通信错误时为 ON	只读	从站
M8184~M8190	从站通信错误	当 1~7 号从站点通信错误时为 ON	只读	主、从站
M8191	数据通信	当与其他站点通信时为 ON	只读	主、从站

表 4-21　N:N 网络通信的特殊数据寄存器

软元件编号	名　称	内　容	属　性	响应类型
D8173	站点号	存储站点号	只读	主、从站
D8174	从站点总数	存储从站点总数	只读	主、从站
D8175	刷新范围	存储刷新范围	只读	主、从站
D8176	站点号设置	设置站点号	只写	主、从站
D8177	从站点总数设置	设置从站点总数	只写	主站
D8178	刷新范围设置	设置刷新范围模式号	只写	主站
D8179	重试次数设置	设置重试次数	读写	主站
D8180	通信超时设置	设置通信超时时间	读写	主站
D8201	当前网络扫描时间	存储当前网络扫描时间	只读	主、从站
D8202	最大网络扫描时间	存储最大网络扫描时间	只读	主、从站
D8203	主站点的通信错误数目	存储主站点的通信错误数目	只读	从站
D8204~D8210	从站点的通信错误数目	存储从站点的通信错误数目	只读	主、从站
D8211	主站点的通信错误代码	存储主站点的通信错误代码	只读	从站
D8212~D8218	从站点的通信错误代码	存储从站点的通信错误代码	只读	主、从站

3. N:N 网络参数的设置

1)设置工作站号(D8176)。D8176 的取值范围为 0~7,主站应设置为 0,从站设置为 1~7。

2)设置从站个数(D8177)。D8177 只适用于主站,设定范围为 1~7(默认值为 7)。

3)设置刷新范围(D8178)。刷新范围是指主站与从站共享的辅助继电器和数据寄存器的范围。刷新范围由主站的 D8178 来设置,可以设定为 0、1、2(默认值为 0),对应的刷新范围见表 4-22。

刷新范围只能在主站中设置,设置的刷新模式适用于 N:N 网络中所有的工作站。

表 4-23 中的辅助继电器和数据寄存器供各站的 PLC 共享。根据在相应站号设置中设置的站点号,以及刷新范围设定中设定的模式不同,使用的软元件编号及点数也有所不同。编程时,请

勿擅自更改其他站点中使用的软元件的信息,否则不能正常运行。

表4-22 N:N网络通信的刷新范围

通信元件	刷新范围		
	模式0	模式1	模式2
位元件	0	32点	64点
字元件	4点	4点	8点

表4-23 N:N网络通信中的共享辅助继电器和数据寄存器

站号	模式0		模式1		模式2	
	位元件	字元件	位元件	字元件	位元件	字元件
0	—	D0 ~ D3	M1000 ~ M1031	D0 ~ D3	M1000 ~ M1063	D0 ~ D7
1	—	D10 ~ D13	M1064 ~ M1095	D10 ~ D13	M1064 ~ M1127	D10 ~ D17
2	—	D20 ~ D23	M1128 ~ M1159	D20 ~ D23	M1128 ~ M1191	D20 ~ D27
3	—	D30 ~ D33	M1192 ~ M1223	D30 ~ D33	M1192 ~ M1255	D30 ~ D37
4	—	D40 ~ D43	M1256 ~ M1287	D40 ~ D43	M1256 ~ M1319	D40 ~ D47
5	—	D50 ~ D53	M1320 ~ M1351	D50 ~ D53	M1320 ~ M1383	D50 ~ D57
6	—	D60 ~ D63	M1384 ~ M1415	D60 ~ D63	M1384 ~ M1447	D60 ~ D67
7	—	D70 ~ D73	M1448 ~ M1479	D70 ~ D73	M1448 ~ M1511	D70 ~ D77

以模式1为例,如果主站的X000要控制2号站的Y000,可以用主站的X000来控制它的M1000。通过通信,各从站种的M1000的状态与主站的M1000状态相同。用2号站的M1000来控制它的Y000,相当于用主站的X000来控制2号站的Y000。

4)设置重试次数(D8179)。D8179的取值范围为0~10(默认值为3),该设置仅用于主站。当通信出错时,主站就会根据设置的次数自动重试通信。

5)设置通信超时时间(D8180)。D8180的取值范围为5~255(默认值为5),该值乘以10ms就是通信超时时间。D8180仅用于主站。

4. N:N通信网络的组建

组建N:N通信网络前,应断开电源。各站PLC应安装FX_{3U}-485-BD通信板。它的外形与外形尺寸如图4-33所示。

(1) FX_{3U}-485-BD通信板的特点

1) FX_{3U}-485-BD通信板具有防静电和浪涌的功能,它被从内部安装在PLC基本单元左侧的顶部,因此不需要改变PLC的安装区域。

2) FX_{3U}-485-BD通信板内置终端电阻330Ω/110Ω,可以通过终端电阻切换开关选择。

(2) FX_{3U}-485-BD通信板接线注意事项

1)不要将信号电缆放在高压电源电缆附近,也不要将它们放在同一个干线管道中,否则可能会受到干扰或者电涌。将信号电缆和电源电缆保持一个安全的距离,最少要多于100mm。

2)将屏蔽线或屏蔽接地,但是它们的接地点和高电压线不能是同一个。

3)绝对不要对任何电缆末端进行焊接,确保连接电缆的数量不会超过单元的设计数量。

4)绝对不要连接尺寸不允许的电缆。

5)固定电缆,确保任何应力不会直接作用到端子排或者电缆连接区上。

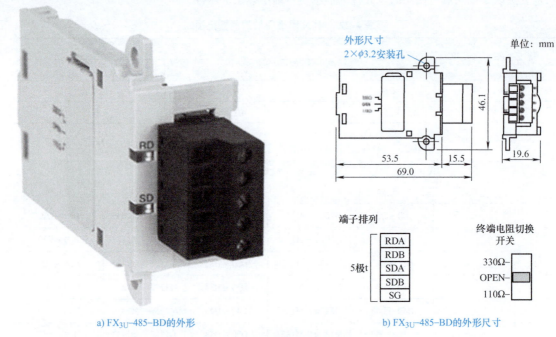

a) FX$_{3U}$-485-BD的外形　　　　　　　　b) FX$_{3U}$-485-BD的外形尺寸

图4-33　FX$_{3U}$-485-BD通信板的外形与外形尺寸

6）端子的拧紧力矩是0.5~0.6N·m。要拧紧，防止故障。

警告：安装/拆除扩展板或者在扩展板上接线之前要先切断电源，以避免触电或者产品损坏。

进行N:N网络连接时应注意：

1）终端电阻必须设置在线路的两端，在端子RDA和RDB之间连接终端电阻（110Ω），如果FX$_{3U}$-485-BD中内置了终端电阻，只需通过切换开关设定终端电阻即可。

2）将端子SG连接到PLC主体的每个端子，而PLC主体通过100Ω或更小的电阻接地。

3）屏蔽双绞线的线径应在26~16AWG范围，否则由于端子可能接触不良，不能确保正常的通信。连线时宜用压接工具把电缆插入端子，如果连接不稳定，则会出现通信错误。

如果网络上各站点PLC已完成网络参数的设置，则在完成网络连接后，再接通各PLC工作电源。可以看到，各站通信板上的SD LED和RD LED指示灯都将出现点亮/熄灭交替的闪烁状态，说明N:N通信网络已经组建成功。

如果RD LED指示灯处于点亮/熄灭的闪烁状态，而SD LED没有点亮，这时须检查站点编号的设置、传输速率（波特率）和从站的总数目。

三、任务实施

（一）任务目标

1）掌握FX$_{3U}$-485-BD通信板的安装与接线。

2）能根据控制要求组建N:N通信网络。

3）学会FX$_{3U}$系列PLC的I/O接线方法。

4）根据控制要求编写梯形图。

5）熟练使用三菱GX Developer编程软件，编制梯形图并写入PLC进行调试运行，查看运行结果。

(二) 设备与器材

本任务所需设备与器材见表4-24。

表4-24 设备与器材

序号	名称	符号	型号规格	数量	备注
1	常用电工工具		十字螺钉旋具、一字螺钉旋具、尖嘴钳、剥线钳等	1套	表中所列设备、器材的型号规格仅供参考
2	计算机（安装 GX Developer 编程软件）			3台	
3	PLC（带 FX_{3U}-485-BD 通信板）		三菱 FX_{3U}-48MR	3台	
4	三相异步电动机			3台	
5	天煌 THPLC 实训台			3台	
6	连接导线			若干	

(三) 内容与步骤

1. 任务要求

3台 FX_{3U} 系列 PLC 通过 FX_{3U}-485-BD 通信板组建 N:N 通信网络，其中1台为主站，其余2台为从站。控制要求如下：

1) 通信参数：重试次数4次，通信超时时间为50ms，刷新范围采用模式1。

2) 在0号主站按下起动按钮时，1号从站的电动机 M1 以 Y-△ 减压起动，起动时间为10s，起动过程以 1s 的周期闪烁指示。

3) 在1号从站按下起动按钮时，2号从站的电动机 M2 以 Y-△ 减压起动，起动时间为10s，起动过程以 1s 的周期闪烁指示。

4) 在2号从站按下起动按钮时，0号主站的电动机 M0 以 Y-△ 减压起动，起动时间为10s，起动过程以 1s 的周期闪烁指示。

2. I/O 分配与接线图

3台 FX_{3U} 系列 PLC 组建 N:N 通信网络 I/O 分配见表4-25。

表4-25 3台 FX_{3U} 系列 PLC 组建 N:N 通信网络 I/O 分配表

输入				输出			
设备名称	符号	X元件编号		设备名称	符号	Y元件编号	
起动按钮	SB_1	X000		主接触器	KM_1	Y000	
停止按钮	SB_2	X001		Y联结接触器	KM_3	Y001	
				△联结接触器	KM_2	Y002	
				指示灯	HL	Y004	

3台 FX_{3U} 系列 PLC 组建 N:N 通信网络 I/O 接线图如图4-34所示。

3台 FX_{3U} 系列 PLC 组建 N:N 通信网络的连接图如图4-35所示。

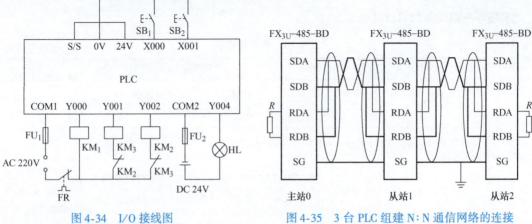

图 4-34 I/O 接线图　　　　图 4-35 3 台 PLC 组建 N:N 通信网络的连接

3. 编制程序

根据控制要求编写主站及从站梯形图，如图 4-36～图 4-38 所示。

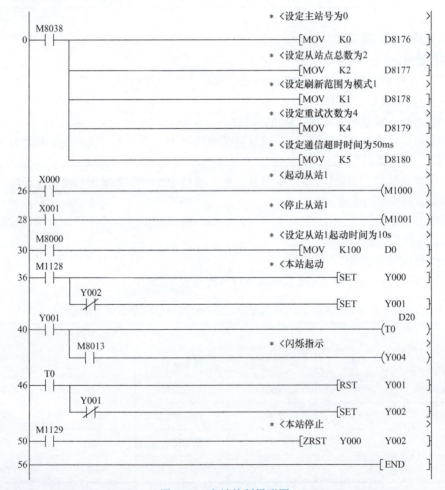

图 4-36 主站控制梯形图

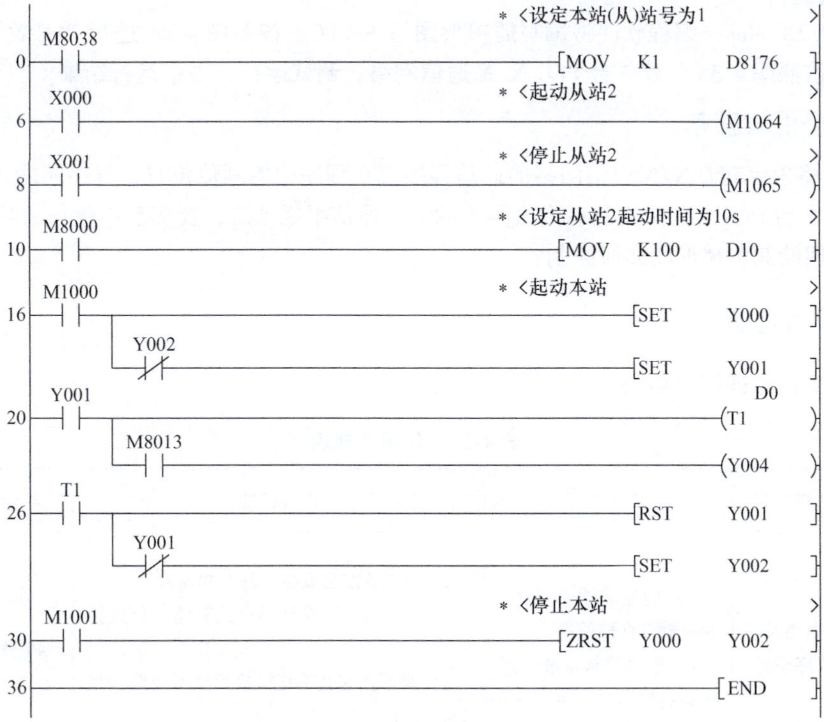

项目四 FX$_{3U}$系列PLC模拟量控制与通信功能的实现 | 193

```
                                                * <设定本站(从)站号为1>
       M8038
  0    ─┤├─────────────────────────────────[MOV    K1      D8176]
       X000                                    * <起动从站2>
  6    ─┤├─────────────────────────────────────────────────(M1064)
       X001                                    * <停止从站2>
  8    ─┤├─────────────────────────────────────────────────(M1065)
       M8000                                   * <设定从站2起动时间为10s>
 10    ─┤├─────────────────────────────────[MOV    K100    D10]
       M1000                                   * <起动本站>
 16    ─┤├──────────────────────────────────────────[SET    Y000]
            Y002
            ─┤/├─────────────────────────────────────[SET    Y001]
       Y001                                                D0
 20    ─┤├─────────────────────────────────────────────────(T1)
            M8013
            ─┤├─────────────────────────────────────────────(Y004)
       T1
 26    ─┤├──────────────────────────────────────────[RST    Y001]
            Y001
            ─┤/├─────────────────────────────────────[SET    Y002]
       M1001                                   * <停止本站>
 30    ─┤├──────────────────────────────────[ZRST   Y000    Y002]
 36                                                        [END]
```

图 4-37 从站 1 控制梯形图

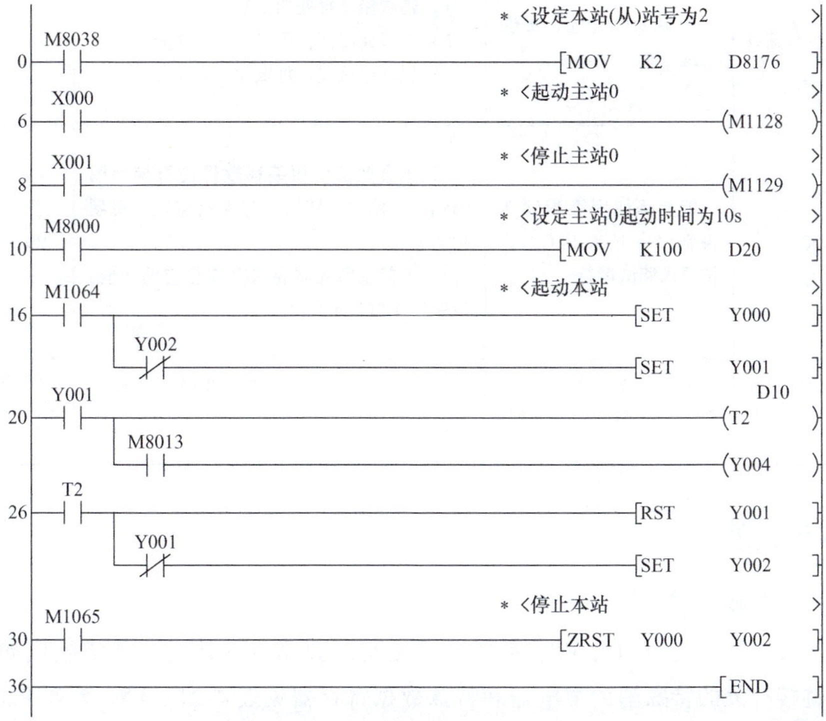

```
                                                * <设定本站(从)站号为2>
       M8038
  0    ─┤├─────────────────────────────────[MOV    K2      D8176]
       X000                                    * <起动主站0>
  6    ─┤├─────────────────────────────────────────────────(M1128)
       X001                                    * <停止主站0>
  8    ─┤├─────────────────────────────────────────────────(M1129)
       M8000                                   * <设定主站0起动时间为10s>
 10    ─┤├─────────────────────────────────[MOV    K100    D20]
       M1064                                   * <起动本站>
 16    ─┤├──────────────────────────────────────────[SET    Y000]
            Y002
            ─┤/├─────────────────────────────────────[SET    Y001]
       Y001                                                D10
 20    ─┤├─────────────────────────────────────────────────(T2)
            M8013
            ─┤├─────────────────────────────────────────────(Y004)
       T2
 26    ─┤├──────────────────────────────────────────[RST    Y001]
            Y001
            ─┤/├─────────────────────────────────────[SET    Y002]
       M1065                                   * <停止本站>
 30    ─┤├──────────────────────────────────[ZRST   Y000    Y002]
 36                                                        [END]
```

图 4-38 从站 2 控制梯形图

4. 调试运行

利用 GX Developer 编程软件将编写的梯形图写入 PLC，按照图 4-34 进行 PLC 输入、输出端接线，然后按照图 4-35 组建 3 台 PLC N∶N 通信网络，调试运行，观察运行结果。

（四）分析与思考

1. 如果将 3 台 PLC N∶N 通信网络的通信程序放在程序中的其他位置，程序还能正常运行吗？
2. 如果 3 台 PLC 之间采用具有电气隔离的 I/O 通信组成系统，要实现本任务的功能，其 I/O 接线图应如何绘制？梯形图如何编制？

四、任务考核

本任务实施考核见表 4-26。

表 4-26 任务考核表

序号	考核内容	考核要求	评分标准	配分	得分
1	电路及程序设计	1）能正确分配 I/O，并绘制 I/O 接线图 2）根据控制要求，正确编制梯形图程序	1）I/O 分配错或少，每个扣 5 分 2）I/O 接线图设计不全或有错，每处扣 5 分 3）梯形图表达不正确或画法不规范，每处扣 5 分	40 分	
2	安装与连线	根据 I/O 分配，正确连接电路	1）连线错，每处扣 5 分 2）损坏元器件，每只扣 5～10 分 3）损坏连接线，每根扣 5～10 分	20 分	
3	调试与运行	能熟练使用编程软件编制程序写入 PLC，并按要求调试运行	1）不会熟练使用编程软件进行梯形图的编辑、修改、转换、写入及监视，每项扣 2 分 2）不能按照控制要求完成相应的功能，每缺一项扣 5 分	20 分	
4	安全操作	确保人身和设备安全	违反安全文明操作规程，扣 10～20 分	20 分	
5	合 计				

五、知识拓展

（一）并联链接通信

并联链接通信用来实现两台 FX_{3U} 系列 PLC 之间的数据自动传送，系统组成如图 4-39 所示。与并联链接有关的特殊辅助继电器和特殊数据寄存器见表 4-27。FX_{3U} 系列 PLC 的数据传输采用 100 点辅助继电器和 10 点数据寄存器完成，与通信有关的辅助继电器和数据寄存器见表 4-28。

项目四 FX₃ᵤ系列PLC模拟量控制与通信功能的实现

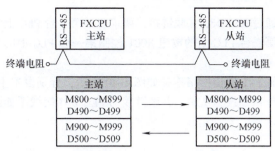

图 4-39 并联链接通信系统组成示意图

表 4-27 并联链接相关的特殊辅助继电器和特殊数据寄存器

软元件	名 称	内 容	设 定
M8070	设定为并联链接的主站	置 ON 时,作为主站链接	主站
M8071	设定为并联链接的从站	置 ON 时,作为从站链接	从站
M8162	高速并联链接模式	当为字软元件 2 点的通信模式时,置 ON	主站、从站
M8178	通道的设定	设定要使用的通道口通信(使用 FX₃ᵤ、FX₃ᵤC 时) OFF:通道 1;ON:通道 2	主站、从站
M8072	并联链接运行中	当并联链接运行时,置 ON	主站、从站
M8073	并联链接设定异常	主站或从站的设定内容有误	主站、从站
M8063	串行通信出错 1(通道 1)	当通道 1 的串行通信中发生出错时,置 ON	主站、从站
M8438	串行通信出错 2(通道 2)	当通道 2 的串行通信中发生出错时,置 ON(使用 FX₃ᵤ、FX₃ᵤC 时)	主站、从站
D8070	判断为出错的时间	设定并联链接中的数据通信出错的判断时间,初始值 500ms	主站、从站
D8063	串行通信出错代码(通道 1)	当通道 1 的串行通信中发生出错时,保存出错代码	主站、从站
D8438	串行通信出错代码(通道 2)	当通道 2 的串行通信中发生出错时,保存出错代码(使用 FX₃ᵤ、FX₃ᵤC 时)	主站、从站

并联链接有普通模式和高速模式两种工作模式,通过特殊辅助继电器 M8162 来设置(见表 4-27)。并联链接两种模式的比较见表 4-28。

表 4-28 并联链接两种模式的比较

模 式	通信设备	FX₃ᵤ、FX₃ᵤC	通信时间/ms
普通模式 (M8162 为 OFF)	主站→从站	M800 ~ M899(100 点) D490 ~ D499(10 点)	15ms + 主站扫描时间 + 从站扫描时间
	从站→主站	M900 ~ M999(100 点) D500 ~ D509(10 点)	
高速模式 (M8162 为 ON)	主站→从站	D491、D492(2 点)	5ms + 主站扫描时间 + 从站扫描时间
	从站→主站	D500、D501(2 点)	

应用举例：

两台 FX$_{3U}$ 系列 PLC 通过 RS-485 并联链接，要求通过第一台 PLC 上的按钮 X000 控制第二台 PLC 上的指示灯 Y001，第二台 PLC 上的按钮 X001 控制第一台 PLC 上的指示灯 Y000，编制控制程序。

两台 PLC 并联链接的 1:1 通信网络连接如图 4-40 所示，分别设置主站和从站程序，将第一台 PLC 设为主站，第二台 PLC 设为从站。并联链接的 PLC I/O 接线图如图 4-41 所示。主站和从站的控制程序如图 4-42 所示。

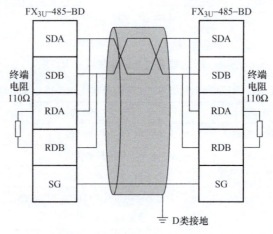

图 4-40　两台 PLC 并联链接的 1:1 通信网络的连接

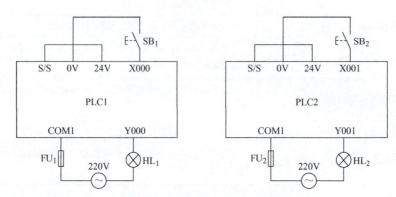

图 4-41　并联链接的 PLC I/O 接线图

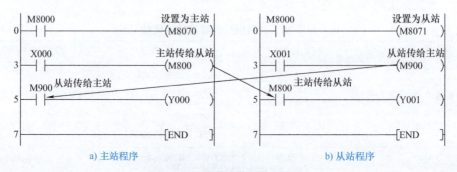

a) 主站程序　　　　　　　　　　　　　　b) 从站程序

图 4-42　并联链接的控制程序

(二) 计算机链接通信

1. 计算机链接功能

计算机链接通信就是以计算机为主站，最多连接 16 台 FX$_{3U}$ 系列 PLC 或者 A 系列 PLC 进行数据链接的专用通信协议。对 Q/A 系列 PLC，计算机链接最多可以执行 32 台。

1) 计算机链接 FX$_{3U}$ 系列 PLC 最多可以执行 16 台。

2) 支持 MC（MELSEC 通信协议）专用协议。PLC 与计算机通信系统结构（RS-232/RS-485）如图 4-43 所示。

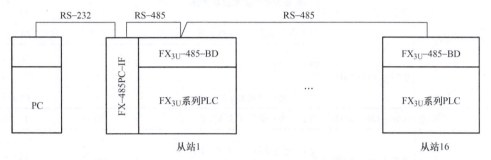

图 4-43　PLC 与计算机通信系统结构（RS-485/RS-232）

2. 通信规格（参考）

表 4-29 通信规格中的内容请用编程工具在参数中或顺控程序中设定。

表 4-29　通信规格

项　　目		规　　格
连接台数		最多 16 台
传输规格		符合 RS-485/RS-232 规格
最大中延长距离		RS-485：500m 以下 当系统中同时存在 485BD 时为 50m 以下 RS-232C：15m 以下
协议形式		计算机链接（专用协议），有协议格式 1/协议格式 4
控制顺序		—
通信方式		半双工双向
波特率		300/600/1200/2400/4800/9600/19200/38400[①]bit/s
字符格式		—
报文格式	起始位	固定
	数据位	7 位/8 位
	奇偶校验	无/奇校验/偶校验
	停止位	1 位/2 位
报头		固定
报尾		固定
控制线		固定
和校验		无/有

注意：如果用编程工具在参数中或顺控程序中均设定了通信规格，则以参数中设定的内容为准。

建议使用在参数中设定通信规格的方法，一方面可以不用编写程序；另一方面，使用参数设定可以一目了然地看出通信规格是如何设定的。

3. 计算机通过 MELSEC 专用通信协议（MC 协议）处理的指令和软元件

计算机通过 MELSEC 专用通信协议（MC 协议）处理的指令及相关软元件见表 4-30。

表 4-30　计算机通过 MC 协议处理的指令及相关软元件

名称			指令		处理内容	一次更新可以处理的点数	
			符号	ASCII 码		$FX_{1N(C)}$、$FX_{2N(C)}$	FX_{3G}、$FX_{3U(C)}$
软元件内存	成批读出	位单位	BR	42H，52H	以 1 点为单位读出位软元件	256 点	256 点
		字单位	WR	57H，52H	以 16 点为单位读出位软元件	32 个字 512 点	32 个字 512 点
					以 1 点为单位读出字软元件	64 点[2]	64 点[2]
			QR[1]	51H，52H	以 16 点为单位读出位软元件	—	32 个字 512 点
					以 1 点为单位读出字软元件	—	64 点[2]
	成批读入	位单位	BW	42H，57H	以 1 点为单位写入位软元件	160 点	160 点
		字单位	WW	57H，57H	以 16 点为单位写入位软元件	10 个字 160 点	10 个字 160 点
					以 1 点为单位写入字软元件	64 点[2]	64 点[2]
			QW[1]	51H，57H	以 16 点为单位写入位软元件	—	10 个字 160 点
					以 1 点为单位写入字软元件	—	64 点[2]
	测试（随机写入）	位单位	BT	42H，54H	以 1 点为单元随机指定位数软元件，执行置位/复位	20 点	20 点
		字单位	WT	57H，54H	以 1 点为单元随机指定位软元件，执行置位/复位	10 个字 160 点	10 个字 160 点
					以 1 点为单元随机指定字软元件后写入	10 点[3]	10 点[3]
			QT[1]	51H，54H	以 16 点为单元随机指定位数软元件，执行置位/复位	—	10 个字 160 点
					以 1 点为单元随机指定字软元件后写入	—	10 点[3]
PLC	远程 RUN		RR	52H，52H	针对 PLC 请求远程 RUN/STOP	—	—
	远程 STOP		RS	52H，53H			
	读出 PLC 型号		PC	50H，43H	读出 PLC 的型号		
全局			CW	47H，57H	针对所有通过计算机链接连接的 PLC，将全局信号（FX 系列的场合为 M8216）置为 ON/OFF	1 点	1 点
下位请求通信			—	—	由 PLC 发出发送请求，但是仅限于系统为 1:1 网络构成时可行	顺控程序中可以指定的最大点数为 64 个字	顺控程序中可以指定的最大点数为 64 个字
折返测试			TT	54H，54H	将从计算机接收到的字符原样返回给计算机	254 个字符	254 个字符

① 仅对应 FX_{3G}、$FX_{3U(C)}$ 系列 PLC。
② 指定了 32 位计数器（C200～C255）时为 32 点。
③ 不能指定 32 位计数器（C200～C255）。

4. 通信接线

（1）RS－232C 的接线

1）FX_{3U}系列 PLC 与计算机（RS－232C）之间的接线图如图 4-44 所示。

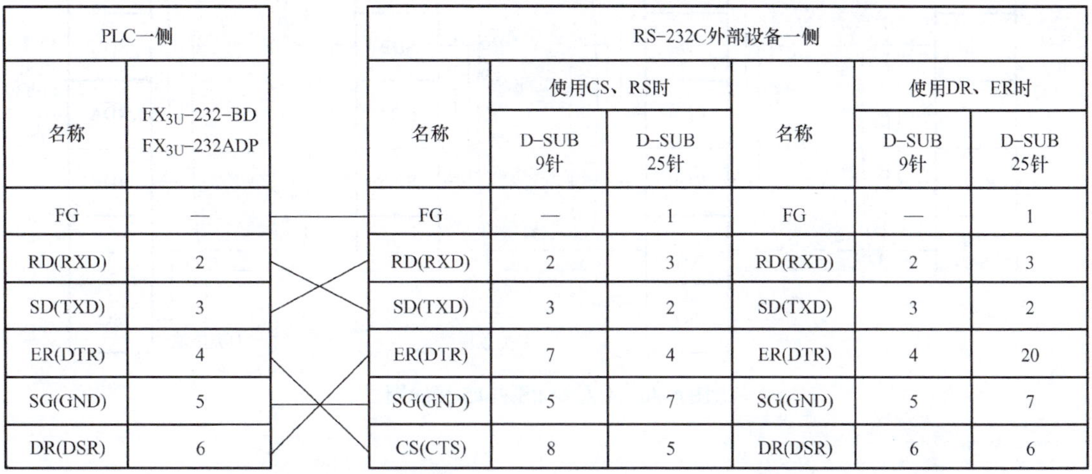

PLC一侧
名称
FX3U-232-BD
FX3U-232ADP
FG —
RD(RXD) 2
SD(TXD) 3
ER(DTR) 4
SG(GND) 5
DR(DSR) 6
RS-232C外部设备一侧
使用CS、RS时
名称 D-SUB 9针 D-SUB 25针
FG — 1
RD(RXD) 2 3
SD(TXD) 3 2
ER(DTR) 7 4
SG(GND) 5 7
CS(CTS) 8 5
使用DR、ER时
名称 D-SUB 9针 D-SUB 25针
FG — 1
RD(RXD) 2 3
SD(TXD) 3 2
ER(DTR) 4 20
SG(GND) 5 7
DR(DSR) 6 6

图 4-44　FX_{3U}系列 PLC 与计算机（RS－232C）之间的接线图

2）FX－485PC－IF 与计算机（RS－232C）之间的接线如图 4-45 所示。

485PC-IF
信号名称 针脚号码
SD(TXD) 2
RD(RXD) 3
RS(RTS) 4
CS(CTS) 5
DR(DSR) 6
SG(GND) 7
ER(DTR) 20
计算机
信号名称
SD(TXD)
RD(RXD)
RS(RTS)
CS(CTS)
DR(DSR)
SG(GND)
ER(DTR)

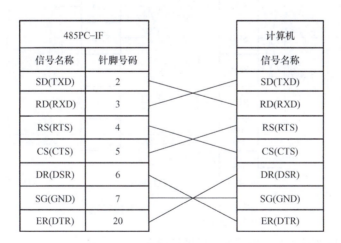

图 4-45　FX－485PC－IF 与计算机（RS－232C）之间的接线图

（2）RS－485 的接线

1）1 对线的接线。RS－485 采用 1 对线的接线如图 4-46 所示。

2）2 对线的接线。RS－485 采用 2 对线的接线如图 4-47 所示。

5. FX_{3U}系列 PLC 的通信设置

（1）采用参数指定　使用 GX Developer 编程软件在计算机画面上进行设定，在编程界面的工程数据列表栏中双击“PLC 参数”，打开“FX 参数设置”对话框，选择“PLC 系统（2）”，选择要使用的通道“CH1”，勾选“通信设置操作”复选框后，进行通信协议、通信格式、通信类型、传送控制顺序、站号等参数的设定，如图 4-48 所示。

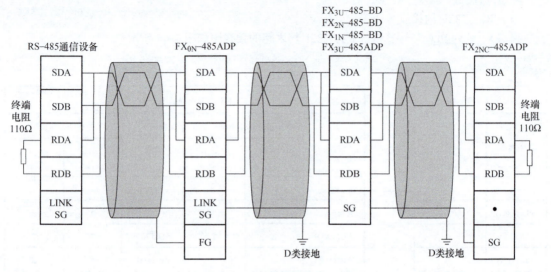

图 4-46　1 对线 RS-485 接线图

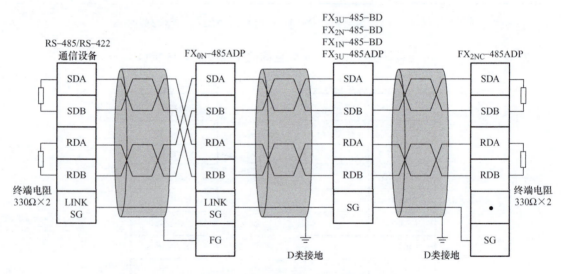

图 4-47　2 对线 RS-485 接线图

(2) 采用在特殊数据寄存器中写入数据进行指定

1) 通信格式参数设定。设定串行通信的通信格式参数，使用 $FX_{3U(C)}$ 系列以外的 PLC 或使用 $FX_{3U(C)}$ 系列 PLC 的通道 1 的通信口时，用 D8120 设定；使用 $FX_{3U(C)}$ 系列 PLC 的通道 2 的通信口时，用 D8420 设定。D8120、D8420 设定详细通信格式参数见表 4-31 和表 4-32。

2) 站号设定。设定计算机链接的站号，使用 $FX_{3U(C)}$ 系列以外的 PLC 或者使用 $FX_{3U(C)}$ 系列 PLC 的通道 1 的通信口时，用 D8121 设定；使用 $FX_{3U(C)}$ 系列 PLC 的通道 2 的通信口时，用 D8421 设定。请在站号 0~15 (H00~H0F) 的范围内设定。

3) 超时判定时间设定。以 10ms 为单位，设定当从计算机接收数据中断时开始到出错为止的判定时间。使用 $FX_{3U(C)}$ 系列以外的 PLC 或者使用 $FX_{3U(C)}$ 系列 PLC 的通道 1 的通信口时，用 D8129 设定；使用 $FX_{3U(C)}$ 系列 PLC 的通道 2 的通信口时，用 D8429 设定。

项目四　FX₃ᵤ系列PLC模拟量控制与通信功能的实现

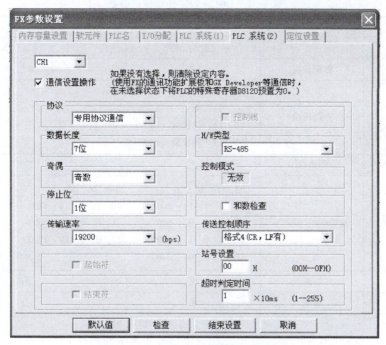

图 4-48　FX$_{3U}$ 系列 PLC 的通信参数设置

表 4-31　D8120 设定通信格式参数

位编号	名称	内容	
		0（位为 OFF）	1（位为 ON）
b0	数据长度	7 位	8 位
b1 b2	奇偶校验	b2, b1 (0, 0)：无 (0, 1)：奇校验（ODD） (1, 1)：偶校验（EVEN）	
b3	停止位	1 位	2 位
b4 b5 b6 b7	波特率/（bit/s）	b7, b6, b5, b4 (0, 0, 1, 1)：300 (0, 1, 0, 0)：600 (0, 1, 0, 1)：1200 (0, 1, 1, 0)：2400	b7, b6, b5, b4 (0, 1, 1, 1)：4800 (1, 0, 0, 0)：9600 (1, 0, 0, 1)：19200
b8	报头	无	有（D8124），初始值：STX（02H）
b9	报尾	无	有（D8125），初始值：ETX（03H）
b10 b11	控制线	计算机 链接	b11, b10 (0, 0)：RS-485/RS-422 接口 (1, 0)：RS-232C 接口
b12		不可使用	
b13	和校验	不附加	附加
b14	协议	无协议	专用协议
b15	控制顺序	协议格式 1	协议格式 4

表 4-32 D8420 设定通信格式参数

位编号	名称	内容	
		0（位为 OFF）	1（位为 ON）
b0	数据长度	7 位	8 位
b1 b2	奇偶校验	b2, b1 (0, 0)：无 (0, 1)：奇校验（ODD） (1, 1)：偶校验（EVEN）	
b3	停止位	1 位	2 位
b4 b5 b6 b7	波特率/（bit/s）	b7, b6, b5, b4 (0, 0, 1, 1)：300 (0, 1, 0, 0)：600 (0, 1, 0, 1)：1200 (0, 1, 1, 0)：2400	b7, b6, b5, b4 (0, 1, 1, 1)：4800 (1, 0, 0, 0)：9600 (1, 0, 0, 1)：19200
b8	报头	无	有
b9	报尾	无	有
b10 b11 b12	控制线	计算机 链接	b12, b11, b10 (0, 0, 0)：RS-485/RS-422 接口 (0, 1, 0)：RS-232C 接口
b13	和校验	不附加	附加
b14	协议	无协议	专用协议
b15	控制顺序	协议格式 1	协议格式 4

FX$_{3U}$ 系列 PLC 通过特殊数据寄存器设定 CH2 数据通信格式程序如图 4-49 所示。

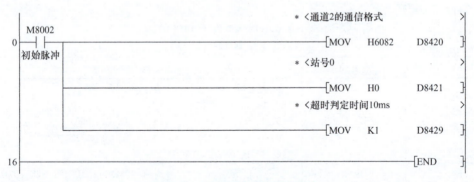

图 4-49 数据通信格式设定程序

（三）无协议通信

大多数 PLC 都有一种串行口无协议通信指令，如 FX 系列的 RS 指令，用于 PLC 与上位机或其他 RS-232C 设备的通信。这种通信方式最为灵活，PLC 与 RS-232C 设备之间可以使用用户自定义的通信协议，但是 PLC 的编程工作量较大，对编程人员要求较高。

无协议通信并非通信双方不要协议，只是协议比较简单，仅需要对传输数据格式、传输速率等进行简单设定，即可实现数据交换的通信方式。

用各种 RS-232C 设备单元，包括个人计算机、条形码阅读器和打印机进行数据通信，可通过无协议通信完成。此通信使用 RS 指令或一个 $FX_{3U}-232IF$ 特殊功能模块完成。

六、任务总结

本任务以 3 台三相异步电动机的 PLC N:N 网络通信控制为载体,进行了 PLC 通信的基本知识、N:N 网络通信及并行通信(1:1 网络)等相关知识的学习。在此基础上分析了 3 台三相异步电动机的 PLC N:N 网络通信控制程序的设计方法、输入程序及调试运行,达到会组建 N:N 通信网络的目标。

梳理与总结

本项目通过三相异步电动机变频调速的 PLC 控制、3 台三相异步电动机的 PLCN:N 网络通信控制两个任务的学习与实践,达成掌握 FX_{3U} 系列 PLC 模拟量控制与通信功能实现的编程应用。

1)FX_{3U} 系列 PLC 基本单元只能实现开关量(数字量)控制,如果要实现模拟量控制,必须要配置模拟量输入/输出适配器或模拟量输入/输出模块。模拟量输入/输出适配器连接在 PLC 基本单元的左侧,且最多只能连接 4 台,其模拟量控制通过特殊辅助继电器和特殊数据寄存器编程实现;模拟量输入/输出模块连接于 PLC 基本单元的右侧,最多不超过 8 台,其模拟量控制可以通过 FROM、TO 指令或 BFM 直接指定(U□\G□)编程实现。

2)FX_{3U} 系列 PLC 在配置 $FX_{3U}-485-BD$ 通信板以后,便可以组网实现数据通信,常用的通信类型有 N:N 网络通信、并联链接通信和计算机链接通信。

① N:N 网络通信。最多 8 台 FX_{3U} 系列 PLC 组成分布式系统,其中 1 台为主站(任意一台均可设置为主站),另外 7 台为从站,组网时,将各 FX_{3U} 系列 PLC 的 $FX_{3U}-485-BD$ 通信板的通信数据端进行串行连接,然后设置各站通信参数,通过分配相应范围内的共享位元件和字元件,实现通信联网的目的。

② 并联链接通信。两台 FX_{3U} 系列 PLC 组成分布式系统,其中 1 台为主站(任意一台均可设置为主站),另外 1 台为从站,PLC 采用 100 点辅助继电器和 10 点数据寄存器来完成数据传输共享。

③ 计算机链接通信。计算机链接通信就是以计算机为主站,最多连接 16 台 FX_{3U} 系列 PLC 或者 A 系列 PLC(PLC 只能为从站),进行数据链接的专用通信协议。通信接线可以采用 RS-232C 的接线或 RS-485 的接线。对于 FX_{3U} 系列 PLC 通信设置可以采用参数指定,也可以采用在特殊数据寄存器中写入数据进行指定。

复习与提高

一、填空题

1. $FX_{3U}-3A-ADP$ 是_____模拟量输入和_____模拟量输出、分辨率为_____位二进制的模拟量输入/输出适配器。模拟量输入/输出信号均可以是电压或电流,其中,电压的范围是_____,电流的范围是_____。

2. 对于 FX_{3U} 系列 PLC,在其____侧最多可以连接__台 $FX_{3U}-3A-ADP$(包括其他模拟量功能扩展板和模拟量特殊适配器)。

3. $FX_{3U}-4AD$ 将接收的 4 通道_____转换为_____的数字量(电压)或____的数字量(电流),并保存在_____。

4. $FX_{3U}-4DA$ 连接在 FX_{3U} 系列 PLC 的____侧,最多只能连接____台(包括其他特殊功能模块的连接台数），是将来自 PLC 的＿＿＿通道的数字值转换成＿＿＿（电压/电流），并输出的模拟量特殊功能模块。

5. 在数据信息通信时，按同时传送的数据位数可以分为＿＿＿＿和＿＿＿＿。

6. 串行通信的连接方式有＿＿＿、＿＿＿和＿＿＿三种。

7. 在 N:N 通信网络中，主站的站点号只能设置为＿＿，从站数最少＿＿，最多＿＿。

8. N:N 通信网络的刷新模式有＿＿＿、＿＿＿、＿＿＿三种。

9. 在 N:N 通信网络中，用于设置通信参数条件的特殊辅助继电器为＿＿＿。

10. 并联链接通信有＿＿＿、＿＿＿两种模式，可以通过特殊辅助继电器 M8162 设置。当 M8162 =＿＿时，为＿＿＿；当 M8162 =＿＿时，为＿＿＿。

11. 计算机链接通信在设置串行通信的通信格式参数时，当使用 $FX_{3U(C)}$ 系列以外的 PLC 或使用 $FX_{3U(C)}$ 系列 PLC 的通道 1 的通信口，用特殊数据寄存器＿＿＿设定；当使用 $FX_{3U(C)}$ 系列 PLC 的通道 2 的通信口，则用特殊数据寄存器＿＿＿设定。

二、判断题。

1. FX_{3U} - 3A - ADP 模拟量输入/输出适配器将接收 3 通道模拟量输入或 3 通道模拟量输出。（　　）

2. FX_{3U} - 4DA 模拟量输出模块是 FX_{3U} 系列 PLC 专用的模拟量输出模块之一。（　　）

3. FX_{3U} - 4AD 模块将接收 4 通道模拟量输入（电压输入或电流输入）转换成 12 位二进制的数字量。（　　）

4. FX_{3U} - 4DA 模块将输出 4 通道模拟量（电压输出或电流输出）。（　　）

5. FX_{3U} 系列 PLC 左侧最多可以连接 4 台适配器。（　　）

6. FX_{3U} 系列 PLC 右侧最多可以连接 8 台特殊功能模块。（　　）

7. FROM 指令的功能是实现将特殊功能模块中缓冲存储区（BFM）指定位的内容读到 PLC 基本单元中。（　　）

8. TO 指令的功能是由 PLC 基本单元向特殊模块缓冲存储器（BFM）写入数据。（　　）

9. 通信的基本方式可分为并行通信与串行通信两种。（　　）

10. 串行通信的连接方式有单工、全双工两种。（　　）

11. 在组建 N:N 通信网络时，每一站设置的用于通信的参数程序可以放在每一站程序中的任意位置。（　　）

12. FX_{3U} 系列 PLC 的 N:N 网络的特殊辅助继电器均为只读属性。（　　）

13. 无协议通信就是说双方在通信过程中不需要遵守协议。（　　）

三、单项选择题。

1. FX_{3U} - 3A - ADP 模拟量输入/输出适配器电压输入时，输入信号的范围为（　　）。
A. DC 0～24V　　B. DC 0～5V　　C. DC 0～12V　　D. DC 0～10V

2. FX_{3U} - 3A - ADP 模拟量输入输出适配器电流输出时，输出信号的范围为（　　）。
A. DC 0～10mA　　B. DC 4～10mA　　C. DC 0～20mA　　D. DC 4～20mA

3. 在 N:N 通信网络中，刷新范围模式 0 中主站用于通信的共享数据寄存器有（　　）点。
A. 4　　B. 8　　C. 6　　D. 32

4. 在 N:N 通信网络中，主从站的总数最多为（　　）台。
A. 8　　B. 16　　C. 7　　D. 2

5. FX_{3U} 系列 PLC 之间采用 FX_{3U} - 485 - BD 通信板和专用通信电缆进行连接，最大有效通信距离是（　　）。
A. 15m　　B. 20m　　C. 50m　　D. 500m

A. M8184　　　　B. M8183　　　　C. M8186　　　　D. M8185

7. 在 N∶N 通信网络中，站点号设置值存于特殊数据寄存器（　　）。

A. D8176　　　　B. D8178　　　　C. D8177　　　　D. D8179

8. 在并行连接通信中，用于设置主站的特殊辅助继电器是（　　）。

A. M8073　　　　B. M8072　　　　C. M8071　　　　D. M8070

四、简答题

1. FX_{3U} 系列 PLC 的通信方式有哪几种？
2. FX_{3U} 系列 PLC 的特殊功能模块分哪几类？
3. 使用并联链接的 2 台 PLC 如何交换数据？
4. N∶N 网络链接的各站之间如何交换数据？

五、程序设计题

1. 在 2 台 FX_{3U} 系列 PLC 中，试用并联链接通信实现如下控制要求。

1）主站中数据寄存器 D0 每 5s 自动加 1，D2 每 10s 自动加 1。

2）主站输入继电器 X000~X017 的 ON/OFF 状态输出到从站的 Y000~Y017。

3）当主站计算结果（D0 + D2）＜200，从站的 Y020 变为 ON。

4）当主站计算结果（D0 + D2）＝200，从站的 Y021 变为 ON。

5）当主站计算结果（D0 + D2）＞200，从站的 Y022 变为 ON。

6）从站输入继电器 X000~X017 的 ON/OFF 状态输出到主站的 Y000~Y017。

7）主站 D10 的值用来作为从站计数器 C0 设定值的间接设定，该值等于 K60，用于从站中每秒 1 次的计数。

2. 在 5 台 FX_{3U} 系列 PLC 构成的 N∶N 通信网络中，要求所有各站的输出信号 Y000~Y007 和数据寄存器 D100~D107 共享，各站都将这些信号保存在各自的辅助继电器和数据寄存器中，试设计通信程序。

3. 某自动化流水线传送带系统由 1 台 FX_{3U} 系列 PLC 控制，调试时要求：按下调试按钮 SB，传送带驱动三相异步电动机分别以 40Hz、30Hz、20Hz 频率正向运行 30s、20s、10s 后，自动停止，正向运行过程中绿灯 HL_1 以 1Hz 频率闪烁；再次按下调试按钮 SB，传送带驱动三相异步电动机分别以 40Hz、30Hz、20Hz 频率反向运行 30s、20s、10s 后，自动停止，反向运行时黄灯 HL_2 以 1Hz 频率闪烁。试绘制 PLC 控制 I/O 接线图及梯形图。

项目五　PLC 控制系统的实现

教学目标	能力目标	1. 学会根据任务要求，进行 PLC 选型、硬件配置和 PLC 安装接线 2. 能根据控制要求设计简单控制系统的 PLC 程序 3. 学会运用 PLC 基本知识解决实际运行中的问题
	知识目标	1. 熟悉 PLC 控制系统设计的主要内容和步骤 2. 掌握 PLC 控制系统程序设计及安装调试的方法
教学重点		PLC 控制系统的程序编制及调试
教学难点		PLC 控制系统的调试
教学方法、手段建议		采用项目教学法、任务驱动法、理实一体化教学法等开展教学。在教学过程中，教师讲授与学生讨论相结合，传统教学与信息化技术相结合，充分利用翻转课堂、微课等教学手段，将理论学习与实践操作融为一体，引导学生做中学、学中做，教、学、做合一
参考学时		18 学时

项目一~项目三分别介绍了三菱 FX_{3U} 系列 PLC 的基本指令、步进指令及功能指令的应用，下面将运用前面学习的 FX_{3U} 系列 PLC 指令系统，通过 Z3040 型摇臂钻床 PLC 控制系统的安装与调试、机械手 PLC 控制系统的安装与调试、运料小车 PLC 控制系统的安装与调试 3 个任务介绍 PLC 控制系统的实现。

任务一　Z3040 型摇臂钻床 PLC 控制系统的安装与调试

一、任务导入

在"电机与电气控制技术应用"课程中学习的机床电气控制系统采用了传统的继电器-接触器控制线路，该系统在运行中存在着可靠性较低、低压电器的故障率较高、维护管理工作量大等缺点，目前普通机床在一些机械加工企业里还有使用，因此有必要对普通机床的电气控制系统进行 PLC 改造。

本任务以 Z3040 型摇臂钻床 PLC 电气控制系统的安装与调试为例，学习 PLC 控制系统设计的内容、步骤和方法。

二、知识链接

（一）PLC 控制系统设计的内容和步骤

1. PLC 控制系统设计的基本原则

任何一种电气控制系统都是为了实现被控制对象（生产设备或生产过程）的工艺要求，以提高生产效率和产品质量。因此，在设计 PLC 控制系统时，应遵循以下基本原则：

1）最大限度地满足被控对象的控制要求。在设计前，应深入现场进行调查研究，收集资料,并与机械部分的设计人员和实际操作人员密切配合,共同拟订电气控制方案,协同解决设计中出现的各种问题。

2)在满足控制要求的前提下,力求使控制系统简单、经济,使用及维修方便。

3)保证控制系统的安全、可靠。

4)考虑到生产发展和工艺的改进,在选择 PLC 的型号、I/O 点数和存储器容量等时,应适当留有余量,以满足以后生产发展和工艺改进的需要。

2. PLC 控制系统设计的基本内容

PLC 控制系统由 PLC 与用户输入、输出设备连接而成,因此 PLC 控制系统设计的基本内容包括以下几点:

1)选择用户输入设备(按钮、操作开关、限位开关和传感器等)、输出设备(继电器、接触器和信号灯等执行元件)以及由输出设备驱动的控制对象(电动机、电磁阀等)。这些设备属于一般的电器元件,其选择方法在其他课程和有关书籍中已有介绍。

2)PLC 的选择。PLC 是 PLC 控制系统的核心部件,正确选择 PLC,对于保证整个系统的技术经济性能指标起着重要的作用。

选择 PLC,应包括机型的选择、容量的选择、I/O 点数(模块)的选择、电源模块以及特殊功能模块的选择等。

3)分配 I/O 点,绘制电气连接图,考虑必要的安全保护措施。

4)设计控制程序。包括设计梯形图、指令表(即程序清单)或控制系统流程图。

控制程序是控制整个系统工作的软件,是保证系统正常、安全可靠的关键。因此,控制系统的程序设计必须经过反复调试、修改,直到满足要求为止。

5)必要时还需设计控制台(柜)。

6)编制系统的技术文件。包括说明书、电气图及电器元件明细表等。

传统的电气图一般包括电气原理图、电器布置图及电气安装图。在 PLC 控制系统中,这一部分图可以通称为硬件图。它在传统电气图的基础上增加了 PLC 部分,因此,在电气原理图中应增加 PLC 的输入、输出电气连接图,即 I/O 接线图。

此外,在 PLC 控制系统中,电气图还应包括程序图(梯形图),可以称之为软件图。向用户提供软件图,便于用户在生产发展或工艺改进时修改程序,并有利于用户在维修时分析和排除故障。

3. PLC 控制系统设计的一般步骤

设计 PLC 控制系统的一般步骤如图 5-1 所示。

(1)熟悉被控对象并制定控制方案 首先向有关工艺、机械设计人员和操作维修人员详细了解被控设备的工作原理、工艺流程、机械结构和操作方法,了解工艺过程和机械运动与电气执行元件之间的关系和被控系统的要求,了解设备的运动要求、运动方式和步骤,在此基础上确定被控对象对 PLC 控制系统的控制要求,画出被控对象的工艺流程图,归纳出电气执行元件的动作节拍表。

(2)确定 I/O 设备 根据系统的控制要求,确定用户所需的输入设备的数量及种类(如按钮、限位开关和传感器等),明确各输入信号的特点(如开关量、模拟量,直流、交流、电流、电压等级和信号幅度等),确定系统的输出设备的数量及种类(如接触器、电磁阀和信号灯等),明确这些设备对控制信号的要求(如电流和电压的大小,直流、交流,电压等级,开关量和模拟量等),据此确定 PLC 的 I/O 设备的类型及数量。

(3)选择 PLC 主要包括 PLC 的机型、容量、I/O 模块、电源的选择。

(4)分配 PLC 的 I/O 地址 根据已确定的 I/O 设备和选定的 PLC,列出 I/O 设备与 PLC 的

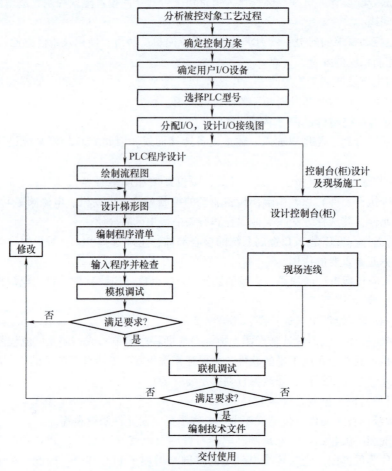

图 5-1　PLC 控制系统的一般设计步骤

地址分配表，以便绘制 PLC 外部 I/O 接线图和编制程序。

（5）设计软件及硬件　进行 PLC 程序设计、进行控制柜（台）等硬件的设计及现场施工。由于程序与硬件设计可同时进行，因此 PLC 控制系统的设计周期可显著缩短，而对于继电器-接触器控制系统，必须设计出全部的电气控制线路后才能施工设计。

（6）调试　包括模拟调试和联机调试

1）模拟调试。根据 I/O 模块指示灯的显示，不带输出设备进行调试。首先要逐条进行检查和验证，改正程序设计中的逻辑、语法、数据错误或输入过程中的按键及传输错误，观察在可能的情况下各输入量、输出量之间的关系是否符合设计要求。发现问题及时修改设计，直到完全满足工作循环图或状态流程图的要求。

2）联机调试。分 2 步进行，首先连接电气控制柜，带上输出设备（如接触器线圈、信号指示灯等），不带负载（如电动机、电磁阀等），利用编程器或编程软件的监视功能，采用分段调试的方法进行，检查各输出设备的工作情况。待各部分调试正常后，再带上负载运行调试。如不符合要求，要对硬件和程序进行调整，直到完全满足设计要求为止。

全部调试完成后，还要经过一段时间的试运行，以检查系统的可靠性。如果系统工作正常，程序不需要修改，应将程序固化到 EPROM 中，以防程序丢失。

（7）整理技术文件　包括设计说明书、电器元件明细表、电气原理图和安装图、状态表、梯形图及软件资料和使用说明书等。

（二）PLC 的选择

1. PLC 机型的选择

选择 PLC 机型的基本原则是：在满足控制要求的前提下，保证 PLC 工作可靠，使用维护方便，以获得最佳的性能价格比。PLC 的型号种类很多，选择时应考虑以下几个问题：

（1）PLC 的性能应与控制任务相适应　对于开关量控制的控制系统，当对控制任务要求不高时，选择小型 PLC（如三菱 FX_{3U} 系列的 $FX_{3U}-16MR$、$FX_{3U}-32MR$、$FX_{3U}-48MR$、$FX_{3U}-64MR$ 等）就能满足控制要求。

对于以开关量为主，带少量模拟量控制的系统，如工业生产中常遇到的温度、压力、流量、液位等连续量的控制，应选用带有 A-D 转换的模拟量输入模块和带 D-A 转换的模拟量输出模块，配接相应的传感器、变送器和驱动装置，并且选择运算功能较强的小型 PLC。

对于控制比较复杂、控制要求高的系统，如要求实现 PID 运算、闭环控制、通信联网等，可视控制规模及复杂程度，选择中档或高档 PLC。其中高档机主要用于大规模过程控制、分散式控制系统及整个工厂的自动化等。

（2）PLC 机型系列应统一　一个企业应尽量使用同一系列的 PLC。这不仅使模块通用性好，减少备件量，而且给编程和维修带来极大的方便，也有利于技术人员的培训、技术水平的提高和功能的开发，有利于系统的扩展升级和资源共享。

（3）PLC 的处理速度应满足实时控制的要求　PLC 工作时，从信号输入到输出控制存在滞后现象，一般有 1~2 个扫描周期的滞后时间，对一般的工业控制来说，这是允许的，但在一些要求较高的场合，不允许有较大的滞后时间。滞后时间一般应控制在几十毫秒之内，应小于普通继电器的动作时间（约 100ms）。通常采用以下几种方法提高 PLC 的处理速度：

1）选择 CPU 处理速度快的 PLC，使执行一条基本指令的时间不超过 $0.5\mu s$。

2）优化应用软件，缩短扫描周期。

3）采用高速度响应模块。其响应时间可以不受 PLC 扫描周期的影响，只取决于硬件的延时。

（4）应考虑是否在线编程　PLC 的编程分为离线编程和在线编程两种。

离线编程的 PLC，主机和编程器共用一个 CPU，在编程器上有一个"编程/运行"选择开关，选择编程状态时，CPU 将失去对现场的控制，只为编程器服务，这就是所谓的离线编程。程序编好后，如果选择运行状态，CPU 则去执行程序，对现场进行控制。由于节省了一个 CPU，价格比较便宜，中、小型 PLC 多采用离线编程。

在线编程的 PLC，主机和编程器各有一个 CPU。编程器的 CPU 随时处理由键盘输入的各种编程指令，主机的 CPU 则负责对现场的控制，并在一个扫描周期结束时和编程器通信，编程器把编好或修改好的程序发送给主机，在下一个扫描周期主机将按新送入的程序控制现场，这就是在线编程。由于增加了 CPU，故价格较高，大型 PLC 多采用在线编程。

是否采用在线编程，应根据被控设备的工艺要求来选择。对于工艺不常变动的设备和产品定型的设备，应选用离线编程的 PLC，反之可考虑选用在线编程的 PLC。

2. PLC 容量的选择

PLC 容量的选择包括两个方面：一是 I/O 的点数；二是用户存储器的容量。

（1）I/O 点数的选择　I/O 点数是衡量 PLC 规模大小的重要指标，根据控制任务估算出所需 I/O 点数是硬件设计的重要内容。由于 PLC 的 I/O 点的价格目前还比较高，因此应该合理选用 PLC 的 I/O 点数，在满足控制要求的前提下力争使 I/O 点最少。根据被控对象的 I/O 信号的实际需要，在实际估算出 I/O 点数的基础上，再取 10%~15% 的余量，即可选择相应规模的 PLC。

（2）用户存储器容量的选择　PLC 用户程序所需内存容量一般与开关量输入/输出点数、模拟量输入/输出点数及用户程序编写的质量等有关。对控制较复杂、数据处理量较大的系统，要求的存储器容量就要大些。对于同样的系统，不同用户编写的程序可能会使程序长度和执行时间差别很大。PLC 的用户存储器容量以步为单位。

PLC 用户程序存储器的容量可用经验公式估算为

$$存储器容量 = 开关量\ I/O\ 总点数 \times 10 + 模拟量通道数 \times 100$$

再考虑 20%~30% 的余量，即为实际应取的用户存储器容量。

3. I/O 接口电路的选择

（1）输入接口电路的选择　PLC 输入模块的任务是检测并转换来自现场设备（按钮、限位开关、接近开关、温控开关等）的高电平信号为机器内部的电平信号。

输入接口电路形式的选择取决于输入设备的输入信号的种类，有直流和交流两种。直流输入的电压等级一般为 24V，交流输入的电压等级一般为 100V。

输入设备包括拨码开关、编码器、传感器和主令开关（如按钮、转换开关、行程开关、限位开关等）。对于开关类输入，三菱 FX 系列 PLC 输入端子不管有多少，一般来说都是一个公共端，即采用汇点式接线。

对于 FX_{3U} 系列 PLC 输入端口，根据 S/S 端与电源 0V、24V 端之间的不同连接，可以构成漏型和源型，其 PLC 的输入接线方式见图 1-7。但对于 FX_{2N} 系列 PLC，一般都已在内部接成了源型或漏型，不需要连接 S/S 端子，输入端口只有一个公共端（COM），输入端口接线时只要将各输入信号的其中一端分别连接至 COM 端即可。

对于传感器，如编码器可能是 4 线制的，由 A、B、Z 三相输出；接近开关，光电开关、霍尔开关、磁性开关为 2 线或 3 线制，应按照产品说明书推荐的电源种类和电压等级、接线方法进行接线。

选择输入模块时，主要考虑两个问题：一是现场输入信号与 PLC 输入模块距离的远近，一般 24V 以下属低电平，其传送距离不能太远，如 12V 电压模块一般不超过 10m，距离较远的设备应选用较高电压的模块；二是对于高密度输入模块，能允许同时接通的点数取决于输入电压和环境温度，如 32 点输入模块，一般同时接通的点数不得超过总输入点数的 60%。

（2）输出接口电路的选择　PLC 输出模块的任务是将 PLC 内部的低电平信号转换为外部所需电平的输出信号，驱动外部负载。输出模块有三种输出方式：继电器输出、晶体管输出和晶闸管输出。

选择 PLC 的输出方式应与输出设备的电气特性一致，包括接触器、继电器、电磁阀、信号灯、LED，以及步进电动机、伺服电动机、变频器等，并了解其与 PLC 输出端口相连时的电气特性。

PLC 的三种输出方式对外接的负载类型要求不同。继电器输出型可以接交流/直流负载，晶体管输出型可以接直流负载，双向晶闸管输出可以接交流负载；继电器输出型适用于通断频率较低的负载，晶体管输出和双向晶闸管输出适用于通断频率较高的负载。PLC 所接负载的功率应当小于 PLC 的 I/O 点的输出功率。

选择输出模块时必须注意：输出模块同时接通点数的电流必须小于公共端所允许通过的电流值，输出模块的输出电流必须大于负载电流的额定值。如果负载电流较大，输出模块不能直接驱动，应增加中间放大环节。

（3）特殊功能模块的选择　在工业控制中，除了开关量信号，还有温度、压力、流量等过程变量。模拟量输入、模拟量输出以及温度控制模块的作用就是将过程变量转化为 PLC 可以接收的数字信号或者将 PLC 内的数字信号转化为模拟信号输出。此外，还有位置控制、脉冲计数、联网通信、I/O 连接等多种功能模块，可以根据控制需要选用。

4. 电源模块及其他外设的选择

（1）电源模块的选择　电源模块选择仅对于模块式结构的 PLC 而言，整体式 PLC 不存在电源的选择。

电源模块的选择主要考虑电源输出额定电流和电源输入电压。电源模块的输出额定电流必须大于 CPU 模块、I/O 模块和其他特殊模块等消耗电流的总和，同时还应考虑后续 I/O 模块的扩展等因素；电源输入电压一般根据现场的实际需要而定。

（2）编程器的选择　对于小型 PLC 构成的控制系统或不需要在线编程的 PLC 系统，一般选用价格低廉的简易编程器。对于由中、高档 PLC 构成的复杂系统或需要在线编程的 PLC 系统，可以选用功能强、编程方便的智能编程器，但智能编程器的价格较高。如果现场有个人计算机，可以利用 PLC 的编程软件，在个人计算机上实现编程器的功能。

（3）写入器的选择　为了防止由于环境干扰或锂电池电压不足等原因破坏 RAM 中的用户程序，可选用 EPROM 写入器，通过它将用户程序固化在 EPROM 中。有些 PLC 或其编程器本身就具有 EPROM 写入的功能。

三、任务实施

（一）任务目标

1）根据控制要求进行 I/O 分配，并绘制 I/O 接线图。

2）根据继电器-接触器控制电路设计梯形图方法，将 Z3040 型摇臂钻床控制电路图转换为梯形图。

3）学会 FX_{3U} 系列 PLC 的 I/O 接线方法。

4）熟练使用三菱 GX Developer 编程软件进行程序输入，并写入 PLC 进行调试运行，查看运行结果。

（二）设备与器材

本任务所需设备与器材见表 5-1。

表 5-1　设备与器材

序号	名　称	符号	型号规格	数量	备注
1	常用电工工具		十字螺钉旋具、一字螺钉旋具、尖嘴钳、剥线钳等	1 套	表中所列设备、器材的型号规格仅供参考
2	计算机（安装 GX Developer 编程软件）			1 台	
3	THPFSL-2 网络型可编程序控制器综合实训装置			1 台	
4	Z3040 型摇臂钻床电气控制模拟挂件			1 个	
5	连接导线			若干	

（三）内容与步骤

1. 任务要求

Z3040 型摇臂钻床是一个多台电动机拖动系统，其主电路和控制电路如图 5-2 所示，模拟电气控制面板如图 5-3 所示。采用 PLC 控制时，必须满足以下控制要求：

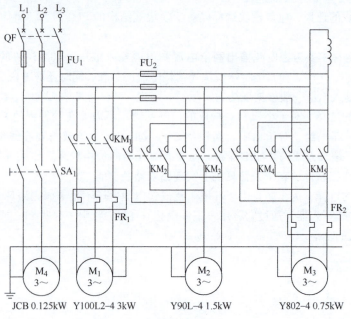

a) 主电路

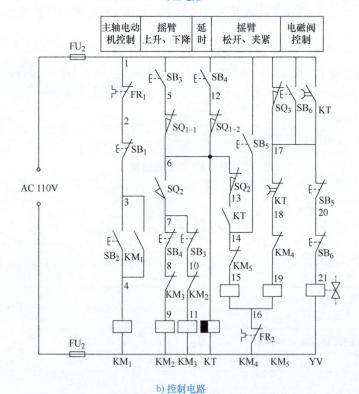

b) 控制电路

图 5-2 Z3040 型摇臂钻床的电气控制原理图

1) 主轴电动机 M_1 为单向运行，由 KM_1 控制。主轴正反转通过另一套由主轴电动机拖动齿轮泵送出压力油的液压系统，经"主轴变速、正反转及空挡"操作手柄来获得。

2) 摇臂升降电动机 M_2 正反转运行分别由接触器 KM_2、KM_3 控制。

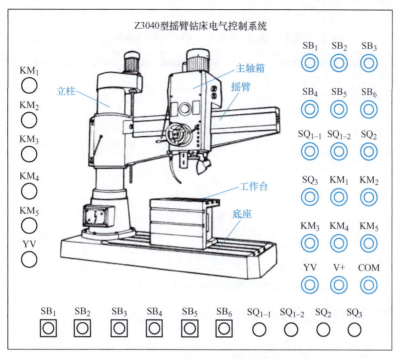

图 5-3　Z3040 型摇臂钻床模拟电气控制面板

3）摇臂放松、夹紧液压泵电动机 M_3 的正反转分别由接触器 KM_4、KM_5 控制。

4）完成各种操作之间的互锁控制及延时控制。冷却根据加工任务来选用，冷却泵电动机控制简单，故采用手动控制。

2. I/O 分配与接线图

Z3040 型摇臂钻床 PLC 控制 I/O 分配见表 5-2。

表 5-2　Z3040 型摇臂钻床 PLC 控制 I/O 分配表

输入			输出		
设备名称	符号	X 元件编号	设备名称	符号	Y 元件编号
M_1 停止按钮	SB_1	X000	M_1 接触器	KM_1	Y000
M_1 起动按钮	SB_2	X001	M_2 正转接触器	KM_2	Y001
M_2 正转起动按钮	SB_3	X002	M_2 反转接触器	KM_3	Y002
M_2 反转起动按钮	SB_4	X003	M_3 正转接触器	KM_4	Y003
M_3 正转点动起动按钮	SB_5	X004	M_3 反转接触器	KM_5	Y004
M_3 反转点动起动按钮	SB_6	X005	电磁阀	YV	Y005
摇臂上升限位开关	SQ_{1-1}	X006			
摇臂下降限位开关	SQ_{1-2}	X007			
摇臂放松限位开关	SQ_2	X010			
摇臂夹紧限位开关	SQ_3	X011			

Z3040 型摇臂钻床 PLC 控制 I/O 接线图如图 5-4 所示。

3. 编制程序

根据继电器-接触器控制电路转换为梯形图程序设计法（转化法），将 Z3040 型摇臂钻床电

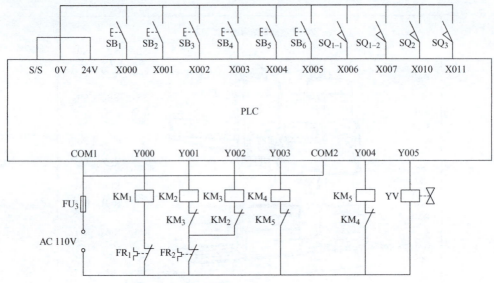

图 5-4　Z3040 型摇臂钻床 PLC 控制 I/O 接线图

气控制电路图转换为梯形图，如图 5-5 所示。

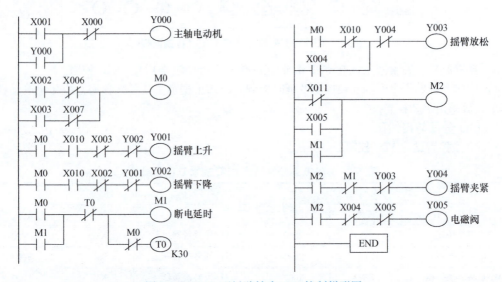

图 5-5　Z3040 型摇臂钻床 PLC 控制梯形图

4. 调试运行

利用 GX Developer 编程软件将编写的梯形图程序写入 PLC，按照图 5-4 进行 PLC 输入、输出端接线，调试运行，观察运行结果。

（四）分析与思考

1）三菱 FX_{3U} 系列 PLC 定时器是通电延时型、断电延时型还是两者均有？

2）在 Z3040 型摇臂钻床电气控制电路图转换为梯形图时，其断电延时型时间继电器应如何实现？

四、任务考核

本任务实施考核见表 5-3。

表 5-3　任务考核表

序号	考核内容	考核要求	评分标准	配分	得分
1	PLC 控制系统设计	1) 能正确分配 I/O，并绘制 I/O 接线图 2) 根据控制要求，正确编制梯形图程序	1) I/O 分配错或少，每个扣 5 分 2) I/O 接线图设计不全或有错，每处扣 5 分 3) 梯形图表达不正确或画法不规范，每处扣 5 分	40 分	
2	安装与连线	根据 I/O 分配，正确连接电路	1) 连线错，每处扣 5 分 2) 损坏元器件，每只扣 5~10 分 3) 损坏连接线，每根扣 5~10 分	20 分	
3	调试与运行	能熟练使用编程软件编制程序写入 PLC，并按要求调试运行	1) 不会熟练使用编程软件进行梯形图的编辑、修改、转换、写入及监视，每项扣 2 分 2) 不能按照控制要求完成相应的功能，每缺一项扣 5 分	20 分	
4	安全操作	确保人身和设备安全	违反安全文明操作规程，扣 10~20 分	20 分	
5	合　　计				

五、知识拓展——减少 PLC I/O 点数的方法

在 PLC 应用中，经常会遇到两个问题：一是 PLC 的 I/O 点数不够，需要扩展，然而 PLC 的每个 I/O 点的平均价格在数十元以上，增加扩展单元将提高成本；二是选定的 PLC 可扩展输入/输出点数有限，无法再增加。因此，在满足 PLC 控制要求的前提下，应合理使用 I/O 点数，尽量减少所需的 I/O 点数，这样不仅可以降低硬件成本，而且可以解决在使用的 PLC 进行再扩展时 I/O 点数不够的问题。

（一）减少输入点数的方法

从表面上看，PLC 的输入点数是按系统的输入设备或输入信号的数量来确定的，但实际应用中，经常通过以下方法达到减少 PLC 输入点数的目的。

1. 分时分组输入

一般控制系统都存在多种工作方式，但各种工作方式又不可能同时运行。所以，可将这几种工作方式分别使用的输入信号分成若干组，PLC 运行时只会用到其中的一组信号。因此，各组输入可共用 PLC 的输入点，从而使所需的 PLC 输入点数减少。

如图 5-6 所示，系统有自动和手动两种工作方式。将这两种工作方式分别使用的输入信号分成两组：自动输入信号 $S_1 \sim S_8$、手动输入信号 $Q_1 \sim Q_8$。两组输入信号使用 PLC 输入点 X000~X007，如 S_1 与 Q_1 共用 PLC 输入点 X000。用工作方式选择开关 SA 来切换自动和手动信号输入电路，并通过 X010 让 PLC 识别是自动信号，还是手动信号，从而执行自动程序或手动程序。

图 5-6 中，为了防止出现寄生电路、产生错误输入信号设置了二极管。假如图中没有这些二极管，当系统处于自动状态时，若 S_1 闭合，S_2 断开，虽然 Q_1、Q_2 闭合，本应该是 X000 有输入，而 X001 没有输入，但由于没有二极管隔离，电流从 X000 流出，经 $Q_2 \rightarrow Q_1 \rightarrow S_1 \rightarrow 0V$ 形成寄生回路，使输入继电器 X001 错误接通。因此，必须串入二极管切断寄生回路，以避免错误输入信号的产生。

2. 输入触点合并

将某些功能相同的开关量输入设备合并输入。如果是常开触点则并联输入，如果是常闭触点则串联输入，这样就只占用 PLC 的一个输入点。一些保护电路和报警电路常使用这种输入方法。

例如，某负载可在 3 处起动和停止，可以将 3 个起动信号并联，将 3 个停止信号串联，分别送给 PLC 的 2 个输入点，如图 5-7 所示。与每个起动信号和停止信号占用 1 个输入点的方法相比，不仅节省了输入点，还简化了梯形图程序。

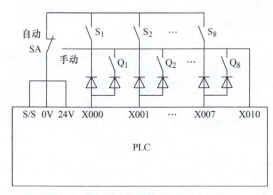 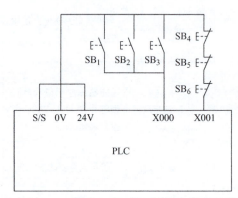

图 5-6 分时分组输入　　　　　　　图 5-7 输入触点合并

3. 组合编码方式输入

对于不会同时接通的输入信号，可采用组合编码方式输入，接线图如图 5-8 所示。3 个输入信号 $SB_1 \sim SB_3$ 只占用了 2 个输入点 X000 和 X001，其内部可采用辅助继电器配合使用。通过如图 5-9 所示梯形图，实现了 $M0 \sim M2$ 等效于 $SB_1 \sim SB_3$ 的作用。

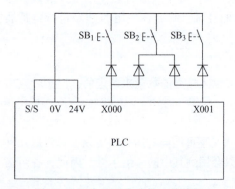 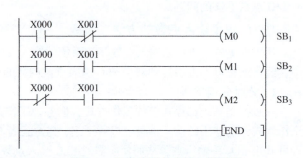

图 5-8 组合编码方式输入接线图　　　　　图 5-9 组合编码方式输入梯形图

4. 将输入信号设置在 PLC 外部

系统中的某些输入信号，如手动操作按钮和过载保护动作后，需手动复位的电动机热继电器 FR 的常闭触点提供的信号等，可以设置在 PLC 外部的硬件电路中，如图 5-10 所示。如果外部硬件联锁电路过于复杂，则应考虑仍将有关信号送入 PLC 中，用梯形图实现联锁。

5. 输入设备的多功能化

在传统的继电器-接触器控制系统中，一个主令电器（按钮、开关等）只产生一种功能信号，而在 PLC 控制系统中，一个输入设备在不同的条件下可产生不同作用的信号，如一个按钮既可用来产生起动信号，又可以产生停止信号。如图 5-11 所示，只用一个按钮通过 X000 去控制 Y000 的通断，即第一次按下按钮时 Y000 通，第二次按下按钮时 Y000 断。

（二）减少输出点数的方法

1. 矩阵输出

图 5-12 中采用 8 个输出组成 4×4 矩阵，可接 16 个输出设备。要使某个负载接通工作，只要控制它所在的行与列对应的输出继电器接通即可，如要使负载 KM_1 得电，必须控制 Y000 和 Y004 输出接通。因此，在程序中要使某一负载工作，均要使其对应的行与列输出继电器都要接通。这样用 8 个输出点就可控制 16 个不同控制要求的负载。

应特别注意：当只有某一行对应的输出继电器接通，各列对应的输出继电器才可任意接通，或者当只有某一列对应的输出继电器接通，各行对应的输出继电器才可任意接通，否则将会出现错误接通的负载。因此，采用矩阵输出时，必须将同一时间段接通的负载安排在同一行或同一列中，否则无法控制。

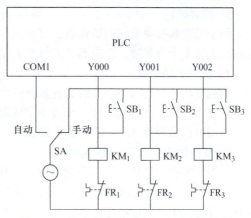

图 5-10　输入信号设置在 PLC 外部接线图

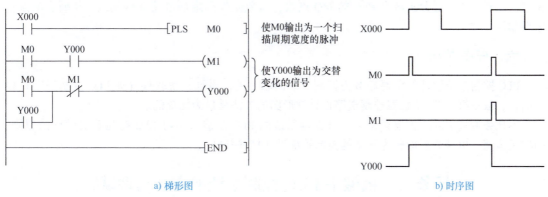

a) 梯形图　　　　　　　　　　　　　　　b) 时序图

图 5-11　一个按钮产生的起动、停止信号

2. 分组输出

两组不会同时工作的负载，可通过外部转换开关或通过受 PLC 控制的电器触点进行切换，这样 PLC 的每个输出点可以控制两个不同时工作的负载，如图 5-13 所示。KM_1、KM_3、KM_5 与 KM_2、KM_4、KM_6 这两组接触器不会同时接通，可用外部转换开关 SA 进行切换。

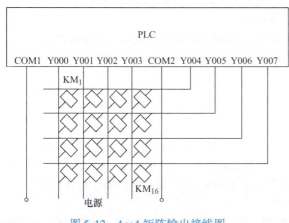

图 5-12　4×4 矩阵输出接线图

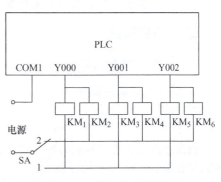

图 5-13　分组输出接线图

3. 并联输出

两个通断状态完全相同的负载，可并联后共用 PLC 的一个输出点。但要注意，当 PLC 输出点同时驱动多个负载时，应考虑 PLC 输出点是否有足够的驱动能力。

4. 负载多功能化

负载多功能化是指一个负载实现多种用途。例如，在传统的继电器电路中，1 个指示灯只指示一种状态，而在 PLC 系统中，很容易实现用 1 个输出点控制指示灯的常亮和闪亮，这样 1 个指示灯就可以指示两种状态，既节省了指示灯，又减少了输出点。

5. 某些输出设备可不接入 PLC

在需要用指示灯显示 PLC 驱动的负载（如接触器线圈）状态时，可以将指示灯与负载并联，并联时指示灯与负载的额定电压应相同，总电流不应超过允许值。可以选用电流小、工作可靠的 LED（发光二极管）指示灯。

系统中某些相对独立或比较简单的部分，可以不接入 PLC，直接用继电器电路来控制，从而同时减少了所需的 PLC 的输入点和输出点。

以上介绍的一些常用的减少 I/O 点数的方法，仅供参考，实际应用中应根据具体情况，灵活使用。注意：不要过分去减少 PLC 的 I/O 点数，以免使外部附加电路变得复杂，从而影响系统的可靠性。

六、任务总结

PLC 控制系统设计的主要环节为控制系统的软、硬件设计，就软件（即 PLC 控制程序）设计而言，根据继电器-接触器控制电路设计梯形图的方法是最为简单的。

本任务通过 Z3040 型摇臂钻床电气控制系统的 PLC 改造来学习 PLC 控制系统设计的原则、内容及步骤，以期为后面较为复杂的控制系统设计打好基础。

任务二　机械手 PLC 控制系统的安装与调试

一、任务导入

能模仿人手和臂的某些动作功能，用以按固定程序抓取、搬运物件或操作工具的自动操作装置都称为机械手。机械手是较早出现的工业机器人，也是较为简单的现代机器人，它可代替人的部分繁重劳动，实现生产的机械化和自动化，能在有害环境下操作以保护人身安全，因而广泛应用于机械制造、冶金、电子、轻工和原子能等行业。

本任务以机械手的 PLC 控制系统为例，学习 PLC 控制系统设计的内容、步骤和方法。

二、知识链接

（一）顺序控制设计法

1. 顺序控制设计法概述

顺序控制，就是按照生产工艺预先规定的顺序，在各输入信号的作用下，根据内部状态和时间的顺序，在生产过程中各个执行机构自动、有序地进行操作。针对顺序控制系统，设计程序时首先根据系统的工艺过程画出顺序功能图，然后根据顺序功能图编制梯形图，此方法称为顺序控制设计法。

顺序控制设计法的最基本的思想是将系统的一个工作周期划分为若干个顺序相连的阶段，这些阶段称为步（Step），并用编程元件（如状态继电器 S 或内部辅助继电器 M）来代表各步。

步是根据输出量的状态变化来划分的。

顺序控制设计法用转移条件控制代表各步的编程元件,让它们的状态按一定的顺序变化,然后用代表各步的编程元件去控制 PLC 的各输出位。

2. 顺序控制设计法设计的基本步骤及内容

(1) 步的划分　分析被控对象的工作过程及控制要求,将系统的工作过程划分成若干步。如图 5-14a 所示,步是根据 PLC 输出状态的变化来划分的,在每一步内 PLC 各输出量状态均保持不变,但相邻两步输出量总的状态是不同的。步的这种划分方法使代表各步的编程元件的状态与各输出量的状态之间有着极为简单的逻辑关系。

步也可以根据被控对象工作状态的变化来划分,但被控对象工作状态的变化应该是由 PLC 输出状态的变化引起的。如图 5-14b 所示,某液压滑台的整个工作过程可划分为原位、快进、工进、快退 4 步。这 4 步的改变都必须是由 PLC 输出状态变化引起的,否则就不能这样划分,如从快进转为工进与 PLC 输出无关,那么快进和工进只能作为 1 步。

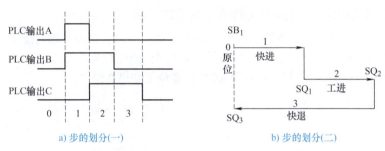

图 5-14　步的划分

(2) 转移条件的确定　转移条件是使系统从当前步进入下一步的信号。转移条件可能是外部输入信号,如按钮、行程开关的接通/断开等,也可能是 PLC 内部产生的信号,如定时器和计数器的触点的接通/断开等,还可能是若干个信号的与、或、非逻辑组合。图 5-14b 中的 SB_1、SQ_1、SQ_2、SQ_3 均为转移条件。

(3) 顺序功能图的绘制　划分了步并确定了转移条件后,就应根据以上分析和被控对象的工作内容、步骤、顺序及控制要求画出顺序功能图。这是顺序控制设计法中最关键的一个步骤。绘制顺序功能图的具体方法已在项目三中详细介绍。

(4) 梯形图的编制　根据顺序功能图,采用某种编程方式编制出梯形图程序。如果 PLC 支持功能图语言,则可以直接使用功能图作为最终程序。

下面介绍顺序控制编程方式的相关内容。

(二) 使用通用逻辑指令的编程方式

通用逻辑指令的编程方式又称为起保停电路的编程方式。起保停电路仅仅使用与触点和线圈有关的通用逻辑指令,如 LD、AND、OR、ANI、OUT 等。各种型号 PLC 都有这一类指令,所以这是一种通用的编程方式,适用于各种型号的 PLC。编程时用辅助继电器 M 来代表步。某一步为活动步时,对应的辅助继电器为"1"状态,转移实现时,该转移的后续步变为活动步,前级步变为不活动步。由于转移条件大都是短信号,即它存在的时间比它激活后续步的时间短,因此应使用有记忆(保持)功能的电路来控制代表步的辅助继电器。属于这类电路的有起保停电路和使用 SET、RST 指令编制程序的电路。

如图 5-15a 所示,M (i-1)、Mi 和 M (i+1) 是功能图中顺序相连的 3 步,Xi 是步 Mi 前级步 M (i-1) 的转移条件。

编程的关键是找出它的起动条件和停止条件。根据转移实现的基本规则,转移实现的条件是它的前级步为活动步，并且满足相应的转移条件，所以 Mi 变为活动步的条件是 M(i−1) 为活动步，并且转移条件 Xi = 1，在梯形图中则应将 M(i−1) 和 Xi 的常开触点相串联作为控制步 Mi 的起动电路，如图 5-15b 所示。当 Mi 和 X(i+1) 均为"1"状态时，步 M(i+1) 变为活动步，这时步 Mi 应为不活动步，因此可以将 M(i+1) =1 作为使 Mi 变为"0"状态的条件，即将 M(i+1) 的常闭触点与 Mi 的线圈串联。上述逻辑关系用逻辑表达式表示为：Mi = [M(i−1)·Xi + Mi] · $\overline{M(i+1)}$。

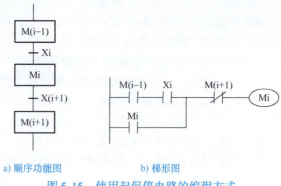

a) 顺序功能图　　b) 梯形图

图 5-15　使用起保停电路的编程方式

（三）用通用逻辑指令编程方式的单序列编程举例

图 5-16a 为某小车运动的示意图，小车初始停在 X002 位置，当按下起动按钮 X003 时，小车开始左行，左行至 X001 位置，小车改为右行，右行至 X002 位置，小车又改为左行，左行至 X000 位置时停下，小车开始右行，右行至 X002 位置停下并停在原位。

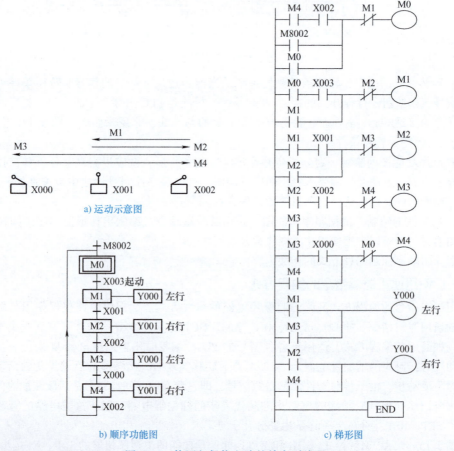

a) 运动示意图

b) 顺序功能图　　c) 梯形图

图 5-16　使用起保停电路的单序列编程

小车的运动过程分为 4 步，其功能图如图 5-16b 所示，该功能图为单序列，采用起保停电路编制的梯形图如图 5-16c 所示。

用起保停编程方式处理每一步输出时应注意以下两点：

1) 如果某一输出量仅在某一步中为 ON，可以将它们的线圈分别与对应步的辅助继电器的线圈并联。

2) 如果某一输出继电器在几步中都为 ON，应将代表各有关步的辅助继电器的常开触点并联后，驱动该输出继电器线圈，如图 5-16c 所示，避免出现双线圈输出。

（四）用位左移指令实现顺序功能图单序列编程

位移位指令是 FX 系列 PLC 常用的一条功能指令，灵活使用位移位指令不仅能提高 PLC 的编程技巧，还能培养初学者分析与解决问题的能力。

位移位指令具有保持顺序状态和通过相关继电器触点控制输出的能力，因而，在某些顺序控制问题中，采用位移位指令比采用基本指令编程要简单得多。图 5-17 所示为位左移指令的格式，当移位条件 X000 由 OFF→ON 时，位左移指令 SFTL（P）将源操作数 M100 的状态（"0" 或 "1"）送到目标操作数 M10 ~ M1 中的最低位 M1，并将其余位向左依次移动一位，最高位 M10 移出。

利用位移位指令的特点可以将顺序功能图转换成梯形图，下面以图 5-18 所示的顺序功能图介绍其转换步骤。

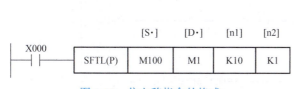

图 5-17　位左移指令的格式

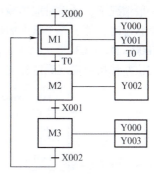

图 5-18　顺序功能图

1. 位移位指令中位数的确定

位移位指令的位数 [n1] 至少要与顺序功能图中的步数或状态数相同，即用位移位指令中的每位代表顺序功能图中每步的状态。当该位为逻辑 "1" 时，表示该步为活动步（得电）；当该位为逻辑 "0" 时，表示该步为不活动步（不得电）。图 5-18 中共有 3 步，所以 [n1] = 3，使用 M3 ~ M1 共 3 个辅助继电器来表示每步。

由于单序列顺序控制中，任一时刻只能有一步为活动步并且按顺序执行，所以每次只能移动一位，即 [n2] = 1。

2. 位移位指令中源操作数的确定

必须采用一个逻辑表达式，使得在系统初始状态时，位移位指令的源操作数 M100 为逻辑 "1"，而在其他时刻为逻辑 "0"，这是因为在单序列顺序控制中，系统中每时刻只能有一个状态动作，对于位移位指令来说，整个目标操作数的所有位中只有一位为逻辑 "1"。

对于单序列顺序控制系统，这一逻辑表达式可由表示系统初始状态的起动条件逻辑与顺序功能图中除了最后一步之外所有状态（步）的非来表示。图 5-18 中初始状态的起动条件为 X000 或 M3·X002，移位指令的目标操作数为 M1、M2、M3，则置 "1" 的逻辑表达式为

$$M100 = (X000 + M3 \cdot X002) \cdot \overline{M1} \cdot \overline{M2}$$

初始状态时 X000 = 1，当系统运行到状态 M3 且转移条件 X002 满足时 M3·X002 = 1，M1、M2、M3 均为逻辑"0"，其非则为逻辑"1"，即初始状态时 M100 = 1，而当系统运行到其他状态时，M2~M1 中总有一个为逻辑"1"，则 M100 = 0，从而保证了在整个顺序程序运行过程中，有且只有一步为逻辑"1"，并且这个逻辑"1"一位一位地在顺序功能图中移动，每移动一位表明开始下一个状态，关闭当前状态。

3. 位移位指令中移位条件的确定

移位条件由移位信号控制，一般由顺序功能图中的转移条件提供。同时，为了形成固定顺序，防止意外故障，并考虑到转移条件可能重复使用，每个转移条件必须有约束条件。在位移位指令中，一般采用上一步的状态（M1、M2、……）"与"当前要进入下一步的转移条件（X001、X002、……）来作为移位信号。根据图 5-18，有

$$SFT = X000 + M1 \cdot T0 + M2 \cdot X001$$

也可以根据具体情况采用其他方法完成移位信号的设置。如采用秒脉冲 M8013 控制移位等。

4. 顺序控制中循环运行的实现

顺序功能图中的一个工作周期完成后，需要继续下一周期运行，通常用顺序功能图最后一个步（或状态）对应的辅助继电器逻辑与转移条件作为下一次循环运行的起动信号。另外，也可根据控制要求的实际情况，采用手动复位。

5. 顺序功能图中动作输出方程的确定

一般情况下，动作对应的输出元件的逻辑等于对应状态的辅助继电器。当一个输出元件对应多个状态时，等于多个状态的辅助继电器常开触点相逻辑或。动作输出方程的逻辑表达式为

Y000 = M1 + M3　　　　Y001 = M1　　　　Y002 = M2　　　　Y003 = M3　　　　T0 = M1

用位左移指令实现顺序控制的梯形图如图 5-19 所示。

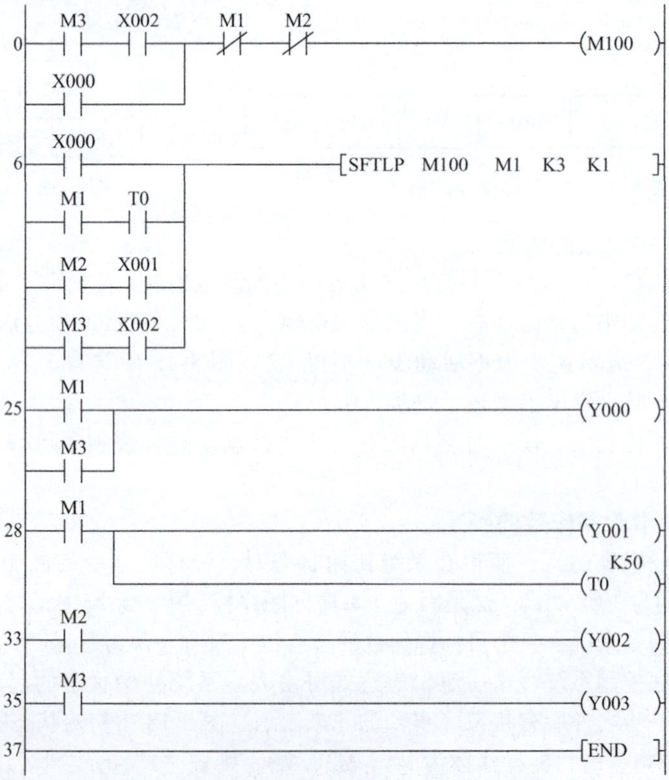

图 5-19　用位左移指令实现顺序控制的梯形图

三、任务实施

（一）任务目标

1) 初步学会用通用逻辑指令编程方式设计顺序控制程序。
2) 根据控制要求绘制单序列顺序功能图，并用通用逻辑指令编程方式编制梯形图。
3) 能使用位左移指令编制单序列顺序控制梯形图。
4) 学会 FX_{3U} 系列 PLC 的 I/O 接线方法。
5) 熟练使用三菱 GX Developer 编程软件进行程序输入，并写入 PLC 进行调试运行，查看运行结果。

（二）设备与器材

本任务所需设备与器材见表 5-4。

表 5-4　设备与器材

序号	名　称	符号	型号规格	数量	备注
1	常用电工工具		十字螺钉旋具、一字螺钉旋具、尖嘴钳、剥线钳等	1 套	表中所列设备、器材的型号规格仅供参考
2	计算机（安装 GX Developer 编程软件）			1 台	
3	THPFSL-2 网络型可编程序控制器综合实训装置			1 台	
4	机械手动作模拟控制挂件			1 个	
5	连接导线			若干	

（三）内容与步骤

1. 任务要求

机械手将工件从 A 点搬运到 B 点，其动作模拟控制面板如图 5-20 所示，运行形式为垂直和水平两个方向。机械手在水平方向可以做左右移动，在垂直方向可以做上下移动，其上升/下降和左移/右移的执行机构均采用双线圈二位电磁阀推动气缸完成。当某个电磁阀线圈通电，就一直保持现有的机械动作，例如，一旦下降的电磁阀线圈通电，机械手下降，即使线圈断电，仍保持现有的下降动作状态，直到相反方向的电磁阀线圈通电为止。另外，夹紧/放松由单线圈二位电磁阀推动气缸完成，线圈通电执行夹紧动作，线圈断电时执行放松动作。

机械手的动作顺序如下：

1) 机械手在原位时，上限位开关 SQ_2、左限位开关 SQ_4 闭合，机械手手爪松开，原位指示灯 HL 点亮，按下起动开关 S，原位指示灯 HL 熄灭，机械手下降。

2) 机械手下降到位，下限位开关 SQ_1 动作，夹紧工件，然后机械手上升，上升到位，上限位开关 SQ_2 动作，机械手右移。

3) 机械手右移到位，右限位开关 SQ_3 动作，机械手下降，下降到位，下限位开关 SQ_1 动作，手爪松开将工件放至 B 点。放松动作完成后，机械手上升。

4) 机械手上升到位，上限位开关 SQ_2 动作，机械手左移，左移到位，左限位开关 SQ_4 动作，机械手装置回到原位，至此一个工作周期结束并停在原位。

图 5-20 中，上、下限位和左、右限位开关用钮子开关来模拟，所以在操作中应为点动。电

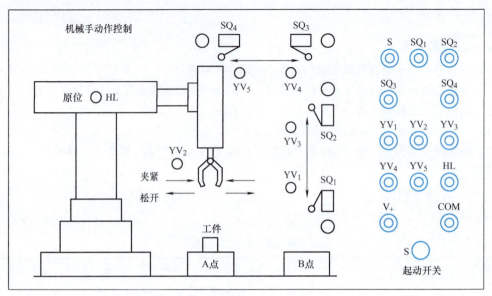

图 5-20 机械手动作模拟控制面板

磁阀和原位指示灯用发光二极管来模拟。机械手的起始状态应为原位,即 SQ_2 与 SQ_4 应为 ON,起动后马上变为 OFF,动作过程如图 5-21 所示。

2. 选择 PLC

根据任务要求,可以确定输入信号 5 点,输出信号 6 点,考虑到不需要脉冲输出及以后拓展的需求,故 PLC 选择 FX_{3U}-32MR 型。

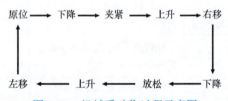

图 5-21 机械手动作过程示意图

3. I/O 分配与接线图

机械手动作控制 I/O 分配见表 5-5。

表 5-5 机械手动作控制 I/O 分配表

输 入			输 出		
设备名称	符号	X 元件编号	设备名称	符号	Y 元件编号
起动开关	S	X000	下降电磁阀	YV_1	Y000
下限位开关	SQ_1	X001	夹紧/放松电磁阀	YV_2	Y001
上限位开关	SQ_2	X002	上升电磁阀	YV_3	Y002
右限位开关	SQ_3	X003	右移电磁阀	YV_4	Y003
左限位开关	SQ_4	X004	左移电磁阀	YV_5	Y004
			原位指示灯	HL	Y005

机械手动作控制 I/O 接线图如图 5-22 所示。

4. 编制程序

(1) 用通用逻辑指令编程方式实现

1) 绘制顺序功能图。根据控制要求绘制顺序功能图,如图 5-23 所示。

2) 编制梯形图。根据绘制的顺序功能图,用通用逻辑指令编程方式将其转换为梯形图,如图 5-24 所示。

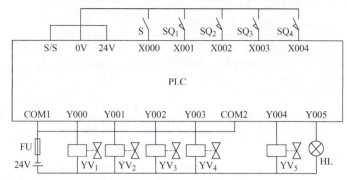

图 5-22 机械手动作控制 I/O 接线图

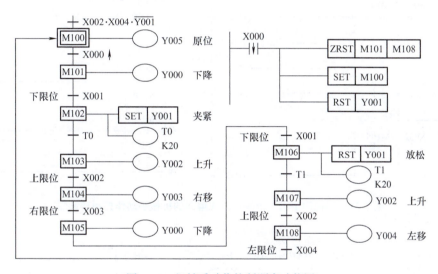

图 5-23 机械手动作控制顺序功能图

（2）用位左移位指令实现

1）根据顺序功能图确定位移位指令的位数为 9。

2）确定位移位指令源操作数逻辑表达式。位移位指令源操作数的逻辑表达式为

$$M100 = X002 \cdot X004 \cdot \overline{Y001} \cdot \overline{M101} \cdot \overline{M102} \cdot \overline{M103} \cdot \overline{M104} \cdot \overline{M105} \cdot \overline{M106} \cdot \overline{M107}$$

3）确定移位条件逻辑表达式。移位条件的逻辑表达式为

$$SFT = M100 \cdot X000\uparrow + M101 \cdot X001 + M102 \cdot T0 + M103 \cdot X002 + M104 \cdot X003 +$$
$$M105 \cdot X001 + M106 \cdot T1 + M107 \cdot X002$$

4）确定复位条件。将顺序功能图中的最后一步 M108 逻辑与转移条件 X004 作为对除了初始步 M100 以外的所有步的复位信号，以便开始下一周期的循环运行。

5）写出输出状态逻辑表达式。根据顺序功能图写出输出状态的逻辑表达式为

Y000 = M101 + M105　　Y001 = M102 + M103 + M104 + M105　　Y002 = M103 + M107　　Y003 = M104　　Y004 = M108　　Y005 = M100　　T0 = M102　　T1 = M106

6）编制梯形图。将上述逻辑表达式转换成梯形图，如图 5-25 所示。

5. 调试运行

利用 GX Developer 编程软件将编写的梯形图程序写入 PLC，按照图 5-22 进行 PLC 输入、输出端接线，让 PLC 主机处于运行状态，开始时，将 SQ$_2$、SQ$_4$ 闭合，机械手处于原位，指示灯 HL

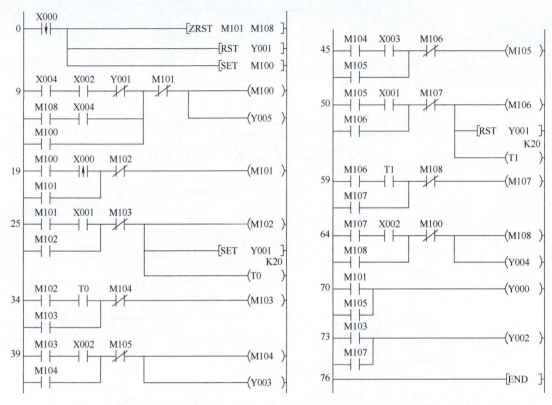

图 5-24 用通用逻辑指令编程方式编制的机械手动作控制梯形图

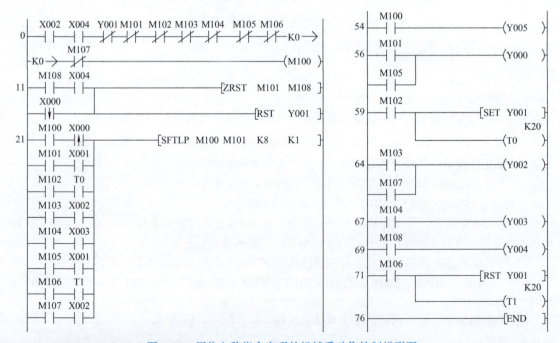

图 5-25 用位左移指令实现的机械手动作控制梯形图

亮；合上起动开关 S，操作相应的钮子开关，观察机械手是否按控制要求运行。

(四) 分析与思考

1) 本任务机械手在运行过程中，断开 S 时停止运行是如何实现的？
2) 如果该任务中的起停开关改为起动按钮和停止按钮，程序应如何编制？

四、任务考核

本任务实施考核见表 5-6。

表 5-6 任务考核表

序号	考核内容	考核要求	评分标准	配分	得分
1	PLC 控制系统设计	1) 能正确分配 I/O, 并绘制 I/O 接线图 2) 根据控制要求，正确编制梯形图程序	1) I/O 分配错或少，每个扣 5 分 2) I/O 接线图设计不全或有错，每处扣 5 分 3) 梯形图表达不正确或画法不规范，每处扣 5 分	40 分	
2	安装与连线	根据 I/O 分配，正确连接电路	1) 连线错，每处扣 5 分 2) 损坏元器件，每只扣 5~10 分 3) 损坏连接线，每根扣 5~10 分	20 分	
3	调试与运行	能熟练使用编程软件编制程序写入 PLC，并按要求调试运行	1) 不会熟练使用编程软件进行梯形图的编辑、修改、转换、写入及监视，每项扣 2 分 2) 不能按照控制要求完成相应的功能，每缺一项扣 5 分	20 分	
4	安全操作	确保人身和设备安全	违反安全文明操作规程，扣 10~20 分	20 分	
5			合　　计		

五、知识拓展

(一) 通用逻辑指令编程方式在选择序列顺序控制中的应用

1. 选择序列分支的编程方法

如果某一步的后面有一个由 N ($2 \leq N \leq 8$) 条分支组成的选择序列，该步可能转到不同的 N 条分支的起始步去，应将这 N 条分支的起始步对应的辅助继电器的常闭触点与该步的线圈串联，作为结束该步的条件。

2. 选择序列汇合的编程方法

对于选择序列的汇合，如果某一步之前有 N 个转移（即有 N 条分支在该步之前合并后进入该步)，则代表该步的辅助继电器的起动电路由 N 条支路并联而成，各支路由该步的前级步对应的辅助继电器的常开触点与相应转移条件对应的触点或电路串联而成。

3. 用起保停编程方式的选择序列编程举例

许多公共场合都采用自动门，其结构示意图如图 5-26 所示。人靠近自动门时，感应器 SL 为 ON，KM_1 为 ON 时驱动电动机高速开门，碰到开门减速开关 SQ_1 时，变为低速开门。碰到开门极限开关 SQ_2 时电

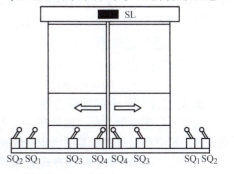

图 5-26　自动门系统结构示意图

动机停转，开始延时。若在10s内感应器检测到无人，KM_3 为ON时驱动起动电动机高速关门。碰到关门减速开关 SQ_3 时，改为低速关门，碰到关门极限开关 SQ_4 时电动机停转。在关门期间若感应器检测到有人，停止关门，延时1s后自动转换为高速开门。

(1) I/O 分配　自动门系统 I/O 分配见表5-7。

表5-7　自动门系统 I/O 分配表

输　入			输　出		
设备名称	符号	X 元件编号	设备名称	符号	Y 元件编号
感应开关	SL	X000	高速开门接触器	KM_1	Y000
开门减速开关	SQ_1	X001	减速开门接触器	KM_2	Y001
开门极限开关	SQ_2	X002	高速关门接触器	KM_3	Y002
关门减速开关	SQ_3	X004	减速关门接触器	KM_4	Y003
关门极限开关	SQ_4	X005			

(2) 绘制顺序功能图　分析自动门的控制要求，自动门在关门期间如果无人进出，则继续完成关门动作，如果关门期间又有人进出，则暂停关门动作，开门让人进出后再关门。绘制顺序功能图如图5-27a所示。

分析图5-27a可得如下结论：

1) 步 M1 之前有一个选择分支的汇合，当初始步 M0 为活动步并且转移条件 X000 满足，或 M6 为活动步且转移条件 T1 满足时，步 M1 都变为活动步。

2) 步 M4 之后有一个选择分支的处理，当 M4 的后续步 M5 或 M6 变为活动步时，M4 应变为不活动步。

顺序功能图中，初始化脉冲 M8002 对初始步 M0 置位，当检测到有人时，就高速继而减速开门，门全开时延时10s后高速关门，此时有两种情况可供选择：一种是无人，就碰减速装置 X004 开始减速关门；另一种是正在高速关门时，X000 检测到有人，系统就延时1s后重新高速开门。在减速关门 M5 对应的这一步正在减速关门时，也有上述两种情况存在，所以有两个选择分支。

(3) 将顺序功能图转换为梯形图　根据通用逻辑指令编程方式，将顺序功能图转换成梯形图，如图5-27b所示。注意分支与汇合处的转换。

4. 用起保停编程时仅有两步的闭环处理

如果在顺序功能图中存在仅由两步组成的小闭环，如图5-28a所示，用起保停电路设计的梯形图将不能正常工作。例如，在 M2 和 X002 均为"1"状态时，M3 的起动电路接通，但这时与 M3 线圈串联的 M2 的常闭触点却是断开的，所以 M3 的线圈不能"通电"。出现上述问题的根本原因在于步 M2 既是步 M3 的前级步，又是它的后续步。在小闭环中增设一虚拟步就可以解决这个问题，如图5-28b所示，这一步只起延时作用，对系统不会产生影响。

(二) 通用逻辑指令编程方式在并行序列顺序控制中的应用

1. 并行序列分支的编程方法
并行序列分支后的各单序列的第一步应同时变为活动步。

2. 并行序列汇合的编程方法
对于并行序列的汇合，如果某一步之前有 N 个分支组成的并行序列的汇合，则该转移实现的条件是所有的前级步都是活动步且转移条件满足。

3. 用通用逻辑指令编程方式实现并行序列编程举例
通用逻辑指令编程方式在并行序列顺序控制中的应用如图5-29所示。对于并行序列分支处，

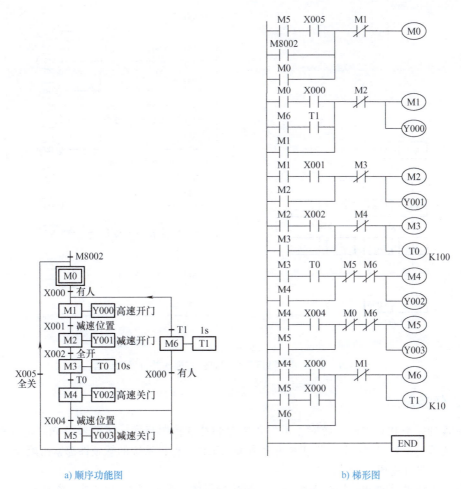

a) 顺序功能图　　　　　　　　　　　　b) 梯形图

图 5-27　用起保停电路选择序列的编程

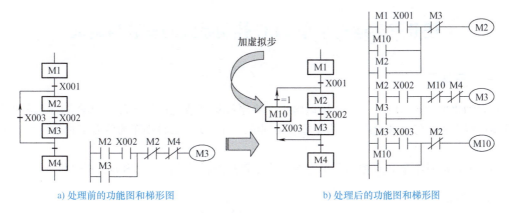

a) 处理前的功能图和梯形图　　　　　　b) 处理后的功能图和梯形图

图 5-28　用起保停编程时仅有两步的闭环处理

M2、M4 应同时为活动步，它们的起动条件是相同的，都是前级步 M1 和转移条件 X001 的逻辑与，但它们变为不活动步的条件是不同的。并行汇合处的编程，其起动条件采用的是 M3、M5 串联和转移条件 X004 的逻辑与，来表示并行序列同时结束。

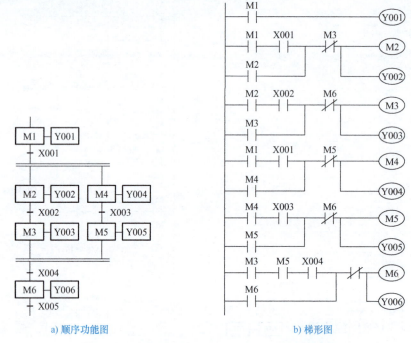

a) 顺序功能图　　　　　　　　　　　　　　b) 梯形图

图 5-29　用通用逻辑指令编程方式实现的并行序列编程

六、任务总结

实际设计一个 PLC 控制系统时，不仅要考虑 PLC 的控制程序，还要考虑 PLC 的选择、I/O 分配、接线等一系列问题，只有真正做好各方面的工作，保证系统的软硬件都紧密配合、切实可行，系统才算设计完成。

本任务以机械手的 PLC 控制系统安装与调试为载体，学习了 PLC 控制系统实现的软硬件设计方法。

任务三　运料小车 PLC 控制系统的安装与调试

一、任务导入

在自动化生产流水线上，经常用运料小车将原材料（或生产的产品）从仓库（或各工位）运往生产线上各工位（或仓库）。为了适应不同的控制需要，运料小车通常有多种运行方式供使用者选择。

本任务以运料小车 PLC 控制系统为例，学习 PLC 控制系统设计的内容、步骤和方法。

二、知识链接

（一）以转换为中心的编程方式

图 5-30 给出了以转换为中心的编程方式的顺序功能图与梯形图。图 5-30a 中，要实现 Xi 对应的转移必须同时满足两个条件：前级步为活动步（M(i-1)=1）和转移条件满

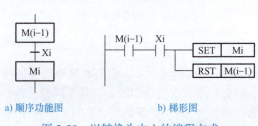

a) 顺序功能图　　　　b) 梯形图

图 5-30　以转换为中心的编程方式

足（$X_i=1$），所以用 M（$i-1$）和 X_i 的常开触点串联组成的梯形图来表示上述条件，如图 5-30b 所示。当两个条件同时满足时，应完成两个操作：将后续步变为活动步（用 SET 指令将 M_i 置位），同时将前级步变为不活动步（用 RST 指令将 M（$i-1$）复位）。这种编程方式与转移实现的基本规则之间有严格的对应关系，用它编制复杂顺序功能图的梯形图时，更能显示它的优越性。

（二）以转换为中心的编程方式在选择序列编程中的应用举例

如果某一转换与并行序列的分支、汇合无关，那么它的前级步和后续步都只有一个，需要置位、复位的辅助继电器也只有一个，因此对选择序列的分支与汇合的编程方法实际上与对单序列的编程方法完全相同。以转换为中心的编程方式在选择序列编程中的应用如图 5-31 所示。

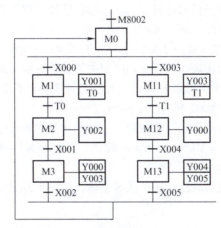

图 5-31 以转换为中心的编程方式在选择序列编程中的应用

使用这种编程方法时,不能将输出继电器的线圈与 SET、RST 指令并联。这是因为顺序功能图中前级步和转移条件对应的串联电路接通的时间相当短,转移条件满足后前级步马上被复位,串联电路被断开,而输出继电器的线圈至少在某一步对应的全部时间内被接通,所以应根据顺序功能图用代表步的辅助继电器的常开触点或它们的并联电路来驱动输出继电器线圈。

(三) 用位移位指令实现顺序功能图选择序列的编程

利用位移位指令的特点可以将选择序列顺序功能图转换成梯形图,转换步骤如下:

1) 确定位移位指令的位数。根据顺序功能图,可确定 n1 = 3。

2) 确定位移位指令中源操作数的逻辑表达式。位移位指令源操作数的逻辑表达式为

$$M0 = (M3 \cdot X002 + M13 \cdot X005 + M8002 + M0) \cdot \overline{M1} \cdot \overline{M11}$$

3) 确定位移位指令中移位条件的逻辑表达式。移位条件的逻辑表达式为

$$SFT1 = M0 \cdot X000 + M1 \cdot T0 + M2 \cdot X001$$

$$SFT2 = M0 \cdot X003 + M11 \cdot T1 + M12 \cdot X004$$

4) 顺序控制中循环运行的实现。将顺序功能图中的最后一步(或状态)对应的辅助继电器逻辑与转移条件来复位最后一步对应的辅助继电器,且使源操作数为"1",即两个位移位指令复位与循环的条件分别为 M3·X002 和 M13·X005。

5) 顺序功能图中输出状态逻辑表达式的确定。输出状态逻辑表达式为

Y000 = M3 + M12　　Y001 = M1　　Y002 = M2　　Y003 = M3 + M11　　Y004 = Y005 = M13

T0 = M1　　　　T1 = M11

6) 编制梯形图。将上述逻辑表达式转换成梯形图,如图 5-32 所示。

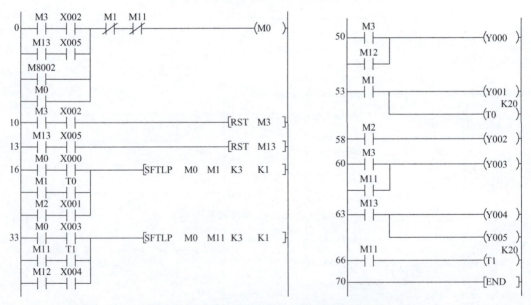

图 5-32　用位移位指令编制选择序列程序举例

三、任务实施

(一) 任务目标

1) 初步学会以转换为中心的编程方式设计顺序控制程序。
2) 根据控制要求绘制选择序列顺序功能图,并用以转换为中心的编程方式编制梯形图。
3) 能使用位左移位指令编制选择序列顺序控制梯形图。

4）学会 FX_{3U} 系列 PLC 的 I/O 接线方法。

5）熟练使用三菱 GX Developer 编程软件进行程序输入，并写入 PLC 进行调试运行，查看运行结果。

（二）设备与器材

本任务所需设备与器材见表 5-8。

表 5-8 设备与器材

序号	名称	符号	型号规格	数量	备注
1	常用电工工具		十字螺钉旋具、一字螺钉旋具、尖嘴钳、剥线钳等	1 套	表中所列设备、器材的型号规格仅供参考
2	计算机（安装 GX Developer 编程软件）			1 台	
3	THPFSL-2 网络型可编程序控制器综合实训装置			1 台	
4	运料小车模拟控制挂件			1 个	
5	连接导线			若干	

（三）内容与步骤

1. 任务要求

运料小车模拟控制面板如图 5-33 所示。运料小车模拟将材料由 A 仓库运往 B 仓库，运行方式有单步、单周期、自动、手动四种供选择。系统起动后，选择手动方式（按下微动按钮

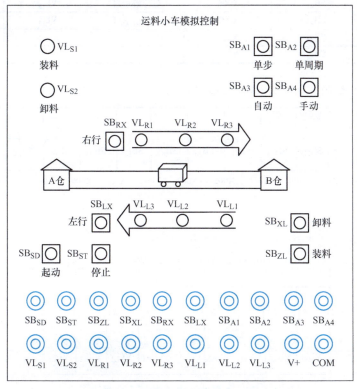

图 5-33 运料小车模拟控制面板

SB_{A4}),通过 SB_{ZL}、SB_{XL}、SB_{RX}、SB_{LX} 四个微动按钮进行运料小车的相应操作。按下装料按钮(SB_{ZL} 为 ON),系统进入装料状态,灯 VL_{S1} 亮,按下右行按钮(SB_{RX} 为 ON),灯 VL_{R1}、VL_{R2}、VL_{R3} 依次点亮(时间均为 1s),模拟小车右行,按下卸料按钮(SB_{XL} 为 ON),小车进入卸料状态,按下左行按钮(SB_{LX} 为 ON),灯 VL_{L1}、VL_{L2}、VL_{L3} 依次点亮(时间均为 1s),模拟小车左行。选择自动方式(按下微动按钮 SB_{A3}),系统进入装料→右行→卸料→左行→装料循环。选择单周期方式(按下微动按钮 SB_{A2}),小车来回运行一次。选择单步方式,按一次微动按钮 SB_{A1} 一次,小车运行一步,小车装料、卸料的时间均为 5s。运料小车在单周期或自动方式运行过程中,若按下停止按钮,小车等待一个运行周期结束停在 A 仓库。

2. 选择 PLC

根据任务要求,可以确定输入信号 10 点,输出信号 8 点,考虑到本任务不需要脉冲输出及以后扩展的需求,故 PLC 选择 FX_{3U} - 32MR 型。

3. I/O 分配与接线图

运料小车 PLC 控制 I/O 分配见表 5-9。

表 5-9 运料小车 PLC 控制 I/O 分配表

输入			输出		
设备名称	符号	X 元件编号	设备名称	符号	Y 元件编号
起动按钮	SB_{SD}	X000	装料指示灯	VL_{S1}	Y000
停止按钮	SB_{ST}	X001	卸料指示灯	VL_{S2}	Y001
装料按钮	SB_{ZL}	X002	右行指示灯	VL_{R1}	Y002
卸料按钮	SB_{XL}	X003	右行指示灯	VL_{R2}	Y003
右行按钮	SB_{RX}	X004	右行指示灯	VL_{R3}	Y004
左行按钮	SB_{LX}	X005	左行指示灯	VL_{L1}	Y005
单步按钮	SB_{A1}	X006	左行指示灯	VL_{L2}	Y006
单周期按钮	SB_{A2}	X007	左行指示灯	VL_{L3}	Y007
自动按钮	SB_{A3}	X010			
手动按钮	SB_{A4}	X011			

运料小车 PLC 控制 I/O 接线图如图 5-34 所示。

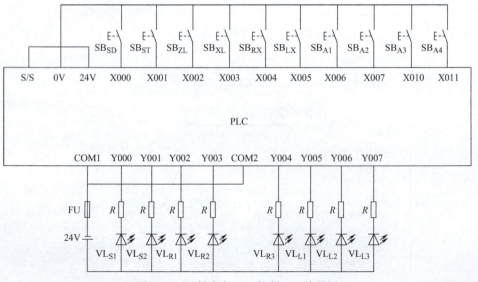

图 5-34 运料小车 PLC 控制 I/O 接线图

4. 编制程序

（1）用以转换为中心的编程方式编制运料小车控制程序

1）绘制顺序功能图。分析控制要求，四种运行方式下，单周期和自动可以合并为一个序列，单步和手动可以合并为另一个序列，其顺序功能图是含有两个分支的选择序列，如图 5-35 所示。

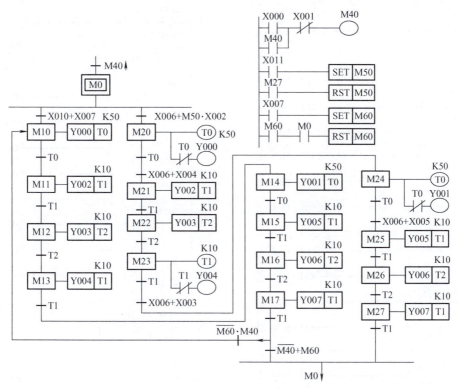

图 5-35　运料小车控制顺序功能图

2）编制梯形图。根据绘制的顺序功能图，用以转换为中心的编程方式将其转换为梯形图，如图 5-36 所示。

（2）用位左移位指令编制运料小车控制程序

1）根据顺序功能图确定位移位指令的位数 n1 = 8。

2）确定位移位指令源操作数的逻辑表达式。根据控制系统的要求，源操作数的逻辑表达式为

$M0 = M40 \cdot \overline{M10} \cdot \overline{M11} \cdot \overline{M12} \cdot \overline{M13} \cdot \overline{M14} \cdot \overline{M15} \cdot \overline{M16} \cdot \overline{M20} \cdot \overline{M21} \cdot \overline{M22} \cdot \overline{M23} \cdot \overline{M24} \cdot \overline{M25} \cdot \overline{M26}$

3）确定移位条件。移位条件也就是使位移位指令向左移位所需要的控制信号，根据运料小车控制顺序功能图，需要用两条位移位指令分别实现，自动与单周期运行的移位条件 SFT1 和手动与单步运行的移位条件 SFT2 的逻辑表达式分别为

$SFT1 = (X010 + X007) \cdot M0 + M10 \cdot T0 + M11 \cdot T1 + M12 \cdot T2 + M13 \cdot T1 + M14 \cdot T0 + M15 \cdot T1 + M16 \cdot T2 + M17 \cdot T1 + \overline{M60} \cdot X001$

$SFT2 = (M50 \cdot X002 + X006) \cdot M0 + (X006 + X004) \cdot M20 \cdot T0 + M21 \cdot T1 + M22 \cdot T2 + (X006 + X003) \cdot M23 \cdot T1 + (X006 + X005) \cdot M24 \cdot T0 + M25 \cdot T1 + M26 \cdot T2$

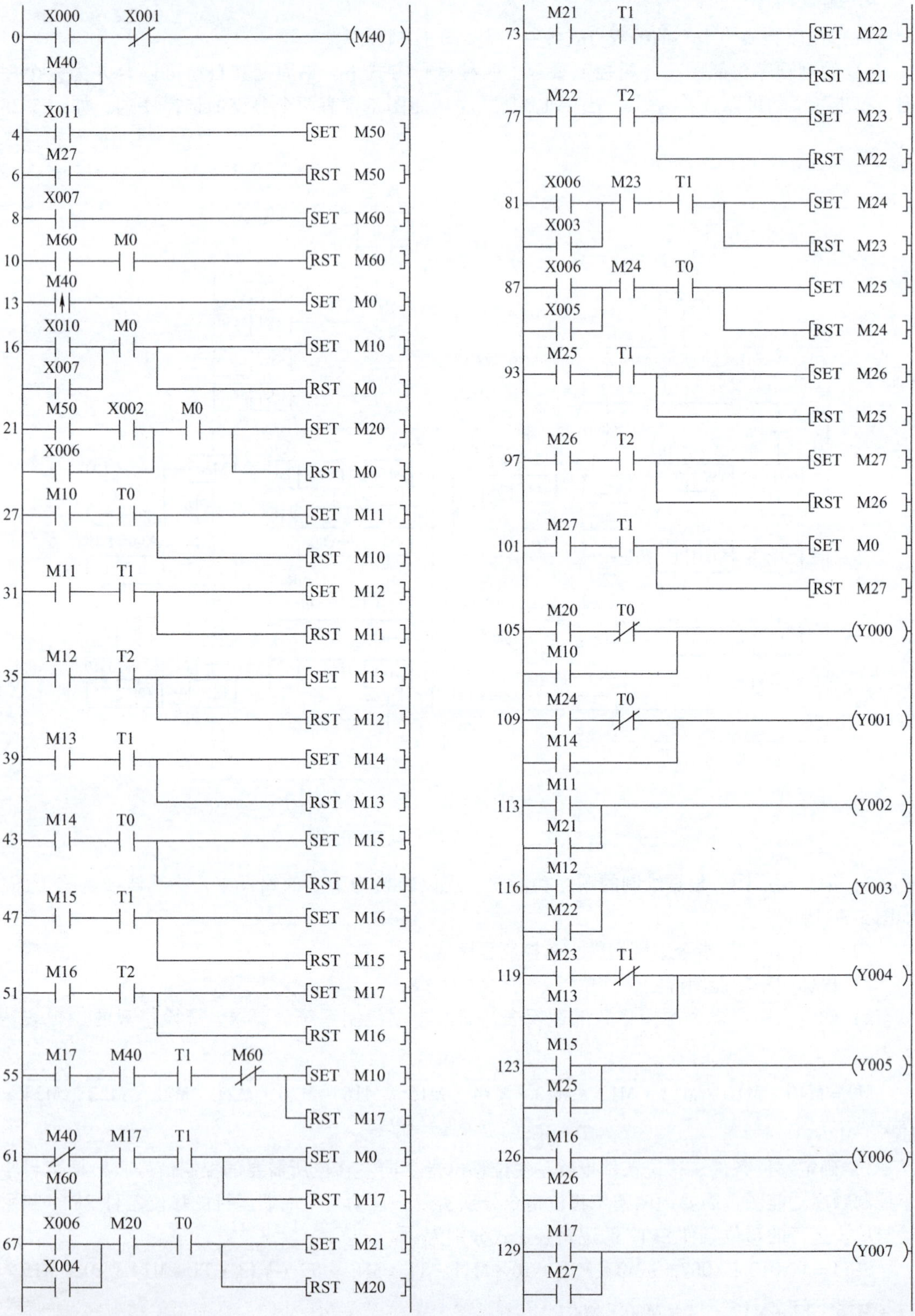

```
 0  ─┤X000├─┤/X001├─────────────────(M40)
     ├┤M40├┘
 4  ─┤X011├─────────────────────────[SET M50]
 6  ─┤M27├──────────────────────────[RST M50]
 8  ─┤X007├──────────────────────────[SET M60]
10  ─┤M60├─┤M0├────────────────────[RST M60]
13  ─┤↑M40├─────────────────────────[SET M0]
16  ─┤X010├─┬─┤M0├─────────────────[SET M10]
     ├┤X007├┘
                                    [RST M0]
21  ─┤M50├─┤X002├─┤M0├──────────────[SET M20]
     ├┤X006├┘
                                    [RST M0]
27  ─┤M10├─┤T0├────────────────────[SET M11]
                                    [RST M10]
31  ─┤M11├─┤T1├────────────────────[SET M12]
                                    [RST M11]
35  ─┤M12├─┤T2├────────────────────[SET M13]
                                    [RST M12]
39  ─┤M13├─┤T1├────────────────────[SET M14]
                                    [RST M13]
43  ─┤M14├─┤T0├────────────────────[SET M15]
                                    [RST M14]
47  ─┤M15├─┤T1├────────────────────[SET M16]
                                    [RST M15]
51  ─┤M16├─┤T2├────────────────────[SET M17]
                                    [RST M16]
55  ─┤M17├─┤M40├─┤T1├─┤/M60├───────[SET M10]
                                    [RST M17]
61  ─┤/M40├─┤M17├─┤T1├─────────────[SET M0]
     ├┤M60├┘
                                    [RST M17]
67  ─┤X006├─┤M20├─┤T0├─────────────[SET M21]
     ├┤X004├┘
                                    [RST M20]
73  ─┤M21├─┤T1├────────────────────[SET M22]
                                    [RST M21]
77  ─┤M22├─┤T2├────────────────────[SET M23]
                                    [RST M22]
81  ─┤X006├─┤M23├─┤T1├─────────────[SET M24]
     ├┤X003├┘
                                    [RST M23]
87  ─┤X006├─┤M24├─┤T0├─────────────[SET M25]
     ├┤X005├┘
                                    [RST M24]
93  ─┤M25├─┤T1├────────────────────[SET M26]
                                    [RST M25]
97  ─┤M26├─┤T2├────────────────────[SET M27]
                                    [RST M26]
101 ─┤M27├─┤T1├────────────────────[SET M0]
                                    [RST M27]
105 ─┤M20├─┤/T0├───────────────────(Y000)
     ├┤M10├┘
109 ─┤M24├─┤/T0├───────────────────(Y001)
     ├┤M14├┘
113 ─┤M11├─────────────────────────(Y002)
     ├┤M21├┘
116 ─┤M12├─────────────────────────(Y003)
     ├┤M22├┘
119 ─┤M23├─┤/T1├───────────────────(Y004)
     ├┤M13├┘
123 ─┤M15├─────────────────────────(Y005)
     ├┤M25├┘
126 ─┤M16├─────────────────────────(Y006)
     ├┤M26├┘
129 ─┤M17├─────────────────────────(Y007)
     ├┤M27├┘
```

图 5-36 运料小车控制梯形图

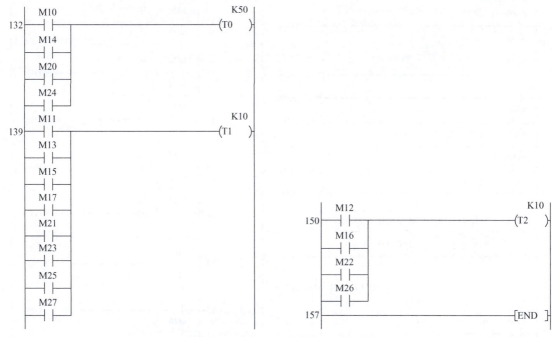

图 5-36 运料小车控制梯形图（续）

4）根据顺序功能图写出输出状态的逻辑表达式为

$$Y000 = M20 \cdot \overline{T0} + M10$$

$$Y001 = M24 \cdot \overline{T0} + M14$$

$$Y002 = M11 + M21$$

$$Y003 = M12 + M22$$

$$Y004 = M23 \cdot \overline{T1} + M13$$

$$Y005 = M15 + M25$$

$$Y006 = M16 + M26$$

$$Y007 = M27 \cdot \overline{T1} + M17$$

$$T0 = M10 + M14 + M20 + M24$$

$$T1 = M11 + M13 + M15 + M17 + M21 + M23 + M25 + M27$$

$$T2 = M12 + M16 + M22 + M26$$

5）将上述逻辑表达式转换成梯形图，如图 5-37 所示。

5. 调试运行

利用 GX Developer 编程软件将编写的梯形图程序写入 PLC，按照图 5-34 进行 PLC 输入、输出端接线，使 PLC 主机处于运行状态，按下起动按钮 SB_{SD}，然后分别选择单步（SB_{A1}）、单周期（SB_{A2}）、自动（SB_{A3}）、手动（SB_{A4}），按照上述任务要求进行相应的操作，观察运行结果是否满足控制要求。

（四）分析与思考

1）本任务中如果将起动按钮和停止按钮改为开关，程序应如何修改？

2）如果采用单序列设计控制程序，梯形图应如何编制？

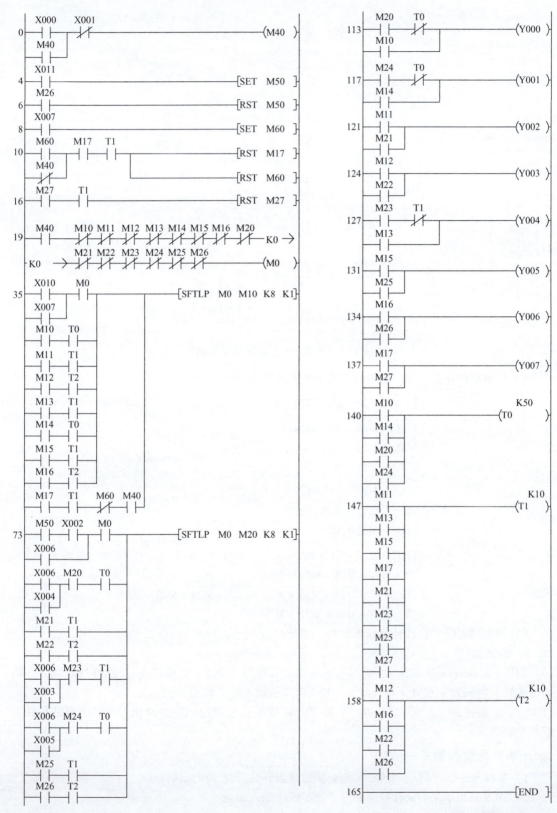

图 5-37 用位左移指令编制的运料小车控制梯形图

四、任务考核

本任务实施考核见表 5-10。

表 5-10 任务考核表

序号	考核内容	考核要求	评分标准	配分	得分
1	PLC 控制系统设计	1）能正确分配 I/O，并绘制 I/O 接线图 2）根据控制要求，正确编制梯形图程序	1）I/O 分配错或少，每个扣 5 分 2）I/O 接线图设计不全或有错，每处扣 5 分 3）梯形图表达不正确或画法不规范，每处扣 5 分	40 分	
2	安装与连线	根据 I/O 分配，正确连接电路	1）连线错，每处扣 5 分 2）损坏元器件，每只扣 5~10 分 3）损坏连接线，每根扣 5~10 分	20 分	
3	调试与运行	能熟练使用编程软件编制程序写入 PLC，并按要求调试运行	1）不会熟练使用编程软件进行梯形图的编辑、修改、转换、写入及监视，每项扣 2 分 2）不能按照控制要求完成相应的功能，每缺一项扣 5 分	20 分	
4	安全操作	确保人身和设备安全	违反安全文明操作规程，扣 10~20 分	20 分	
5			合　计		

五、知识拓展

（一）以转换为中心的编程方式在并行序列顺序控制中的应用

以转换为中心的编程方式在并行序列顺序控制的编程应用如图 5-38 所示。

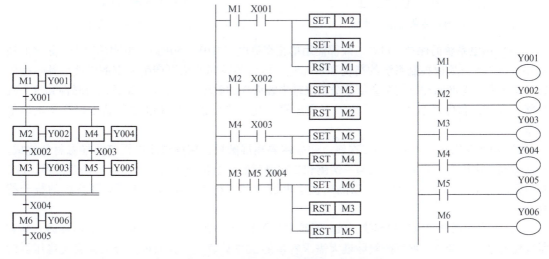

a) 顺序功能图　　　　　　　　　　　　　　　　　　　　b) 梯形图

图 5-38　以转换为中心的编程方式在并行序列顺序控制编程中的应用

使用以转换为中心的编程方式时,不能将输出继电器的线圈与 SET、RST 指令并联,这是因为前级步和转移条件对应的串联电路接通的时间是相当短的,转移条件满足后前级步马上被复位,该串联电路被断开,而输出继电器的线圈至少在某一步对应的全部时间内被接通,所以应根据顺序功能图用代表步的辅助继电器的常开触点或它们的并联电路来驱动输出继电器线圈。

(二)PLC 应用中的若干问题

1. 对 PLC 某些输入信号的处理

1)当 PLC 输入设备采用两线式传感器(如接近开关等)时,由于它们的漏电流较大,可能会出现错误的输入信号,为了避免这种现象,可在输入端并联旁路电阻 R,如图 5-39 所示。

2)如果 PLC 输入信号由晶体管提供,则要求晶体管的截止电阻应大于 $10\text{k}\Omega$,导通电阻应小于 800Ω。

2. PLC 的安全处理

(1)短路保护 当 PLC 输出控制的负载短路时,为了避免 PLC 内部的输出元件损坏,应该在 PLC 输出的负载回路中加装熔断器,进行短路保护。

(2)感性输入/输出的处理 PLC 的输入端和输出端常接有感性元件。如果是直流电感性负载,应在电感性负载两端并联续流二极管;若是交流电感性负载,应在其两端并联阻容吸收回路,从而抑制电路断开时产生的电弧对 PLC 内部 I/O 元件的影响,如图 5-40 所示。图中的电阻值可取 $50 \sim 120\Omega$;电容值可取 $0.1 \sim 0.47\mu\text{F}$,电容的额定电压应大于电源的峰值电压;续流二极管可选用额定电流为 1A、额定电压大于电源电压的 $2 \sim 3$ 倍。

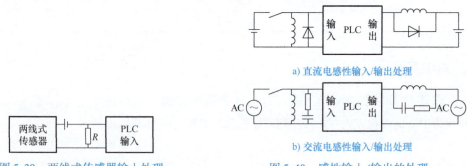

图 5-39 两线式传感器输入处理   图 5-40 感性输入/输出的处理

(3)供电系统的保护 PLC 一般都使用单相交流电(220V、50Hz),电网的冲击、频率的波动将直接影响到实时控制系统的精度和可靠性。电网的瞬间变化可产生一定的干扰,并传播到 PLC 系统中,电网的冲击甚至会给整个系统带来毁灭性的破坏。为了提高系统的可靠性和抗干扰性能,在 PLC 供电系统中一般采用隔离变压器、交流稳压器、UPS 电源和晶体管开关电源等措施。

1)隔离变压器的一次侧和二次侧之间采用隔离屏蔽层,用漆包线或铜等非导磁材料绕成。一次侧和二次侧间的静电屏蔽层与一次侧和二次侧间的零电位线相接,再用电容耦合接地。PLC 供电系统采用隔离变压器后,可以隔离供电电源中的各种干扰信号,从而提高系统的抗干扰性能。

2)为了抑制电网电压的起伏,PLC 系统中设置有交流稳压器。在选择交流稳压器时,其容量要留有余量,余量一般可按实际最大需求容量的 30% 计算,一方面可充分保证交流稳压器的稳压特性,另一方面有助于其可靠工作。在实际应用中,有些 PLC 对电源电压的波动具有较强的适应性,此时为了减少开支,也可不设置交流稳压器。

3)在一些实时控制中,系统的突然断电会造成较严重的后果,此时就要在供电系统中加入

UPS 电源供电，PLC 的应用软件可进行一定的断电处理。当系统突然断电后，PLC 可自动切换到 UPS 电源供电，并按工艺要求进行一定的处理，使生产设备处于安全状态。在选择 UPS 电源时，也要注意所需的功率容量。

4）晶体管开关电源用调节脉冲宽度的办法调整直流电压。这种开关电源在电网或其他外加电源电压变化很大时，输出电压并没有多大变化，从而提高了系统抗干扰的能力。

3. PLC 的接地要求

如果接地方式不好，就会形成环路，造成噪声耦合。接地设计有两个基本目的：消除各电路电流流经公共地线阻抗所产生的噪声电压和避免磁场与电位差的影响，使其不形成地环路。在实际 PLC 控制系统中，接地是抑制干扰的主要方法。在设计过程中，如能把接地和屏蔽正确地结合起来使用，可以解决大部分干扰问题。

（1）接地的要求　为保证接地质量，接地应达到以下要求：

1）接地电阻应在要求的范围内。对于 PLC 组成的控制系统，接地电阻一般应小于 4Ω。
2）要保证足够的机械强度。
3）要采取防腐蚀措施，进行防腐处理。
4）在整个工厂中，PLC 组成的控制系统要单独设计接地。

（2）地线的种类　在 PLC 组成的控制系统中，大致有以下几种地线：

1）数字地。这种地也称为逻辑地，是各种开关量（数字量）信号的零电位。
2）模拟地。这种地是各种模拟量信号的零电位。
3）信号地。这种地通常是指传感器的地线。
4）交流地。这种地是交流供电电源的地线。
5）直流地。这种地是直流供电电源的地线。
6）屏蔽地。这种地也称为机壳地，是为防止静电感应而设置的地线。

如何处理以上地线是 PLC 系统设计、安装、调试中的一个重要问题。

（3）接地的处理方法　正确接地是重要而复杂的问题，理想的接地情况是一个系统的所有接地点与大地之间阻抗为零，但这是难以做到的。在实际接地中，总存在着连接阻抗和分散电容，如果接地不佳或接地点不当，都会影响接地质量。

PLC 最好单独接地，即与其他设备分别使用各自的接地装置，如图 5-41a 所示；也可以采用公共接地，如图 5-41b 所示，但禁止使用串联接地方式，如图 5-41c 所示。另外，PLC 的接地线应尽量短，使接地点尽量靠近 PLC。同时，接地线的截面积应大于 2mm²。

图 5-41　PLC 的接地

（三）PLC 的维护与故障诊断

对 PLC 控制系统进行维护保养的目的是尽可能降低设备的故障率，提高设备的运行率，这种不是在发生故障才进行的保养又称为预防性维护保养。预防性维护保养分为日常维护保养和定期维护保养。

1. 日常维护保养

日常维护保养指经常性（每天、每星期）进行的保养，一般在正常运行中进行，其检修项目和内容见表 5-11。

表 5-11　PLC 日常维护保养项目和内容

序号	检修项目	检修内容
1	基本单元安装状态	安装螺钉是否松动或导轨挂钩是否脱轨
2	扩展选件安装状态	安装螺钉是否松动或导轨挂钩是否脱轨
3	连接状态	端子连接螺钉是否松动
		压接端子之间的距离是否适当
		电缆连接器是否松动
4	"POWER" LED	是否亮灯（灭灯异常）
	"RUN" LED	是否亮灯（灭灯异常）
	"ERROR" LED	是否灭灯（亮灯异常）
	"BATT" LED	是否灭灯（亮灯异常）
5	环境	是否有水滴、潮湿

2. 定期维护保养

定期维护保养是指每半年或一年进行一次全面的检修，一般在 PLC 停止运行时进行，其检修项目和内容见表 5-12。表中所列是一些常规项目的检查，仅针对 PLC 控制系统而言，不涉及全部电气控制系统的检查。

表 5-12　定期维护保养项目和内容

序号	检修项目		检修内容
1	周围环境	周围温度	用温度计、湿度计测量
		周围湿度	测量腐蚀性气体
		大气	
2	电源检查	AC 10～120V	测量各端子间电压
		AC 200～240V	
		DC 24V	
3	安装状态	是否松动	动一动基本单元和扩展选件
		异物	目测
4	连接状态	端子螺钉检查	用螺钉旋具检查
		压接端子安装	目测
		电缆连接器	用工具检查
5	电池		利用软件检测是否需要更换
6	备用品		安装到机器上确认动作
7	用户程序		对保管程序与应用程序进行校对检查
8	模拟量模块		检查零点/增益法是否与设计值相同
9	冷却设备		是否正常运转

3. 电池的维护

在 FX$_{3U}$ 系列 PLC 的基本单元内装有附件锂电池，其作用是在 PLC 断开电源后，利用电池的电压保持内置 RAM 的参数、用户程序、软元件注释和文件寄存器内容，保持断电保持型辅助继电器状态（包含信号报警器用）、积算型定时器的当前值、计数器的当前值和数据寄存器内容，保持扩展寄存器内容和采样跟踪结果，同时为 PLC 内部时钟的运行提供动力。

电池的电压为 3V，可以通过监控 D8005 来确认电池的电压，当电压过低时，PLC 基本单元面板上的"BATT"LED 会亮红灯，从灯亮开始后 1 个月左右可以保持内存，但不一定会在刚亮红灯时发现。所以，一旦发现亮红灯就必须及时更换电池。电池的寿命约 5 年左右，根据不同的环境温度其寿命长短会不一样，温度越高，寿命越短；如在 50℃ 环境下工作，寿命仅为 2～3 年，此外，电池也会自然放电，所以，务必在 4～5 年内更换电池。

更换电池时，选件型号为 FX$_{3U}$-32BL，它与基本单元本身所带的电池在外观上有一些差别，主要是制造日期标注方式不同，分别如图 5-42、图 5-43 所示。

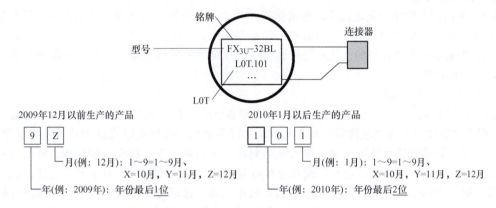

图 5-42 选件电池制造年月的标注方法

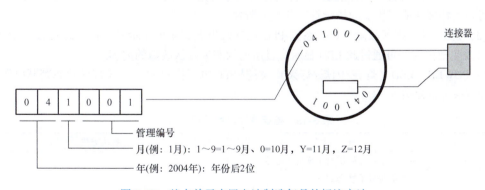

图 5-43 基本单元内置电池制造年月的标注方法

电池更换步骤：
1）断开电源。
2）取下电池盖板，如图 5-44 所示，用手指顶住图中 A 处，将盖板 B 侧掀起少许后，取下电池盖板。
3）取下旧电池。如图 5-45 所示，将旧电池从电池支架（图中 C）上拔下，并取出电池连接头（图中 D 处）。

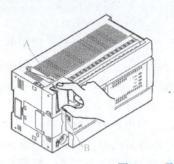 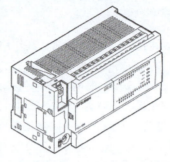 

图 5-44 取下电池盖板　　　　　　　　图 5-45 换装新电池

注意：更换过程（从取出旧电池连接头到插入新电池连接头）务必在 20s 内完成，超过 20s，存储区中的数据可能会丢失。

4）装上新电池。先将电池连接头插入 D 处，再将电池放入电池支架中。

5）装上电池盖板。

RAM 中的用户程序由锂电池实现断电保持，它的使用寿命为 2~5 年。当它的电压降至规定值以下时，PLC 上的"BATTERY"LED 亮，提醒操作人员更换锂电池。更换时，RAM 中的内容是由 PLC 中的电容充电保持的，应在使用说明书中规定的时间内更换好电池，否则 PLC 将丢失停电时的记忆功能。

4. PLC 的故障诊断

（1）故障确认　PLC 控制系统的故障有外部设备故障（指与 PLC 相连接的各种输入/输出设备）、程序故障和 PLC 硬件故障等。对于外部输入设备故障，可以通过观察 PLC 及其扩展单元/模块上的输入指示灯显示是否正常来进行故障判断，重点是检查外部设备的好坏，外部设备的调整是否符合要求，输入端口是否正确及连接线是否存在不良连接等。对于外部连接的输出设备故障，则要先判断是外部设备故障还是 PLC 程序故障，这时可卸除外部设备，分别进行测试分析。对外部设备的故障，通常采用排查法进行故障查找，即对产生故障的电路上的所有设备逐一进行排查（通过检查和换件确认），直到找出故障为止。当 PLC 连接有特殊功能模块/单元时，可通过观察特殊功能模块上的指示灯判断故障所在。

（2）通过 LED 判断故障　FX_{3U} 系列 PLC 在其盖板上有 4 个显示其运行状态的 LED 显示灯，当 PLC 发生故障时，可通过此 LED 显示灯显示的状态来确认故障的内容。

1）POWER LED（灯亮/闪烁/灯灭）。根据 PLC 电源指示 LED 显示灯的状态判断电源故障内容及解决方法见表 5-13。

表 5-13 电源故障内容及解决方法

LED 状态	PLC 状态	解决方法
灯亮	电源端子中正确供给了规定的电压	电源正常
闪烁	可能是以下状态之一： 1）电源端子上没有供给规定的电压、电流 2）外部接线不正确 3）PLC 内部有异常	1）确认电源电压 2）拆下电源电缆以外的连接电缆后，再次上电，确认状态是否有变化。状态仍未改变的情况下，联系厂家
灯灭	可能是以下状态之一： 1）电源断开 2）外部接线不正确 3）电源端子上没有供给规定的电压 4）电源电缆断开	1）如果电源没有断开，则确认电源和电源线路的情况。当供电情况正常时，联系厂家 2）拆下电源电缆以外的连接电缆后，再次上电，确认状态是否有变化。状态仍未改变的情况下，联系厂家

2）BATT LED（灯亮/灯灭）。根据 PLC 电池指示 LED 显示灯的状态判断电池故障内容及解决方法见表 5-14。

表 5-14 电池故障内容及解决方法

LED 状态	PLC 状态	解决方法
灯亮	电池电压下降	尽快更换电池
灯灭	电池电压高于 D8006 中设定值	正常

3）ERROR LED（灯亮/闪烁/灯灭）。根据 PLC 出错指示 LED 显示灯的状态判断程序故障内容及解决方法见表 5-15。

表 5-15 程序故障内容及解决方法

LED 状态	PLC 状态	解决方法
灯亮	可能是定时器出错，或是 PLC 的硬件损坏	1）停止 PLC 运行，然后再次上电，如果 ERROR LED 灭，则认为是定时器出错。此时，实施下列对策： ① 修改程序。扫描时间的最大值（D8012）不能超出看门狗定时器的设定值（D8000） ② 使用了输入中断或脉冲捕捉的输入是否在 1 个运算周期内反常地频繁多次 ON/OFF ③ 高速计数器中输入的脉冲（占空比 50%）的频率是否超出了规格范围 ④ 增加 WDT 指令。在程序中加入多个 WDT 指令，在 1 个运算周期中对定时器进行多次复位 ⑤ 更改看门狗定时器的设定值。在程序中，将看门狗定时器的设定值（D8000）修改成大于扫描时间的最大值（D8012）的值 2）拆下 PLC，放在桌子上另外供电。如果 ERROR LED 灭，则认为是受到噪声干扰的影响，此时考虑下列对策： ① 确认接地的接线，修改接线路径以及设置的场所 ② 在电源线中加上噪声滤波器 3）即使实施了 1）~2）的措施，ERROR LED 仍然不灭的情况下，联系厂家
闪烁	可能是以下错误之一： 1）参数错误 2）语法错误 3）回路错误	用编程工具执行 PC 诊断和程序检查。解决方法可参考错误代码判断及显示内容。可能发生了 I/O 构成错误、串行通信错误、运算错误
灯灭	没有发生会使 PLC 停止运行的错误	正常

5. 通过 GX Developer 编程软件诊断故障

利用 GX Developer 编程软件的 PLC 诊断功能，可以对 PLC PROG.E 指示灯亮的错误内容进行诊断。操作是单击编程软件菜单栏"诊断"，在其下拉菜单中，单击"PLC 诊断"，弹出"PLC 诊断"对话框，如图 5-46 所示。单击"目前的错误"按钮，出现 PLC 发生的错误，错误代码及错误原因均会出现在显示栏上，通过"CPU 错误"按钮可查询错误代码及原因。

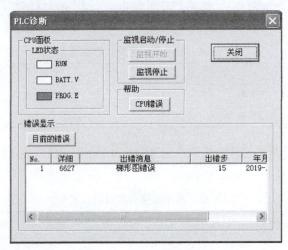

图 5-46 "PLC 诊断"对话框

六、任务总结

本任务以运料小车 PLC 控制系统的安装与调试为载体,介绍了以转换为中心的编程方式顺序控制设计法、位移位指令两种方法在 PLC 控制系统设计中的具体应用。

顺序控制设计法相对于经验设计法而言,设计时有章可循,规律性很强,容易学习、理解和掌握,这种方法也是初学者常用的 PLC 程序设计方法。

梳理与总结

本项目通过 Z3040 型摇臂钻床 PLC 控制系统的安装与调试、机械手 PLC 控制系统的安装与调试、运料小车 PLC 控制系统的安装与调试 3 个任务的学习与实践,达成 PLC 控制系统的实现。

1)介绍了 PLC 控制系统的设计原则、步骤、内容和方法,PLC 的选择,节省 I/O 点数的方法,PLC 应用中的若干问题。

2)顺序控制设计法有通用逻辑指令编程方式和以转换为中心的编程方式两种,这两种编程方式的顺序控制功能图表示步的编程元件用辅助继电器 M 表示,当转换实现时,当前步成为活动步,前级步变为不活动步,分别通过当前步对应的 M 元件常闭触点串联在前级步对应的辅助继电器线圈支路和复位指令实现,除此之外,功能图转换为梯形图时不允许双线圈输出。这些都是与 STL 指令编程方式不同的地方。

3)具有顺序控制特点的系统除了采用顺序控制设计法以外,还可以使用位移位指令进行编程,其主要步骤为:①根据顺序功能图确定位移位指令的位数;②确定位移位指令源操作数的逻辑表达式;③确定移位条件的逻辑表达式;④确定复位条件;⑤写出输出状态逻辑表达式;⑥编制梯形图。

复习与提高

1. 梯形图中的逻辑行是根据什么划分的?
2. 在什么情况下梯形图中允许双线圈输出?

3. PLC 控制系统设计包括哪些内容？
4. 选择 PLC 应考虑哪些问题？
5. 如何估算 PLC 的容量？
6. 为了使 PLC 正常工作，通常采用哪些保护措施？
7. 如何根据 PLC 出错指示 ERROR LED 显示灯的状态判断程序故障？
8. 在以转换为中心的编程方式中，每一步的输出元件线圈是否可以与对应步的辅助继电器的线圈相并联，为什么？
9. 某系统有手动和自动两种工作方式。现场的输入设备有：6 个限位开关（$SQ_1 \sim SQ_6$）和 2 个按钮（SB_1、SB_2），仅供自动时使用；6 个按钮（$SB_3 \sim SB_8$）仅供手动时使用；3 个限位开关（$SQ_7 \sim SQ_9$）为自动、手动共用。试问：是否可以使用一台输入只有 12 点的 PLC 进行系统控制？若可以，试画出 PLC 的输入接线图。
10. 设计一个智力竞赛抢答控制装置。当主持人说出问题且按下开始按钮 SB_1 后，在 10s 之内，4 位参赛选手中只有最早按下抢答按钮的选手抢答有效，抢答桌上的灯亮 3s，赛场上的音响装置响 2s，且使按钮 SB_1 复位（断开保持回路），使定时器复位。10s 后抢答无效，按钮 SB_1 及定时器复位。
11. 三种液体混合装置如图 5-47 所示，液面传感器 $SL_1 \sim SL_3$ 被液体淹没时为 ON，电磁阀 $YV_1 \sim YV_4$ 的线圈通电时打开，线圈断电时关闭。初始状态时容器是空的，各阀门均关闭，各传感器均为 OFF。按下起动按钮后，打开阀门 YV_1，液体 A 流入容器，液面传感器 SL_3 变为 ON 时，关闭阀门 YV_1，打开阀门 YV_2，液体 B 流入容器。液面升至液面传感器 SL_2 时，关闭阀门 YV_2，打开阀门 YV_3，液体 C 流入容器。当液面升至液面传感器 SL_1 时，关闭阀门 YV_3，电动机 M 运行开始搅拌液体，先正向搅拌 15s，反向搅拌 15s，然后再正向搅拌 15s，反向搅拌 15s，60s 后停止搅拌，打开阀门 YV_4，放出混合液体，当液面降至液面传感器 SL_3 之后再过 5s，容器放空，关闭阀门 YV_4，打开阀门 YV_1，进入下一周期。按下停止按钮，在当前工作周期结束之后才停止（停在初始状态）。试画出 PLC 的 I/O 接线图和控制系统的顺序功能图，并设计梯形图程序。

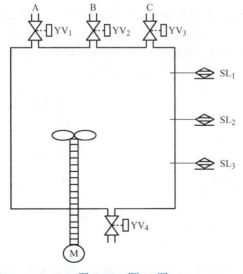

图 5-47 题 11 图

12. 设计一个彩灯自动循环控制电路。假定用输出继电器 Y000 ~ Y007 分别控制第一盏灯至第八盏灯，按下起动按钮后，按第一盏灯至第八盏灯的顺序点亮，后一盏灯点亮后前一盏灯熄灭，反复循环下去，只有按下停止按钮彩灯才熄灭。试设计其 PLC I/O 接线图和梯形图，并写出相应的指令程序。

13. 电动电葫芦起升机构的动负荷试验，控制要求如下：

1）可手动上升、下降。

2）自动运行时，上升 9s→停 6s→下降 9s→停 6s，反复运行 1h，然后发出声光报警信号，并停止运行。

试设计其 PLC I/O 接线图和梯形图，并写出相应的指令程序。

14. 有一台四级传送带运输机，分别由 M_1、M_2、M_3、M_4 4 台电动机拖动，其动作顺序如下：

1）起动时要求按 $M_1 \to M_2 \to M_3 \to M_4$ 顺序起动。

2）停车时要求按 $M_4 \to M_3 \to M_2 \to M_1$ 顺序停车。

上述动作要求按 5s 的时间间隔进行。试设计其 PLC I/O 接线图和梯形图，并写出相应的指令程序。

15. 试设计一个如图 5-48 所示的小车自动循环送料控制系统，具体要求如下：

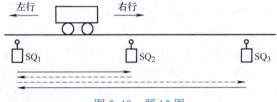

图 5-48　题 15 图

1）初始状态：小车在起始位置时，压下 SQ_1。

2）起动：按下起动按钮 SB_1，小车在起始位置装料，20s 后向右运行，至 SQ_2 处停止，开始下料，10s 后下料结束，小车返回起始位置，再用 20s 的时间装料，然后向右运行至 SQ_3 处下料，10s 后再返回起始位置，…，完成自动循环送料，直至有复位信号输入。

16. 冲床机械手运动示意图如图 5-49 所示，初始状态时机械手在最左边，X004 为 ON，冲头在最上面，X003 为 ON；机械手松开，Y000 为 OFF。按下起动按钮 X000，Y000 变为 ON，工件被夹紧并保持，2s 后 Y001 被置位，机械手右行，直至碰到 X001，以后将顺序完成以下动作：冲头下行，冲头上行，机械手左行，机械手松开，延时 1s 后，系统返回初始状态。试设计 PLC 控制系统 I/O 接线图、顺序控制功能图及梯形图。

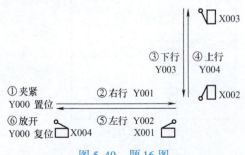

图 5-49　题 16 图

17. 图 5-50 为某剪板机工作示意图。初始状态时，压钳和剪刀在上限位置，X000 和 X001 为 ON 状态。按下起动按钮 X010，工作过程如下：首先板料右行（Y000 为 ON 状态）至限位开关 X003 为 ON 状态，然后压钳下行（Y001 为 ON 状态并保持）。压紧板料后，压力继电器

X004 为 ON 状态，压钳保持压紧，剪刀开始下行（Y002 为 ON 状态）。剪断料板后，X002 变为 ON 状态，压钳和剪刀同时上行（Y003 和 Y004 为 ON 状态，Y001 和 Y002 为 OFF 状态），分别碰到限位开关 X000 和 X001 后，停止上行，均停止后，又开始下一周期的工作，剪完 5 块料板后停止工作并停在初始状态。试设计 PLC 控制系统 I/O 接线图、顺序功能图及梯形图。

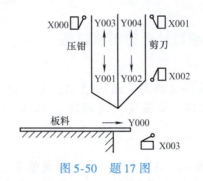

图 5-50　题 17 图

18. 分别用顺序控制和位移位指令实现 7 段译码显示控制。要求按下起动按钮 SB_1，7 段译码管以 1s 时间间隔依次显示 0、1、2、3、4、5、6、7、8、9，并不断循环运行；按下停止按钮 SB_2，则立即停止。试设计 PLC 控制系统 I/O 接线图、顺序功能图及梯形图。

附录　GX Work2 编程软件的使用

一、利用 GX Work2 编程软件绘制梯形图

1. GX Work2 软件安装

打开"GX Work2"编程软件文件夹，然后继续打开"LLUTL"应用程序文件夹内的"Setup.exe"，起动安装应用程序，安装完后返回到"GX Work2"编程软件文件夹，双击"Setup.exe"安装即可。

2. 绘制梯形图

（1）新建工程　启动 GX Work2 编程软件后，选择菜单命令"工程"→"创建新工程"执行或者使用快捷键"Ctrl + N"，弹出如图 A-1 所示的"新建工程"对话框。在该对话框中，"工程类型"选择为"简单工程"，"PLC 系列"选择为"FXCPU"，"PLC 类型"选择为"FX3U/FX3UC"，"程序语言"选择为"梯形图"。然后，单击"确定"按钮，会弹出梯形图编辑界面，如图 A-2 所示。

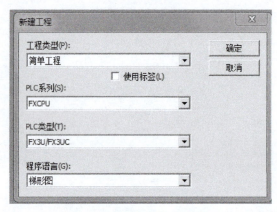

图 A-1　"新建工程"对话框

注意：PLC 系列和 PLC 类型两项是必须设置项，且须与所连接的 PLC 一致，否则程序将无法写入 PLC。

（2）梯形图输入　下面以图 A-3a 所示梯形图为例介绍应用 GX Work2 编程软件绘制梯形图的操作步骤。梯形图输入的方法有多种，这里只介绍常用的快捷方式输入、键盘输入两种。

1）快捷方式输入。利用工具栏上梯形图功能图标或功能键进行梯形图编辑。

快捷方式输入的操作方法：先将蓝色光标移动到要编辑梯形图的位置，然后在工具栏上单击常开触点图标 ，或按计算机键盘上的功能键 F5，则弹出"梯形图输入"对话框，如图 A-4 所示。然后通过键盘输入 X000，单击"确定"按钮，这时在编辑区出现了一个标号为 X000 的常开触点，且其所在程序行变成灰色，表示该程序行进入编辑区。至此，一条指令（LD　X000）已经编辑完成。其他的触点、线圈、功能指令等都可以通过单击相应的功能图标编辑完成。

2）键盘输入。用计算机键盘输入指令的助记符和目标元件（两者间需用空格分开）。例如，在开始输入 X000 常开触点时，通过键盘刚输入字母"L"后，即弹出"梯形图输入"对话框，

附录　GX Work2编程软件的使用

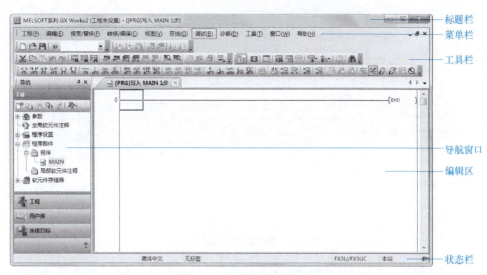

图 A-2　梯形图编辑界面

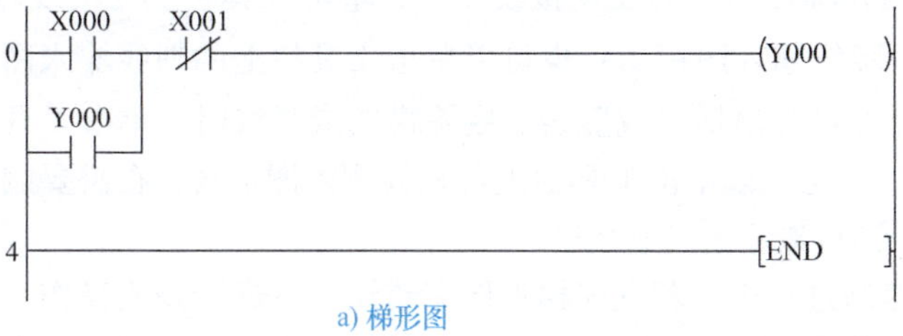

```
 0 ├─X000─┬─X001─┤         ─(Y000)        0  LD   X000
        │                                  1  OR   Y000
        └─Y000─┘                            2  ANI  X001
                                            3  OUT  Y000
 4                          ─[END]          4  END
```

a) 梯形图　　　　　　　　　　　　　b) 指令表

图 A-3　梯形图输入举例

图 A-4　快捷方式输入

如图 A-5 所示。继续输入指令"LD　X000",单击"确定"按钮,常开触点 X000 编辑完成。

图 A-5　键盘输入

然后用键盘输入法分别输入"ANI　X001""OUT　Y000",再将蓝色编辑框定位在 X000 触点下方,输入"OR　Y000",即绘制出如图 A-6 所示的梯形图。

3. 梯形图编辑操作

(1) 插入和删除　在梯形图编辑过程中,如果要进行程序的插入或删除,可以按以下方法进行操作:

1) 插入。将光标定位在要插入的位置,然后选择菜单命令"编辑"→"行插入"执行,即可实现逻辑行的插入。

2) 删除。首先通过鼠标选择要删除的行,然后选择菜单命令"编辑"→"行删除"执行,即可实现逻辑行的删除。

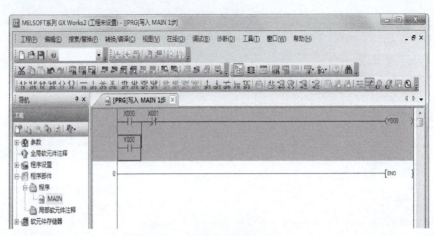

图 A-6　梯形图转换前的界面

（2）复制和粘贴　首先拖动鼠标选中需要复制的区域，单击工具栏上的复制图标，再将当前编辑区定位到要粘贴的位置，再单击工具栏上的粘贴图标即可。

（3）绘制、删除连线　当在梯形图中需要连接横线时，单击工具栏上的横线输入图标，连接竖线时，单击工具栏上的竖线输入图标；也可以单击工具栏上的划线输入图标，在需要连线处横向或纵向拖动鼠标即可画出横线或竖线。删除横线或竖线时，单击工具栏上的横线删除或竖线删除图标即可。也可以单击工具栏上的划线删除图标，在需要删除横线或竖线处，横向或竖向拖动鼠标，即可删除横线或竖线。

（4）程序修改　在程序编制过程中，若发现梯形图有错误，可进行修改操作。在写入模式状态下，将光标放在需要修改的梯形图处，双击光标，调出梯形图输入对话框，进行程序修改操作即可。

4. 梯形图转换

图 A-6 所示编制完成的梯形图程序，其界面是灰色状态，此时虽然程序输入已完成，但若不对其进行转换（编译），则程序是无效的，也不能进行保存、传送和仿真。程序转换又称为编译。通过转换，编辑区程序由灰色自动变成白色，说明程序转换完成。选择菜单命令"转换/编译"→"转换"执行，如图 A-7 所示，也可单击工具栏上的转换图标或按功能键 F4。变换无误后，程序灰色状态变为白色，如图 A-8 所示。

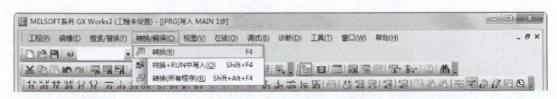

图 A-7　程序转换操作

若编制的程序在格式上或语法上有错误，则进行变换时系统会提示错误。重新修改错误的程序，然后重新变换，直到编辑区程序由灰色变成白色。

5. PLC 程序的写入与读取

（1）连接目标设置　在完成程序编制和转换后，便可以将程序写入到 PLC 的 CPU 中，或将 PLC CPU 中的程序读到计算机，一般需进行以下操作：

1）PLC 与计算机的连接。PLC 与计算机之间通过专用编程电缆连接实现通信。连接时将计

附录　GX Work2编程软件的使用

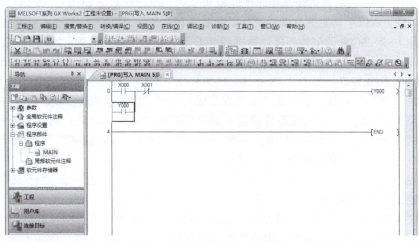

图 A-8　转换完成后的梯形图

算机串行口（或 USB 口）与 PLC 的编程口用编程电缆互连，连接 PLC 一侧时要注意 PLC 编程口的方向，按照通信针脚排列方向轻轻插入，不要弄错方向或强行插入，否则容易造成损坏。

2) 设置通信端口参数。先查看计算机的串行端口编号。方法：鼠标右击计算机桌面上的"计算机"图标，在弹出的子选项中，选择单击"设备管理器"，在打开的设备管理器子选项中，单击"端口（COM 和 LPT）"→"通信端口 COM1 或 COM2"。再设置串行口通信参数，操作如下：

在图 A-8 中，单击导航窗口上的"连接目标"按钮，然后在打开的连接设备中双击当前连接目标栏的" Connection1"，打开"连接目标设置 Connection1"对话框，双击 Serial/USB 图标，弹出"计算机侧 I/F 串行详细设置"对话框，如图 A-9 所示，在该对话框中设置连接端口的类型、端口号、传输速度，单击"确定"按钮，即完成连接目标设置的操作。

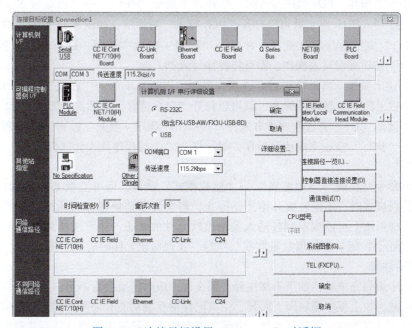

图 A-9　"连接目标设置 Connection1"对话框

一般用串行口 SC-09 通信线连接计算机和 PLC 时，串行口都是 COM1，而 PLC 系统默认情况下也是 COM1，所以不需要更改设置就可以直接与 PLC 通信。

如果使用 USB-SC09 通信线连接计算机和 PLC 时，通常计算机侧的 COM 口不是 COM1，在这种情况下，首先需要安装 USB-SC09 的驱动程序，将驱动光盘放入计算机并把 USB-SC09 电缆插入计算机的 USB 接口，双击"AMSAMOTION.EXE"程序，打开"驱动安装"对话框，单击该对话框中的"安装"按钮，当出现"驱动安装成功"时，即表示驱动安装成功。

此时按照上述方法在计算机设备管理器中查看所连的 USB 口，然后在图 A-9 所示的"COM 端口"对应的方框中选择与计算机 USB 口一致，通常为 COM3。"传送速度"一般选 115.2kbit/s。单击"确认"按钮，至此通信参数设置完成。

串行口设置正确后，在图 A-9 中单击"通信测试"按钮，若打开"已成功与 FX3U/FX3UCCPU 连接"对话框，如图 A-10 所示，单击"确定"按钮即可，则说明可以与 PLC 进行通信。若出现"无法与 PLC 通信。可能是以下原因所致…"对话框，则说明计算机与 PLC 不能建立通信。这时，必须按照对话框中所说明的原因进行逐一排查，确认 PLC 电源有没有接通，电缆有没有正确连接等事项，找到原因，排除故障后，再一次进行通信测试，直到单击"通信测试"后，显示连接成功。

通信测试成功后，单击"确认"按钮，则回到编程窗口。

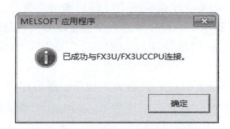

图 A-10 通信测试成功对话框

(2) 程序写入操作　PLC 程序写入时，选择菜单命令"在线"→"PLC 写入"执行或单击工具栏上的 PLC 写入图标，就可以打开"PLC 写入"对话框，如图 A-11 所示，在对话框中选择"写入（W）"完成程序写入选择，并单击"程序+参数"按钮，进行 PLC 数据对象选择，再单击"执行"按钮完成写入操作，即可将程序写入 PLC。

(3) 程序读出操作　当需要从 PLC 读取程序时，选择菜单命令"在线"→"PLC 读取"执行或单击工具栏上的 PLC 读取图标，就可以打开"PLC 读取"对话框，如图 A-12 所示，在对话框中选择"读取（U）"完成程序读取选择，并单击"程序+参数"按钮，进行 PLC 数据对象选择，再单击"执行"按钮完成读取操作，即可将 PLC 中的程序读入计算机。

6. 监视

选择菜单命令"在线"→"监视"→"监视模式"执行，即可监视 PLC 的程序运行状态，当程序处于监视模式时，不论监视开始还是停止，都会显示监视状态对话框，如图 A-13 所示。在监视状态的梯形图上可以观察到各输入及输出软元件的状态，并可选择菜单命令"在线"→"监视"→"软元件/缓冲存储器批量监视"执行，实现对软元件的成批监视。

7. 梯形图注释

梯形图程序编制完成后，如果不加注释，那么过一段时间就会看不明白，这是因为梯形图程序的可读性较差。加上程序编制因人而异，完成同样的控制功能有许多不同的程序编制方法。给程序加上注释，可以增加程序的可读性，方便交流和修改。梯形图程序注释有注释编辑、声明编辑和注解编辑三种，可选择菜单命令"编辑"→"文档创建"的下拉子菜单，如图 A-14 所示，

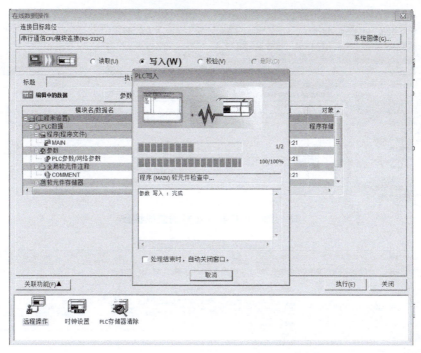

图 A-11 "PLC 写入"对话框

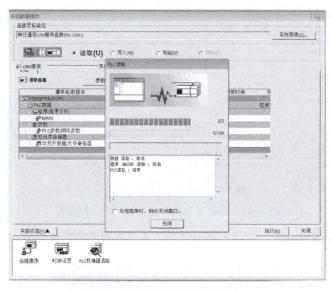

图 A-12 "PLC 读取"对话框

在其子菜单中选择注释类型进行相应的注释操作,也可以单击工具栏上的注释图标进行注释操作。

(1) 注释编辑 这是对梯形图中的触点和输出线圈添加注释。操作方法如下:

单击工具栏上的软元件注释编辑图标，此时,梯形图之间的行距拉开,把光标移动到要注释的触点 X000 处,双击光标,弹出"注释输入"对话框,如图 A-15 所示。在框内输入"起动"(假设 X000 为起动按钮对应的输入信号),单击"确定"按钮,注释文字将出现在 X000 下方,如图 A-16 所示。光标移动到哪个触点处,就可以注释哪个触点。对一个触点进行注释后,

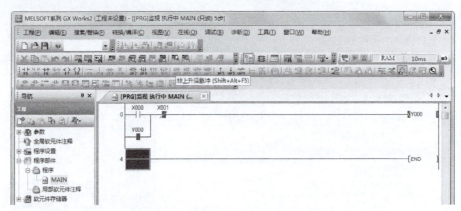

图 A-13　PLC 程序运行的监视状态

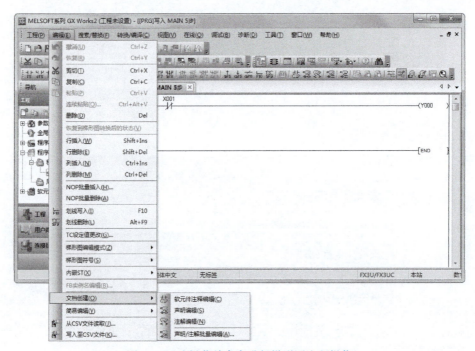

图 A-14　选择菜单命令进行梯形图注释操作

梯形图中所有这个触点（常开、常闭）都会在其下方出现相同的注释内容。

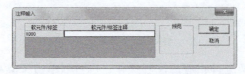

图 A-15　"注释输入"对话框

（2）声明编辑　这是对梯形图中某一行或某一段程序进行说明注释。操作方法如下：

单击工具栏上的声明编辑图标 ，将光标放在要编辑行的行首，双击光标，弹出"行间声明输入"对话框，如图 A-17 所示。在对话框内输入声明文字，单击"确定"按钮，声明文字即加到相应的行首。

附录　GX Work2编程软件的使用　257

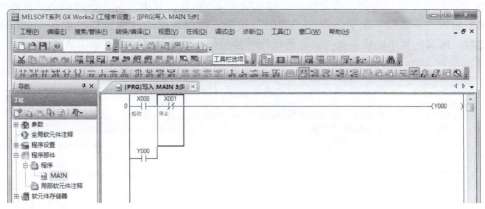

图 A-16　注释编辑操作

图 A-17　"行间声明输入"对话框

以起保停程序为例，将光标移到第一行 X000 处，双击光标，在弹出的"行间声明输入"对话框输入"起保停程序"文字，单击"确定"按钮，这时编辑区程序变为灰色，单击工具栏上的程序转换图标，程序编译完成，这时，程序说明出现在程序行的左上方，如图 A-18 所示。

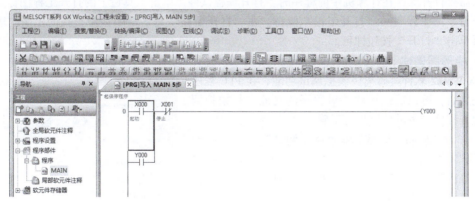

图 A-18　声明编辑操作

（3）注解编辑　这是对梯形图中输出线圈或功能指令进行说明注释。操作方法如下：

单击工具栏上的注解编辑图标，将光标放在要注解的输出线圈或功能指令处，双击光标，这时，弹出"注解输入"对话框，如图 A-19 所示。在对话框内输入注解文字，单击"确定"按钮，注解文字即加到相应的输出线圈或功能指令的左上方。

图 A-19　"注解输入"对话框

现仍以起保停程序为例,将光标移到输出线圈 Y000 处,双击光标,在弹出的"注解输入"对话框中输入"电动机"文字,单击"确定"按钮,输出线圈的注解说明出现在 Y000 的左上方,此时,编辑区程序变成灰色,再进行程序转换操作,程序编译完成,如图 A-20 所示。

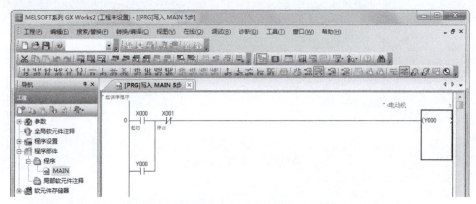

图 A-20 注解编辑操作

以上介绍了使用工具栏上的图标(按钮)进行梯形图三种注释的操作方法,也可以使用菜单命令操作,其过程类似,读者可自行练习。

8. 梯形图保存与打开

当程序编制完成后,必须先进行转换,然后单击工具栏上的工程保存图标 或选择菜单命令"工程"→"保存工程"或"工程另存为"执行,此时系统会弹出"另存为"对话框,在该对话框中进行保存位置的选择、文件名和标题设置后再单击"保存"按钮即可。

当需要打开保存在计算机中的程序时,打开编程软件,单击工具栏上的打开工程图标 或选择菜单命令"工程"→"打开工程"执行,在"打开工程"对话框中选择查找的范围,输入文件名再单击"打开"按钮即可。

9. 梯形图调试

GX Work2 软件具有离线模拟调试功能,在 PLC 程序编辑完成后,可以通过该软件对程序的功能进行模拟调试,检查程序的逻辑功能是否正确。

(1)调试启动 选择菜单命令"调试"→"模拟开始/停止"执行,弹出"PLC 写入"对话框,如图 A-21 所示,等待程序写入完成后,单击该对话框上的"取消"按钮,即可关闭该对话框。

(2)梯形图调试 下面以图 A-3a 梯形图程序为例说明 GX Work2 软件的模拟调试功能。要模拟起动按钮 SB_1(对应 X000)闭合就需要强制 X000 常开触点,方法是选择菜单命令"调试"→"当前值更改"执行,弹出"当前值更改"对话框,如图 A-22 所示。

在该对话框内"软元件/标签"下面的方框内输入"X000",先单击"ON"按钮,再单击"OFF"按钮,模拟按下起动按钮 SB_1,此时对话框的"执行结果"下显

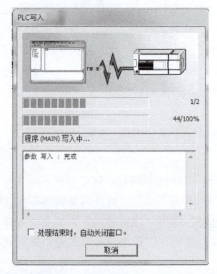

图 A-21 "PLC 写入"对话框

示出强制的软元件 X000 和设置的状态,程序的起动仿真运行如图 A-23a 所示。

按照上述相同的操作方法对停止按钮 SB_2 对应的输入信号 X001 进行强制操作,程序将停止运行,如图 A-23b 所示。

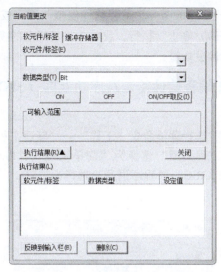

图 A-22 "当前值更改"对话框

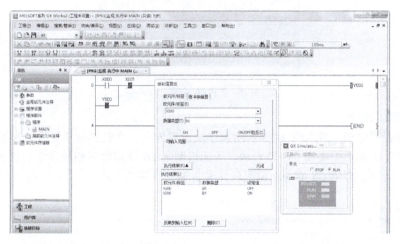

a) 程序的起动调试运行

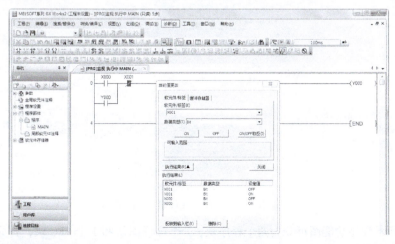

b) 程序的停止调试

图 A-23 软元件调试的操作

(3) GX Work2 调试结束　当 GX Work2 编程软件模拟调试完成后，在编程界面上再次选择菜单命令"调试"→"模拟开始/停止"执行，或单击工具栏上的模拟开始/停止图标，即可以结束 GX Work2 编程软件的调试功能。

二、利用 GX Work2 编程软件绘制顺序功能图（SFC）

1. 新建工程

打开 GX Work2 编程软件，选择菜单命令"工程"→"新建工程"执行，弹出"新建工程"对话框，如图 A-24 所示。"工程类型"选择为"简单工程"，"PLC 系列"选择为"FXCPU"，"PLC 类型"选择为"FX3U/FX3UC"，"程序语言"选择为"SFC"。然后，单击"确定"按钮，新建工程完成。

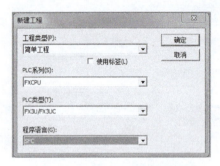

图 A-24　"新建工程"对话框

2. 梯形图块编辑

新建工程设置完毕，进入图 A-25 所示程序块设置界面，在此界面中设置块类型。在 SFC 程序中至少包含 1 个梯形图块和 1 个 SFC 块。下面以图 A-26 所示的三相异步电动机正反转循环运行顺序功能图为例，介绍 GX Work2 编程软件编制 SFC 程序的方法。

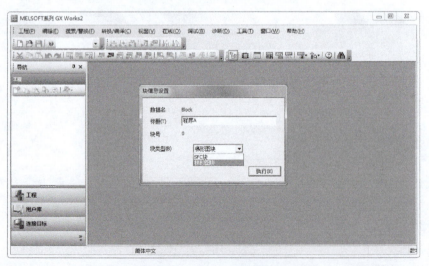

图 A-25　程序块设置界面

图 A-26 所示顺序功能图可分为两个程序块，1 个梯形图块和 1 个 SFC 块，首先建立梯形图块，在"块信息设置"对话框中，"标题"栏输入"程序 A"，"块类型"选择"梯形图块"，单击"执行"按钮进入 SFC 编辑界面。

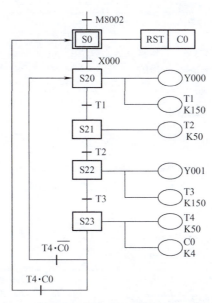

图 A-26　三相异步电动机正反转循环运行顺序功能图

在 SFC 编辑界面有两个区，一个是 SFC 编辑区，一个是梯形图编辑区，SFC 编辑区是编辑 SFC 程序的，而梯形图编辑区是用来编辑梯形图的。不管是梯形图块还是 SFC 程序的内置梯形图，都在这里编制。将光标移入梯形图编辑区，编辑激活初始步梯形图部分程序（本例中只有置位初始步部分），如图 A-27 所示，程序编辑完成后需要对所编写的程序进行转换。

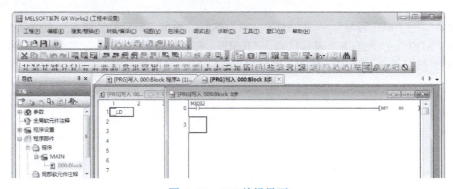

图 A-27　SFC 编辑界面

3. SFC 块编辑

（1）建立 SFC 块　梯形图块编辑完毕，在图 A-27 中的 SFC 编辑区，先用鼠标单击右边显示 LD 的功能图框，然后选择菜单命令"视图"→"打开 SFC 块列表"执行，弹出图 A-28 所示的"块信息设置"对话框，在"标题"栏中输入"程序 B"，并在"块类型"选项中选择"SFC 块"，单击"执行"按钮建立 1 个 SFC 块。

（2）构建状态转移框架　新建 SFC 块完成，即进入 SFC 块编辑界面，如图 A-29 所示。在该图 SFC 编辑区出现了表示初始状态的双线框及表示状态相连的有向连线和表示转移的横线，方框和横线旁有两个"？0"，第 1 个"？0"表示初始状态 S0 驱动处理梯形图还没有编辑，第 2 个"？0"表示转移条件梯形图还没有编辑。

1）添加状态。添加状态时，需选择正确的位置，如图 A-30 所示，S20 正确的位置是在图中蓝色框的位置，双击蓝色框区域，也可以单击工具栏上的状态图标 或按功能键 F5 或选择菜单

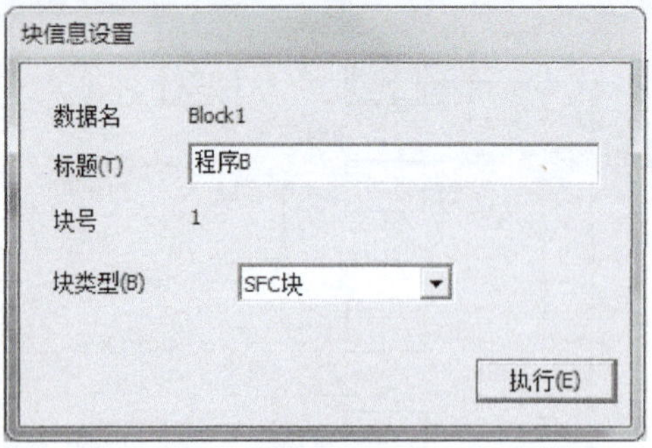

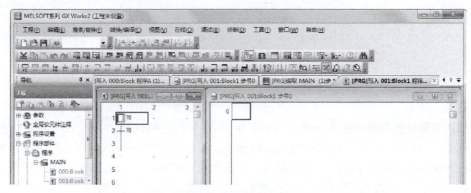

图 A-28 "块信息设置"对话框

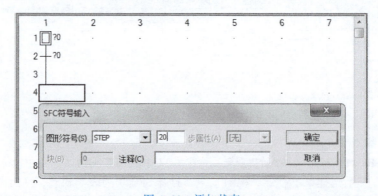

图 A-29 SFC 块编辑界面

命令"编辑"→"SFC 符号"→"[STEP] 步"执行,弹出"SFC 符号输入"对话框,"图形符号"选择"STEP"("STEP"表示状态,"JUMP"表示跳转,"|"表示竖线),编号由"10"改为"20",然后单击"确定"按钮,即添加 S20 状态。

图 A-30 添加状态

2)添加转移条件。添加完一个状态,再添加转移条件,如图 A-31 所示,双击蓝色框区域,也可以单击工具栏上的转移图标 或按功能键 F5 或选择菜单命令"编辑"→"SFC 符号"→"[TR] 转移"执行,弹出"SFC 符号输入"对话框,"图形符号"选择"TR"("TR"表示转移条件,"-- D"表示选择分支,"== D"表示并行分支,"-- C"表示选择合并,"== C"表示并行合并,"|"表示竖线),后面编号按顺序自动生成"1",也可以修改,但不能重复,单击"确定"按钮,完成添加转移条件。

附录　GX Work2编程软件的使用　263

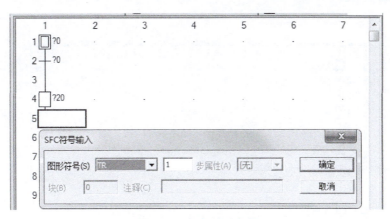

图 A-31　添加转移条件

按照相同的方法依次建立状态 S20~S23 和转移条件 TR1~TR3。

3）建立选择分支。在 S23 下建立一个选择分支，如图 A-32 所示，双击蓝色框，在弹出的"SFC 符号输入"对话框中，"图形符号"选择"－－D"，"编号"输入 1，也可以单击工具栏上的选择分支图标 或按功能键 F6 或选择菜单命令"编辑"→"SFC 符号"→"[－－D] 选择分支"执行，在弹出的"SFC 符号输入"对话框，"编号"输入"1"，单击"确定"按钮，即建立了一个选择分支。

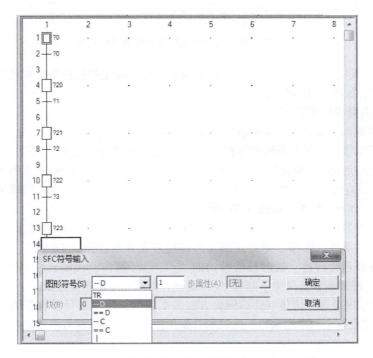

图 A-32　建立选择分支

4）建立跳转目标。在图 A-33 中，首先按照上述方法建立第一分支的转移条件 TR4，然后再建立跳转目标 S0，单击工具栏上的跳转图标 或按功能键 F8，在弹出的"SFC 符号输入"对话框中只需输入跳转目标状态的编号"0"，单击"确定"按钮即可。完成后会看到有一转向箭头指向 0，同时，在初始状态 S0 的方框中多了一个小黑点，说明该状态为跳转的目标状态。

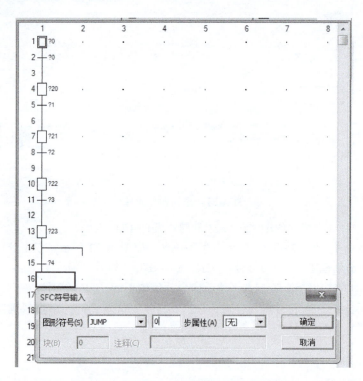

图 A-33 建立第一分支转移条件和跳转目标

在图 A-34 中采用与第一分支相同的方法分别建立第二分支的转移条件和跳转目标，即完成转移框架的建立，如图 A-35 所示。

4. SFC 块内置梯形图编辑

（1）输出的编辑 如图 A-36 所示。首先将 SFC 编辑区的蓝色编辑框定位在状态 0 右侧"？0"位置，然后将光标移入梯形图编辑区单击，输入 S0 的驱动处理"RST C0"，采用梯形图方式输入，输入完成后需要进行变换，此时"？0"变为"0"表示 S0 状态的驱动处理已经完成，如果该状态没有输出，则"？"存在，不会影响程序的执行。再把 SFC 编辑区蓝色编辑框定位在状态 0 下方"？0"位置，如图 A-37 所示。

（2）转移条件的编辑 在图 A-36 中，单击横线"？0"，将光标移入梯形图编辑区，输入 S0 转移到 S20 的转移条件，用梯形图方式编写时在输入条件后连接"TRAN"，表示该回路为转移条件，最后还要进行转换，这时横线旁边的"？"已经消失，说明转移条件输入已经完成，如图 A-37 所示。注意转移条件中不能有"？"存在，否则程序将不能变换。

其他状态的输出处理和转移条件的编辑方法基本相同，依次编写各状态的输出处理和转移（跳转）条件，完成整个程序的编写，此时 SFC 框架图上，所有步编号前面和所有转移条件前面的"？"均消失。

需要说明的是，上述介绍是将构建 SFC 框架与编制 SFC 程序分开进行，主要目的是便于初学者掌握其方法和步骤，在今后利用编程软件绘制 SFC 图时可以将构建 SFC 框架与编制 SFC 块内置梯形图同步进行，即绘制一步 SFC 图后即进行对应的输出处理编程，然后再进行转移条件的建立和转移条件的编辑。

5. SFC 程序整体转换

上面介绍的编程是梯形图块和 SFC 块的程序分开编制。整体 SFC 及其内置梯形图块并未串

附录　GX Work2编程软件的使用 | 265

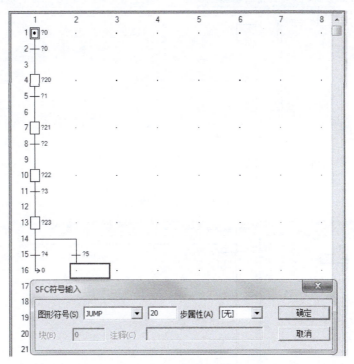

图 A-34　建立转移条件和跳转目标

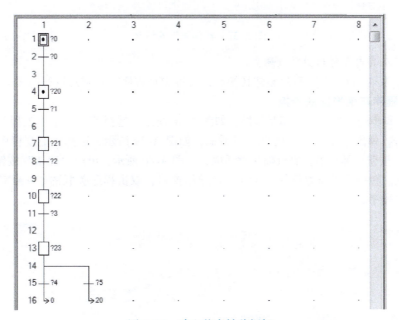

图 A-35　建立状态转移框架

接在一起，因此，需要在 SFC 中对整个程序进行转换。整体 SFC 程序编制完成后，选择菜单命令"转换/编译"→"转换（所有程序）"执行或单击工具栏上的转换（所有程序）图标 即可。

注意：如果 SFC 程序编制完成，但未进行整体转换，一旦离开 SFC 编辑界面，那么刚刚编

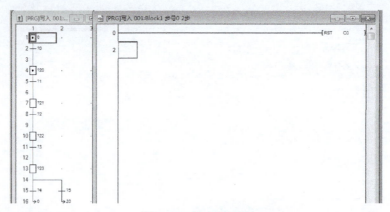

图 A-36 输出的编辑

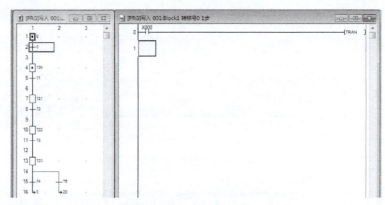

图 A-37 转移条件的编辑

制完成的 SFC 及其内置梯形图则被删去。

对于 FX$_{3U}$ 系列 PLC，SFC 程序整体转换后，可将 SFC 程序写入 PLC 进行调试运行。

6. SFC 程序与梯形图的转换

SFC 程序和步进梯形图可以相互转换，如图 A-38 所示，选择菜单命令"工程"→"工程类型更改"执行，弹出"工程类型更改"对话框，如图 A-39 所示，选择"更改程序语言类型"，单击"确定"按钮，弹出语言更改确认对话框，如图 A-40 所示，单击"确认"按钮，即完成语言类型的转换。转换后界面为灰色，这时可在导航窗口，双击程序关联的"MAIN"，即出现转换后的梯形图程序。

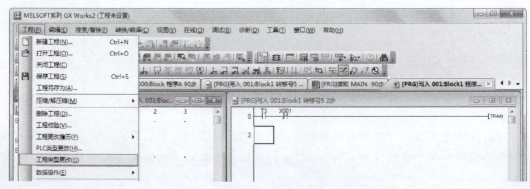

图 A-38 SFC 程序与步进梯形图的转换

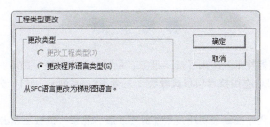

图 A-39 "工程类型更改"对话框

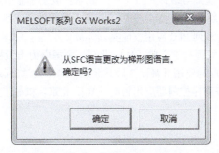

图 A-40 语言更改确认对话框

参 考 文 献

[1] 王烈准. 可编程序控制器技术及应用 [M]. 北京：机械工业出版社，2016.
[2] 王烈准. 电气控制与 PLC 应用技术项目式教程（三菱 FX_{3U} 系列）[M]. 2 版. 北京：机械工业出版社，2019.
[3] 王兆义　程志华. 可编程序控制器实用技术 [M]. 3 版. 北京：机械工业出版社，2018.
[4] 张静之，刘建华，陈梅. 三菱 FX_{3U} 系列 PLC 编程技术与应用 [M]. 北京：机械工业出版社，2017.
[5] 李金城. 三菱 FX_{3U} PLC 应用基础与编程入门 [M]. 北京：电子工业出版社，2016.
[6] 汤自春. PLC 技术应用（三菱机型）[M]. 3 版. 北京：高等教育出版社，2015.
[7] 肖明耀，代建军. 三菱 FX_{3U} 系列 PLC 应用技能实训 [M]. 北京：中国电力出版社，2019.
[8] 文杰. 三菱 PLC 电气设计与编程自学宝典 [M]. 北京：中国电力出版社，2015.
[9] 王阿根. 电气可编程控制原理与应用 [M]. 3 版. 北京：清华大学出版社，2014.
[10] 崔龙成. 三菱电机小型可编程序控制器应用指南 [M]. 北京：机械工业出版社，2012.